探矿选矿中各元素分析测定

龙学祥　著

北　京
冶　金　工　业　出　版　社
2011

内容简介

本书介绍了在探矿和选矿过程中，矿石及选矿产品中常见元素的分析测定方法，包括野外快速测定和试验室常规测定，书中所介绍的方法大多来自于作者多年工作实践的总结，简单易行，书后附录中收集了化验室常用指示剂及常用溶液的配制等实用内容。

本书可作为地质、选矿、冶金、环保部门和有关科研单位的分析测试工作者使用，也可供高等院校、高职高专相关专业师生参考。

图书在版编目(CIP)数据

探矿选矿中各元素分析测定/龙学祥著．—北京：冶金工业出版社，2011.7

ISBN 978-7-5024-5611-5

Ⅰ.①探…　Ⅱ.①龙…　Ⅲ.①探矿工程—元素分析 ②选矿—元素分析　Ⅳ.①P62　②TD91

中国版本图书馆 CIP 数据核字(2011)第115854号

出版人　曹胜利

地　　址　北京北河沿大街嵩祝院北巷39号，邮编100009

电　　话　(010)64027926　电子信箱　yjcbs@cnmip.com.cn

责任编辑　李　雪　美术编辑　彭子赫　版式设计　孙跃红

责任校对　石　静　责任印制　张祺鑫

ISBN 978-7-5024-5611-5

北京百善印刷厂印刷；冶金工业出版社发行；各地新华书店经销

2011年7月第1版，2011年7月第1次印刷

850mm×1168mm　1/32；8.75印张；234千字；266页

28.00元

冶金工业出版社发行部　电话：(010)64044283　传真：(010)64027893

冶金书店　地址：北京东四西大街46号(100010)　电话：(010)65289081(兼传真)

(本书如有印装质量问题，本社发行部负责退换)

前　言

矿产作为国民经济发展的基础物质及其非可再生的特殊属性，使得当今世界各国争夺资源的无声战役悄然打响。近年各国跨国经营矿山、买卖矿石及矿产品公司日渐增多，快速精准地对原矿及精矿等矿产品进行分析测定至关重要。

本人从事有色金属矿石及其选冶产品分析三十余年，近几年一直在东南亚一些国家从事化验室的筹建和矿石分析工作，并且对化验室所在国员工进行快速培训，提高其分析化学技能。针对国内外现状，对化学元素的测定积累了丰富的实践经验，本书就是本人多年工作的总结，希望书中的一些方法能给广大同仁提供一些参考。

本书的特点是实用性强、操作简单，针对一些测试试剂难以购买的实验方法进行了改进和创新，针对在野外没有大型仪器的条件，提供了简单快速测定样品中元素含量的方法，并且经过多年实践的检验，这类测试方法的测定结果都在允许误差范围以内，效果良好。

书中深入浅出地阐明了探矿选矿化验室的筹建注意事项及各元素化学分析测定的基本原理、操作方法、注意事项。具体内容包括化验室的选址与筹建、化验室常用设备及药品、野外各元素快速定性分析、选矿过程中数据的测定及精矿产品分析、原子吸收分光光度法测定金属元素、分光光度法测定矿石中的微量元素、选矿辅助物料的测定、废旧金银原料回收、安全生产与安全救护，书后附录中收录了常用指示剂、缓冲溶液的配制、有毒物质名录、玻璃器皿清洗剂的配制等实用内容。

本书在编写过程中得到了检测中心施小林主任的帮助，在此表示感谢。

由于水平所限，书中不妥之处，恳请同行和读者批评指正。

编　者

2011 年 3 月

目　　录

1 化验室的选址及筹建

1.1 选址

根据地质资料及探矿工程师确认矿藏资源较为富裕、有开采价值的矿区，可以进行下一步开发，选址筹建采矿厂、选矿厂及化验室等生产部门。

选矿厂应选择离采矿厂不超过 2h 车程的地区，要求水源充足、路基修筑容易、附近无太多居民和农田，最好在山洼或丘陵地带，稍作平整，把选厂建在半山腰上，方便选厂由上而下运转流程的操作。

选择时还应根据地形条件、风向、生产、生活设施的布置情况确定其具体位置。化验室选择离选矿厂 300 ~ 500m 处，远离矿堆灰尘，以免近距离从空气中传到化验室；同时尚须避开药剂制备、石灰乳化、精矿干燥等厂房的污染，最好选定上风向位置。还要考虑到雨季涨水，化验室地基应至少高于当地历史水位 100m 以上；化验室设于高层，以利于排气通风，防止水灾。可以选择台阶式的，上面有 $100m^2$ 左右，下面 $100m^2$ 左右有坡度的地基，或选择一块 $150 \sim 300m^2$ 的平地来建化验室。

选定的位置应与振源（磨矿机、破碎机等振动机械）保持一定距离，一般为 100m 左右。选定的位置应处于生活区的下风向地段，与生活区保持一定的距离。

1.2 筹建

1.2.1 墙体结构

墙体结构可以是钢材结构、铝塑墙板或砖石水泥结构、水泥板盖顶结构；每间至少 8 ~ 12m²。

1.2.2 分析间的分配原则

分析间一般按元素进行划分，以方便操作、减少相互干扰为原则。避免在化验工作进行中不同元素在操作上的相互干扰。硫的分析若采用空气压缩机供气，应单独设置工作间。若采用氧气瓶供气，可把燃烧炉放在电热设备间。

称量间基本配置一般包括天平和比色计。检测间的极谱室要求防潮、防尘、防曝晒、防酸，因此，应布置在阴凉干燥处。照相式极谱仪要备有暗室。原子吸收仪需配置空调。化验室中的蒸酸橱、试金分析高温炉、极谱分析间等，在生产中均产生有害气体，应采取有效的通风排气设施。一般分析室、电炉间、药品库也应装有通风散热降温设施。

工作间的布置要求药剂贮存室与仪器室要分开设置，以免腐蚀性气体损坏仪表。蒸酸室应设在化验室的一端，以利通风排气，减少对其他工作室的影响。有破碎设备的试料加工室，应远离天平室、仪器化验分析室。各工作间应保持良好的采光及照明条件、畅通的排污系统，并适当考虑新增设备的余地。

1.2.3 分析间的污水排放

分析室地面、台面应光滑防酸，并具备经常冲洗条件。污水必须净化后才准许排放，排污管道应具有防腐功能。室内管道以暗设为主，管道无法暗设必须外露时也要采取防腐措施。

1.2.4 设备供电和照明要求

电源一般为 220 ~ 380V，由电气工程师根据全室用电负荷量合理匹配、布线。为保证光谱、极谱、光电比色、原子吸收等仪器的安全使用，应采取稳压措施。室内动力及照明线路应尽量暗设，以减少酸、碱气体的腐蚀。

1.2.5 水气的安装

水、气的走向布置，在环境保护一章详细叙述。除仓库外，间间建水池。仪器间与办公室要装修吊顶、安装空调。

探矿、采矿、选矿的化验室平面图可按图 1-1 布置。

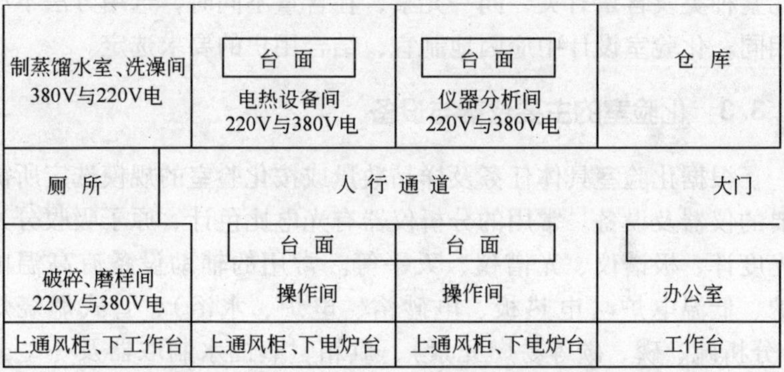

图 1-1 探矿、采矿、选矿的化验室平面图

1.3 化验室

1.3.1 化验室的任务

化验室的主要任务是承担采矿、地质及选矿的生产、流程考查、环境保护等方面有用金属元素及杂质含量的分析工作。由于选矿方面样品较多，地质与采矿部门常与选矿部门共用一个化验室，化验室通常建在距选矿厂较近的地方。只有当采场距离较远、样品又较多的情况下，才考虑于采场附近单独设置化验室。

化验室的基本任务是结合生产过程中矿石性质的变化，或某一段时间矿石的不同特点，提出当前或某一时期的合理的操作条件；结合生产中出现的问题，探讨新流程、新药剂，为提高选矿指标、降低成本开展专题研究。选矿厂设计中常把技术检查站也包含在化验室内，所以化验室也分担部分技术管理任务。

1.3.2 化验工作中常用的分析方法

常用的方法有重量分析法、容量分析法、光分析法（包括光度与光谱）、电化学分析法的极谱分析法等。对综合回收金银的矿山，还有试金分析（包括火法和湿法）。各种方法的选用与元素种类及含量有关，同一元素，在含量不同时，选用方法不尽相同。化验室设计中应因地制宜，结合用户的要求选定。

1.3.3 化验室的主要仪器与设备

根据化验室具体任务及样品数量或按化验室的规模选定所需要的仪器及设备。常用的分析仪器有光电比色计、原子吸收分光光度计、极谱仪、光谱仪、天平等。常用的辅助设备有高温电炉、低温电炉（电热板、电砂浴、电炉、水浴）、管式燃烧炉（分析硫、磷、碳等易燃元素）、烘箱、蒸馏水制取器及一些非标准的台架（化验工作台、极谱台、天平台、蒸酸橱等）。

1.3.4 化验室装备

选矿化验室的装备水平必须与选矿化验室的具体任务相适应。小型化验室一般应配备矿样破碎、筛分设备；单独作业的磨矿、选别设备；过滤、脱水及烘干设备；筛分与称量、缩分工具等。大、中型化验室应配备小型试验所必需的设备与工具；全套小型连选设备。对用药物浮选而言，连选设备包括磨矿、分级、搅拌、浮选、浓缩和过滤等设备。重选连选设备包括棒磨、球磨、筛子、水力分级机、跳汰机，摇床、浓缩斗等。磁选连选设备应包括磁力脱水槽、磁选管及磁选机，其他设备与浮选化验室相同。

1.3.5 化验室的规模

化验室的规模通常随选矿厂规模、选矿方法、矿石类型的不同而改变。对于矿石性质简单易选的单金属选矿厂，不论选矿厂规模大小，选矿厂内均需设置一个小型的试验室，用于检查磨矿细度、测量选矿槽液 pH 值。对矿石性质较复杂或多金属矿石选矿厂，化验室的规模可相应地增大。对浮选厂而言，除能完成小型闭路试验外，尚须根据选矿厂规模大小、产品重要程度、流程情况，决定是否设置连续性试验室。对重选厂而言，除增设专用重选设备外，尚需考虑增加其他选矿方法的可能。

对特大型或多金属选矿厂，本地区无中心化验室时，可根据具体条件设置连续性试验室或半工业试验工厂。选矿化验室规模大小，主要体现在化验设备的规格与数量上。按当前我国标准，大型选矿试验室建筑面积为 800 ~ 1000m^2，中型为 300 ~ 500m^2，小型为 150 ~ 300m^2。

1.3.6 化验室的组成与配置

化验室一般由试料加工、破碎筛分、磨矿、样品加工、分解、检验、贮存、仓库及办公室等组成。对于大型化验室尚应设置岩矿鉴定室及破碎和脱水的研究室。中、小型化验室的岩矿鉴定室可与地质试验室综合考虑。在配置设计中，根据场地面积与规模选定不同的方案。

1.3.7 取样检查

为及时了解生产效果、考查生产工艺流程中存在的问题及满足选矿厂自动化的要求，必须对生产中的主要环节进行取样。取样方法分为人工与机械两种。在干式取样中多采用非定型的回转扇形取样机、链斗取样机等。对粒度较大的干矿及干燥后的精矿，多采用人工取样，目前我国尚无较成功的干式自动取样机，产品尚未定型。对于矿浆则多采用湿式螺杆自动取样机，行程有 650mm、900mm、1200mm 三种。在矿浆量较小时，常采用 1/100 缩分比的扇形取样机、摆式取样机等。

取样点应根据流程特点进行布置，一般布置在磨矿机给矿、分级机或旋流器的溢流、选别作业的精矿、中矿、尾矿以及最终产品处。对浓缩机给矿和溢流、过滤机的给矿处，有时也进行不定期的取样，为研究生产中出现的问题，提供必要的参考数据。

生产检查的目的在于及时了解生产情况，及时调节生产环节，力求得到满意的指标。生产检查内容大致包括：矿量、浓度、体积流量、分级设备的返砂、液体及固体的料位、矿浆的酸碱度、矿石粒度、矿石品位等。

2 化验室常用设备及药品

2.1 化验室常用设备及器皿

化验室常用小件用品见表2-1。

表2-1 化验室常用小件用品

塑料制品	金属制品	橡胶制品	纸质制品	陶瓷制品
聚四氟乙烯杯100mL 塑料袋60mm×100mm、180mm×120mm 三角漏斗 3~5mm厚的(软、硬)塑料板 储水罐(100kg、50kg、20kg、5kg) 桶、盆、托盘 小药勺 大、小塑杯 1000mL储瓶	漏斗架 坩埚钳 烧杯夹 不锈钢药匙 止水夹 电炉丝800W、1200W、2000W 方托盘、圆托盘 打孔器 小药勺 铁、镍高铝坩埚60mL	输血胶管 大、中、小吸耳球 橡胶板(3~5mm厚) 橡皮塞ϕ25mm、ϕ35mm、ϕ60mm 导水导气管ϕ10mm、ϕ15mm 点滴皮头	定性滤纸 ϕ9cm、ϕ12.5cm 定量滤纸 ϕ9cm、ϕ12.5cm pH广泛试纸 pH精密试纸 大张过滤纸 小样品袋 打印机用纸 便笺 称量纸	点滴板 研钵 陶坩埚ϕ95mm×100mm 化金灰皿ϕ40mm×28mm 瓷坩埚 化硫瓷舟 方、圆电炉盘 耐火砖 布氏漏斗
木质制品	**骨质、有机制品**	**劳保用品**	**办公用品**	**其　他**
漏斗架 试管架25mL、50mL、100mL 办公桌 办公椅	牛角匙 有机玻璃棒	防电胶鞋 白大褂 口罩、手套 防腐面罩 护目镜 医用药箱(治皮肤、防泻药、防蚊叮药、刀伤止血药)	纸、笔 小刀、剪 尺、圆规、板 订书机 橡皮擦 曲线纸 电脑 计算器	滴定台架 石棉板 毛刷 酒精喷灯 玛瑙研钵 墙头挂钟 固体、液体取样工具 石棉板

化验室常用玻璃器皿见表2-2。

表2-2 化验室常用玻璃器皿

玻璃器皿名称	容量、体积	形状、颜色	备注
烧杯	100mL、250mL、500mL、1000mL	白色	
锥形烧杯	250mL、500mL	白色	
表面皿	ϕ70mm、ϕ100mm、ϕ120mm	白色	
干燥器	ϕ150mm、ϕ280mm、ϕ300mm、ϕ400mm	白色	
称量瓶	高形ϕ20mm、扁形ϕ40mm	白色	
三角漏斗	ϕ30mm、60mm	白色	
分液漏斗、盖氏漏斗	60mL、125mL	圆形、白色	
移液管	1mL、2mL、5mL、10mL、20mL、50mL、100mL	胖肚	使用前都要经过严格检校
移液管	1mL、2mL、5mL、10mL、20mL、50mL	刻度	
酸式滴定管	25mL、50mL	白色	
碱式滴定管	25mL、50mL	白色	
容量瓶	25mL、50mL、100mL、250mL、500mL、1000mL	白色	
比色管	25mL、50mL、100mL	白色	
酸式滴定管	25mL、50mL	棕色	
碱式滴定管	25mL、50mL	棕色	
容量瓶	25mL、50mL、100mL、250mL、500mL、1000mL	棕色	
广口试剂瓶	500mL、1000mL、2500mL、5000mL	白色	
ϕ7mm玻璃管	长度10m	白色	
抽漏瓶	5000mL	白色	
布氏漏斗	60mL	白色	
点滴瓶	50mL、100mL	白色	
广口试剂瓶	500mL、1000mL、2500mL、5000mL	棕色	
点滴瓶	50mL、100mL	棕色	
分析低含量砷发生器	试管、玻璃空心球弯管	一套	
点滴玻璃管		多根	

化验室常用大件设备见表2-3～表2-8。

表2-3 电热设备

设备名称	使用要求	功率/kW	附 件
高温电阻炉（马弗炉）	380V、1300℃	8	配套：温度控制仪
旋片真空泵	220V	0.12	配套：单向异步电机
电热恒温干燥箱	220V、10～300℃	2	
电热蒸馏水器	380V	3～5	
高温定碳炉	220V、1350℃		带220V温控仪
水浴锅	220V、3～4个孔		
可调变压器	220V	1.0	
红外线灯泡	220V	0.25	
玻璃钢低压离心机	220～380V	2.2	配套塑料管道
振荡器一台			

表2-4 化验室分析仪器

设备名称	使用要求	附 件
原子吸收分光光度计	测低含量金属元素	配套：空压机、电脑
光电比色计		
光谱仪		
极谱仪		

表2-5 计量器具

设备名称	使用要求	数 量
单盘分析天平	精度万分之一、十万分之一	各1台
架盘天平	载重500～1000g	各1台
电子秤	载重1000g、卧式	1台

表 2-6 制样设备

设备名称	使用要求	电压/V	功率/kW	备 注
竖形 ϕ45mm 破碎机	出料 ϕ6～10mm	380	1.5	配2块相碰竖牙板
圆盘破碎机	出料 80～150 目	380	1.1	配2块相碰圆牙板
密封粉碎磨样机	装料粒度 $\phi<15$mm	380	1.1	单钵、装100g
密封粉碎磨样机	出料粒度ϕ0.08mm	380	1.2	3个钵、各装100g
样品缩分器	进料 ϕ50mm			不锈钢材料制成加工1个
样品缩分器	进料 ϕ10mm			不锈钢材料制成加工1个
国标检验筛	-0.074mm (-200目) ϕ0.085mm			不少于2个
国标检验筛	其他型号			根据需要选购
取样铲、管、勺、盘				根据需要选购、特制

表 2-7 乙炔钢瓶、氧气瓶

设备名称	配件使用要求	规 格	采购数量
乙炔钢瓶	气压表、回闪阻止器		2
氧气瓶	气压表、回闪阻止器		2
导气管		外 ϕ15mm、内 7ϕmm	50m
钢圈固定扣	ϕ25mm		10个

表 2-8 化验室环保排风设备

设备名称	使用要求	功 率	附 件
电动机	耐酸、碱	3～5kW	配套抽流排风设备与管道
配抽流风机塑料管道配套：接头、弯头	ϕ100～200mm，长度 50～100mm，根据需要量计划采购		

化验室的常用的制样、缩分、分析设备有矿石破碎机、大颗粒破碎机与缩分机、原子分析仪、分析天平、高温电阻炉、真空过滤泵、温度控制箱、红外干燥灯等。

2.2 化验室常用化学药品

化验室常用的化学药品（分析纯）及试剂见表 2-9 ~ 表 2-18。

表 2-9 钾盐

化学药品名称	分子式
碘化钾	KI
碘酸钾	KIO_3
氯化钾	KCl
氯酸钾	$KClO_3$
氟化钾	$KF \cdot 2H_2O$
溴酸钾	$KBrO_3$
硫酸钾	K_2SO_4
氢氧化钾	KOH
硫氰酸钾	KSCN
重铬酸钾	K_2CrO_7
高锰酸钾	K_2MnO_7
磷酸二氢钾	KH_2PO_3
酒石酸锑钾	$C_8H_4K_2O_{12}Sb_2 \cdot 3(H_2O)$
苯二甲酸氢钾	$KHC_8H_4O_4$

表 2-10 无机酸（液体）

化学药品名称	分子式
盐 酸	HCl
硝 酸	HNO_3
硫 酸	H_2SO_4
磷 酸	H_3PO_4
氢氟酸	HF
高氯酸	$HClO_4$

表 2-11 钠盐

化学药品名称	分子式
氯化钠	$NaCl$
草酸钠	$Na_2C_2O_4$
乙酸钠	$CH_3COONa \cdot 3H_2O$
氟化钠	NaF
硫化钠	Na_2S
钨酸钠	$Na_2WO_4 \cdot 2H_2O$
硝酸钠	$NaNO_3$
过氧化钠	Na_2O_2
氢氧化钠	$NaOH$
亚硝酸钠	$NaNO_3$
碳酸氢钠	$NaHCO_3$
硫氰酸钠	$NaSCN$
无水碳酸钠	Na_2CO_3
无水硫酸钠	Na_2SO_3
柠檬酸三钠	$NaC_6H_5O_7 \cdot 2H_2O$
硫代硫酸钠	$Na_2S_2O_3 \cdot 5H_2O$
次亚磷酸钠	$NaH_2PO_2 \cdot H_2O$
无水亚硫酸钠	Na_2SO_3
乙二胺四乙酸二钠	EDTA
二乙基二硫代氨基甲酸钠	$C_5H_{10}NNaS_2 \cdot 3H_2O$

表 2-12 铵盐

化学药品名称	分子式
氯化铵	NH_4Cl
乙酸铵	CH_3COONH_4
碳酸铵	NH_4NO_3
硝酸铵	NH_4NO_3
硫酸铵	$(NH_4)_2SO_4$
钼酸铵	$(NH_4)_6MO_7O_{24} \cdot 4H_2O$
碘化铵	NH_4I
氟化氢铵	NH_4NO_3
过硫酸铵	$(NH_4)_2S_2O_8$
钼酸铵	$(NH_4)_6Mo_7O_{24}4H_2O$

续表 2-12

化学药品名称	分子式
硫酸铁铵	$NH_4Fe(SO_4)_2 \cdot 12H_2O$
柠檬酸铵	$C_6H_{17}N_3O_7$
氯化羟铵	$HONH_3Cl$
硫氰酸铵	NH_4SCN
硫酸亚铁铵	$Fe(NH_4)_2(SO_4)_2 \cdot 6H_2O$
磷酸氢二铵	$(NH_4)_2HPO_4$
十六烷基三甲基溴化铵	$C_{19}H_{42}BrN$

表 2-13 指示剂

化学药品名称	分子式
酚酞	$C_{26}H_{14}O_4$
甲基橙	$C_{14}H_{14}O_3N_3SNa$
甲基红	$C_{15}H_{15}O_2N_3$
铬黑 T	$C_{20}H_{12}O_7N_3SNa$
苯肟酮	$C_{19}H_{12}O_5$
铅试剂	$C_{13}H_{12}N_4S$
溴酚蓝	$C_{19}H_{10}Br_4O_5S$
铀试剂	$C_{15}H_{17}BrN_4O$
孔雀石绿	$C_{23}H_{25}ClN_2$
间甲酚紫	$C_{21}H_{18}O_5S$
二甲酚橙	$C_{31}H_{28}N_2Na_4O_{13}S$
次甲基蓝	$C_{16}H_{18}CN_3S \cdot 3H_2O$
二苯胺黄酸钠	$C_6H_5NHC_6H_4S_3Na$
钙－羧酸指示剂	$C_{21}H_{14}N_2O_7S$
二氨基联胺盐酸盐	$C_{12}H_{14}N_44HCl \cdot 2H_2O$
苯代邻氨基苯甲酸	$C_{13}H_{11}NO_2$
钙黄绿素	$C_{33}H_{26}N_2O_{11}$
邻苯二酚紫	$C_{19}H_{14}O_7S$
邻菲罗啉	$C_{12}H_8N_2 \cdot H_2O$
双硫腙（二苯基硫巴腙）	$C_{13}H_{12}N_5S$
1－2－吡啶偶氮－2－萘酚	$C_{15}H_{11}N_3O$
氯化羟胺（盐酸羟胺）	$HONH_3Cl$
二乙基二硫代氨基甲酸钠（铜试剂）	$(C_2H_5)_2NCS_2Na \cdot 3H_2O$

表 2-14 单质、金属化学物

化学药品名称	分子式
碘	I_2
汞	Hg
铝片	Al
铁粉	Fe
铜丝	Cu
氯化钡	$BaCl_2.2H_2O$
氯化锶	$SrCl_2 \cdot 6H_2O$
硫酸锰	$MnSO_4 \cdot 7H_2O$
硫酸铁	$Fe(SO_4)_3 \cdot xH_2O$
硫酸铜	$CuSO_4 \cdot 5H_2O$
乙酸铅	$Pb(C_2H_3O_2)_2 \cdot 3H_2O$
氧化锌	ZnO
二氧化锰	MnO_2
二氯化汞	$HgCl_2$
三氯化钛	$TiCl_3$
三氯化铁	$FeCl_3 \cdot 6H_2O$
三氧化钼	MoO_3
氯化亚铜	CuCl
氯化亚锡	$SnCl_2 \cdot 2H_2O$
五氧化二钒	V_2O_5
酒石酸钾钠	$C_4O_6H_2KNa$

表 2-15 其他分析纯药品

化学药品名称	分子式
淀粉	$(C_6H_{10}O_5)_n$
硫脲	CH_4N_2S
尿素	$H_2NCO_4H_2$
明胶	$C_{102}H_{151}O_{39}N_{31}$
硼酸	H_3BO_3
酒石酸	$C_4H_6N_6$
柠檬酸	$C_6H_8O_7 \cdot H_2O$

续表 2-15

化学药品名称	分子式
抗坏血酸	$C_6H_8O_6$
磺基水杨酸	$(HO)C_6H_3(CO_2H)SO_3H\cdot 2H_2O$
次亚磷酸钙	$Ca(H_2PO_2)_2$
六次甲基四胺	$C_6H_{12}N_4$
硫代乙醇酸	$HSCH_2COOH$

表 2-16 有机试剂

化学药品名称	分子式
苯	C_6H_6
甲　苯	C_7H_8
苯　胺	$C_6H_5NH_2$
丙　酮	$(CH_3)_2CO$
戊　醇	$C_5H_{11}OH$
凡士林	$C_6H_{14}O_2$
三乙醇胺	$N(CH_2CHOH)_3$
乙酸乙酯	$CH_3COOC_2H_5$
无水乙醇	CH_3CH_2OH
三氯甲烷	$CHCl_3$
四氯化碳	CCl_4

表 2-17 无机酸和无机碱

化学药品名称	分子式
盐酸（液体）	HCl
硝　酸	HNO_3
硫　酸	H_2SO_4
磷　酸	H_3PO_4
高氯酸	HCl_4
氢氟酸	HF
氨水（液体）	NH_4OH
氢氧化钠（固体）	$NaOH$
过氧化钠	Na_2O_2

表 2-18 其他液体试剂

化学药品名称	分子式
乙酸（冰醋酸）	CH_3OOH
甲　酸	HCOOH
甲　醛	HCHO
双氧水	H_2O_2
苯甲酸	C_6H_6COOH
溴氢酸	HBr
石油醚	$C_5H_{12}O_2$
甲基异丁基甲酮	$CH_3COCH_2CH(CH_3)_2$

2.3 玻璃容器的校准

2.3.1 玻璃容器的误差

滴定分析用的玻璃容器是按一定规格生产的，玻璃容器上标出的刻度和容量数值叫标准温度（20℃）时的标准容量。按照量器上标称容量准确度的高低分为 A 级（较高级）和 B 级（较低级）两种。凡分级的量器，上面都有相应的等级标志。无任何标志的则属于 B 级，另外还有一种 A_2 级，准确度介于 A 级、B 级之间，不同等级的量器，其容量允差也不同，价格上也有较大的差异，应根据需要选购。容量允差是指量器实际容量与标称容量之间允许存在的差值。

由于温度的变化或试剂的侵蚀等原因，量器实际容量与标准容量之间客观存在着或多或少的差值，此值须符合允许容量之差。表 2-19 ~ 表 2-21 是一些容量仪器的国家规定的容量允差。

表 2-19 滴定管的容量允差 (mL)

标称容量		1	2	5	10	25	50	100
分度值		0.01	0.01	0.02	0.05	0.1	0.1	0.2
容量允差	A 级	±0.01	±0.01	±0.01	±0.025	±0.05	±0.05	±0.1
	B 级	±0.02	±0.02	±0.02	±0.05	±0.1	±0.1	±0.2

表 2-20 容量瓶的容量允差 (mL)

标称容量		5~10	25	50	100	200~250	500	1000	2000
容量允差	±A 级	0.02	0.03	0.05	0.10	0.15	0.25	0.40	0.60
	±B 级	0.04	0.06	0.10	0.20	0.30	0.50	0.80	1.20

表 2-21 常用移液管的容量允差 (mL)

标称容量		2	5	10	20	25	50	100
容量允差	±A 级	0.01	0.015	0.02	0.03	0.05	0.05	0.08
	±B 级	0.02	0.03	0.04	0.06	0.06	0.10	0.16

在分析工作中，A 级品玻璃量器常用于：准确度要求较高的分析，如原材料分析、成品分析及标准溶液的制备等。B 级品一般用于生产过程控制分析。对准确度要求较高的分析工作、仲裁分析、科研以及长期使用的仪器必须对使用的量器进行校准。

2.3.2 容量仪器的校准

工作中容量仪器的校准通常采用绝对标准和相对标准两种方法。

2.3.2.1 绝对校准法（称量法）

绝对校准法要准确称量：是入式或出式玻璃量器中水的表现质量，并根据该温度下水的密度计算出该玻璃量器在 20℃ 时的容量方法，容量的计算见下式：

$$V_t = \frac{m_i}{\rho_i}$$

式中 V_t——t℃时水的体积，mL；

m_i——t℃时在空气中水的质量，g；

ρ_i——t℃时在空气中水的密度，g/mL。

测量体积单位是升（L），1L 是指在真空中质量为 1kg 的纯水在 3.98℃时所占的体积，滴定分析中常用升的千分之一毫升（mL）作基本单位；即在 3.98℃时 1mL 纯水在真空中为 1.00g。

如果校准工作也是在3.98℃环境时，1mL纯水在真空中的质量为1.00g，在数值上称出纯水的质量就等于纯水的体积（mL），但实际工作中不可能在真空中称量与工作。在室温下进行分析测定，国产的滴定分析仪其体积在以20℃为标准温度进行标定需考虑下列三个因素：

（1）水在3.98℃的真空中密度为1g/mL，高于或低于此温度均小于1g/mL。

（2）容器的热胀冷缩在不同的温度校准时必须以标准温度为基础标准。

（3）空气中称量其浮力对纯水质量有影响，不同温度下玻璃容器中1mL纯水在空气中的质量见表2-22。

表2-22 不同温度下玻璃容器中1mL纯水在空气中的质量

温度/℃	质量/g	温度/℃	质量/g	温度/℃	质量/g
1	0.99824	15	0.99793	29	0.99518
2	0.99832	16	0.99780	30	0.99491
3	0.99839	17	0.99765	31	0.99464
4	0.99844	18	0.99751	32	0.99434
5	0.99848	19	0.99734	33	0.99406
6	0.99851	20	0.99718	34	0.99375
7	0.99850	21	0.99700	35	0.99345
8	0.99848	22	0.99680	36	0.99312
9	0.99844	23	0.99660	37	0.99280
10	0.99839	24	0.99638	38	0.99246
11	0.99832	25	0.99617	39	0.99212
12	0.99823	26	0.99593	40	0.99177
13	0.99814	27	0.99569		
14	0.99804	28	0.99544		

利用此值可将不同的温度下，水的质量换算成20℃时的体积。其公式如下：

$$V_{20} = M_t / r_t$$

式中 V_{20}——将 M_t(g) 纯水换算成20℃体积，mL；

M_t——t ℃时空气中称得的玻璃仪器中放出或装入的纯水质量，g；

r_t——每 1mL 纯水在 t℃称得质量，g/mL

［**例 2-1**］ 校准移液管时，在 18℃时称得由 25mL 移液管中放出的纯水质量为 24.90g，计算该移液管在 20℃时的容积及校准值。

解：查表 2-22 得，18℃时 1mL 水质量为 0.99751g，则移液管在 20℃时容积为：

$$V_{20} = 24.90/0.99751 = 24.96\text{mL}$$

体积校准值：$\Delta V = 24.96 - 25.00 = -0.04\text{mL}$

再查表 2-21，其结果介于 A 级与 B 级之间可用。

［**例 2-2**］ 在 15℃时称得由 250mL 容量瓶中至刻度线时容纳纯水质量为 249.52g，计算该容量瓶在 20℃时的容积及校准值。

解：查表 2-22 得，15℃时 1mL 水质量为 0.99793g，则容量瓶在 20℃时容积为：

$$V_{20} = 249.52/0.99793 = 250.04\text{mL}$$

体积校准值：$\Delta V = 250.04 - 250.00 = 0.04\text{mL}$

再查表 2-20 对照：小于 A 级与 B 级允许差，可用。

［**例 2-3**］ 在 21℃时滴定管中放出 10.03mL 纯水，称得质量为 9.981g，计算该滴定管在 20℃时的容积及校准值。

解：查表 2-22 得，21℃ 时 1mL 水质量为 0.99700g，则滴定管在 20℃时容积为：

$$V_{20} = 9.981/0.99700 = 10.01\text{mL}$$

体积校准值：$\Delta V = 10.01 - 10.03 = -0.02\text{mL}$

再查表 2-19 对照：介于 A 级与 B 级之间可用。

2.3.2.2 相对校准法（容量比较法）

B级量器可采用此法，比较两容器所盛液体容积的比例关系。容量瓶与移液管均可用称量法校准，但实际分析工作中，容量瓶与移液管常配合使用。比如，常将一定量的物质溶解后在容量瓶中定容，再用移液管取出一部分进行定量分析。因此重要的不是要知道所用容量瓶和移液管的绝对体积；而是容量瓶和移液管的容积比是否正确。如用25mL移液管从250mL容量瓶中移出溶液的体积是否是容量瓶的十分之一。

可见，它们之间容量的相对校准比分别绝对校准显得更为重要。实际常用校准过的移液管来校准容量瓶，确定其比例关系。

在分析工作中：滴定管一般采用绝对校准法，对于配套使用的移液管和容量瓶，可采用相对校准法。用作取样的移液管，则必须采用绝对校准法，绝对校准法准确，但操作比较麻烦；相对校准法操作简单，但必须配套使用。

2.3.2.3 校准注意事项

（1）容量仪器校准之前，必须用铬酸洗净，内壁不应该挂水珠及沾污现象。

（2）严格按照容量器皿使用法读数。

（3）校准用水与容量仪器及称量瓶的温度应尽可能接近室温，温度测量精确至0.1℃，量法校准时室内温度波动不得大于1℃/h。

（4）校准滴定管时充水至最高标线以上约5mm处等待30s，然后再在10s内将液面准确调至被检分度线上。

（5）校准移液管时，水完全放出后微微旋转并停留15s，再取出移液管，此时管尖仍有一定的残余液。

（6）校准完全流出或吸量管时，水自最低标线流至最高标线。

（7）校准不完全流出或吸量管时，水自最高标线流至最低标线以上约5mm处，等待15s，然后调至最低标线。

2.4 溶液体积校准

温度变化会引起仪器容积和溶液体积的改变；溶液体积的改变是由于溶液密度改变造成的，稀溶液密度的变化和水接近，见表2-23。

［**例2-4**］ 在10℃时滴定用去26.00mL 0.1mol/L的标准滴定溶液，计算在20℃时该溶液的体积是多少？

解：查表2-23得，10℃时1L 0.1moL/L溶液的补正值是+1.5，则在20℃时该溶液的体积为：

$$26.00 + 1.5/1000 \times 26.00 = 26.04\text{mL}$$

［**例2-5**］ 在25℃时滴定用去H^+浓度为1mol/L的H_2SO_4溶液20mL。换算在20℃时该溶液的体积是多少？

解：查表2-23得，25℃溶液的补正值是1.5，则在25℃时该溶液的体积为：

$$20.00 - 1.5/1000 \times 20.00 = 19.97\text{mL}$$

表2-23 1000mL溶液由*t*℃换算为20℃时的补正值（mL/L）

（GB/T 601—2002）

温度/℃	水和0.05mol/L以下的各种水溶液	0.1mol/L和0.2mol/L各种水溶液	c(HCl)=0.5mol/L的盐酸羟胺	c(HCl)=1.0mol/L的盐酸羟胺	$1/2H_2SO_4$ 1mol/L的硫酸溶液 NaOH=1mol/L的氢氧化钠溶液	$1/2H_2SO_4$ 0.5mol/L的硫酸溶液 NaOH=0.5mol/L的氢氧化钠溶液	$1/2Na_2CO_3$=1mol/L硫酸钠溶液	KOH=0.1mol/L氢氧化钾和乙醇溶液
5	+1.38	+1.7	+1.9	+2.3	+3.6	+2.4	+3.3	
6	+1.38	+1.7	+1.9	+2.2	+3.4	+2.3	+3.2	
7	+1.36	+1.6	+1.8	+2.2	+3.2	+2.2	+3.0	
8	+1.33	+1.6	+1.8	+2.1	+3.0	+2.2	+2.8	
9	+1.29	+1.5	+1.7	+2.0	+2.7	+2.1	+2.6	
10	+1.23	+1.5	+1.6	+1.9	+2.5	+2.0	+2.4	+10.8

续表 2-23

温度/℃	水和0.05 mol/L以下的各种水溶液	0.1mol/L和0.2 mol/L各种水溶液	$c(HCl)=$ 0.5mol/L的盐酸羟胺	$c(HCl)=$ 1.0mol/L的盐酸羟胺	$1/2H_2SO_4$ 1mol/L的硫酸溶液 NaOH = 1mol/L的氢氧化钠溶液	$1/2H_2SO_4$ 0.5mol/L的硫酸溶液 NaOH = 0.5mol/L的氢氧化钠溶液	$1/2Na_2CO_3$ =1mol/L硫酸钠溶液	KOH = 0.1mol/L氢氧化钾和乙醇溶液
11	+1.17	+1.4	+1.5	+1.8	+2.3	+1.8	+2.2	+9.6
12	+1.10	+1.3	+1.4	+1.6	+2.0	+1.7	+2.0	+8.5
13	+0.99	+1.1	+1.2	+1.4	+1.8	+1.5	+1.8	+7.4
14	+0.88	+1.0	+1.1	+1.2	+1.6	+1.3	+1.5	+6.5
15	+0.77	+0.9	+0.9	+1.0	+1.3	+1.1	+1.3	+5.2
16	+0.64	+0.7	+0.8	+0.8	+1.1	+0.9	+1.1	+4.2
17	+0.50	+0.6	+0.6	+0.6	+0.8	+0.7	+0.8	+3.1
18	+0.34	+0.4	+0.4	+0.4	+0.6	+0.5	+0.6	+2.1
19	+0.18	+0.2	+0.2	+0.2	+0.3	+0.2	+0.3	+1.0
20	0.00	0.0	0.0	0.0	0.0	0.0	0.0	0.0
21	−0.18	−0.2	−0.2	−0.2	−0.3	−0.2	−0.3	−1.1
22	−0.38	−0.4	−0.4	−0.5	−0.6	−0.5	−0.6	−2.2
23	−0.58	−0.6	−0.7	−0.7	−0.9	−0.8	−0.9	−3.3
24	−0.80	−0.9	−0.9	−1.0	−1.2	−1.0	−1.2	−4.2
25	−1.03	−1.1	−1.1	−1.2	−1.5	−1.3	−1.5	−5.3
26	−1.26	−1.4	−1.4	−1.4	−1.8	−1.5	−1.8	−6.4
27	−1.51	−1.7	−1.7	−1.7	−2.1	−1.8	−2.1	−7.5
28	−1.76	−2.0	−2.0	−2.0	−2.4	−2.1	−2.4	−8.5
29	−2.01	−2.3	−2.3	−2.3	−2.8	−2.4	−2.8	−9.6
30	−2.30	−2.5	−2.5	−2.6	−3.2	−2.8	−3.1	−10.6
31	−2.58	−2.7	−2.7	−2.9	−3.5	−3.1		−11.6
32	−2.86	−3.0	−3.0	−3.2	−3.9	−3.4		−12.6
33	−3.04	−3.2	−3.3	−3.5	−4.2	−3.7		−13.7
34	−3.47	−3.7	−3.6	−3.8	−4.6	−4.1		−14.8
35	−3.78	−4.0	−4.0	−4.1	−5.0	−4.4		−16.0
36	−4.10	−4.3	−4.3	−4.4	−5.3	−4.7		−17.0

3 野外各元素快速定性分析

为了满足：简便、快速、准确、可靠、经济实用的探矿、找矿需要，只要预先计划采购好下列分析药品（不过几千元人民币）就能达到“定性鉴定”有价元素的目的。省去了高昂、精贵的一整套分析仪设备（如原子吸收仪全套部件）；特别是若到国外采点，避免了跨国公司、海关办证、长时间、长距离、海上运输设备的麻烦；下列试剂因没有水剂、也没有剧毒药品，可以通过安检随人随机办行李托运。

等到探矿好了、有价值开采的那一天，再计划扩大化验室规模。

3.1 样品处理

根据地质资料及地质工程师探测得到的有价矿样，经破碎、缩分、干燥之后称取5～10g入800mL烧杯中，加少量水润湿；加入王水（盐酸：硝酸＝3：1）50mL分解10min后加氟化氢铵5～10g（除硅）继续加热分解3～5min；再加入硝酸、硫酸混合液（7：3）30mL，蒸至冒烟，若还有黑色悬浮颗粒再加入5mL高氯酸冒烟除去。取下冷却；沿杯壁吹水，并加水150mL，煮沸使可溶性盐溶解；取下冷却，水稀至1000mL摇匀备用。此液称作母液，为A液。

3.2 药品及配制

快速定性检验所需药品（指示剂）的名称（包括英文名）、分子式、配制方法、检验方法及显色、定性检验对象列入表3-1。

表 3-1 快速定性检验所需指示剂

序号	药剂名称（别名）	英文名	分子式	配制方法	检验方法与显颜色	定性检验对象
1	四甲基替对，对二氨苯基甲烷（四碱）	Tetramethyl for yes, methane based fromula two dapsone		甲：0.05g（四碱）溶于10mL冰醋酸中，水稀至100mL 乙：1%（四碱）的氯仿溶液	取A液5mL加95%乙醇10mL静止1h以上；用中速滤纸过滤，用5%硫酸洗漏斗无铁离子（用硫氰酸钾液洗去，无红色）将漏斗上残余物调pH值为中性，加入［0.05g（四碱）溶于10mL冰醋酸中，水稀至100mL］试剂，显蓝色表明有铅	铅Pb、氰化物
					取A液5mL加磷酸5mL加热形成磷酸络合剂，再加2g硝酸铵使锰（Ⅲ）完全生成。适当加入过碘酸钾饱和溶液，摇匀再加入［2mol/L醋酸液和1%（四碱）的氯仿］试剂，显蓝色表明有锰（若矿石含锰10%以上，有经验者，肉眼可判别）	锰Mn
2	乙酰乙酸乙酯铜	Copper ethyl acetoacetate	$(C_6H_{10}O_3)$ Cu	50mg（四碱）加50mg乙酰乙酸乙酯铜，溶于10mL氯仿中（用时配制）	取A液5mL，用水稀释，加入几滴乙酰乙酸乙酯铜盐试剂，显蓝色，证明有CN^-	氰化物

续表 3-1

序号	药剂名称（别名）	英文名	分子式	配制方法	检验方法与显颜色	定性检验对象
3	亚甲蓝（次甲蓝）	Methylene blue	$C_{16}H_{18}N_3SCl \cdot 3H_2O$	0.0012g 亚甲蓝溶于100mL 水中	检验前取出一部分亚甲蓝试剂，加入少量硫酸肼固体摇匀溶解。然后取 A 液 5mL 调 pH 值为弱酸性（有的情况要加浓“甲酸”除去硝酸盐），加入氟化钠掩蔽杂质。再加几滴［亚甲蓝硫酸肼试剂］显蓝色后，在沸水浴上加热5～10min，蓝色消失，表明液中有四氧化钼	四氧化钼 MoO_4
4	对氨基苯乙酮	p-Aminoacetophenone	$C_2H_4NO + C_4H_4$	0.01mol/L 对氨基苯乙酮的 0.01mol/L 盐酸液，保存在棕色瓶中	取 A 液 5mL，调 pH 值为中性，加入到 1～5mol/L 盐酸（或硫酸）液中再与［0.01mol/L 对氨基苯乙酮的 0.01mol/L 盐酸］混合，先出现紫色、之后转变为红棕色沉淀，表明样品中有铈	铈 Ce
	盐酸联苯胺	Eenzidine dihydrochloride	$C_{12}H_{14}C_{12}N_2$	0.5g 盐酸联苯胺溶于10mL 醋酸中，水稀至100mL 过滤	取 A 液 5mL 加少许氢氧化钠再加几滴［0.5g 盐酸联苯胺溶于 10mL 醋酸中，水稀至100mL］，按铈量的多与少，生成深与浅的蓝色	

续表 3-1

序号	药剂名称（别名）	英文名	分子式	配制方法	检验方法与显颜色	定性检验对象
5	甲基橙/铁粉（Fe）（金莲橙）	Methyl orange	$C_{14}H_{14}O_3N_3Na$	0.01%甲基橙水溶液	取A液10mL入小烧杯中加入（1+1）盐酸30mL。80℃下加入还原铁粉2g将锑、砷杂质还原出黑色单体后用脱脂棉过滤除去。其中若有$SnCl_6^{4-}$，加入少许浓盐酸及几滴0.01%甲基橙水溶液，加热。甲基橙褪色了，表明样品中有锡存在	锡 Sn
	磷钼酸铵	Ammonium phosphomolybdate hydrate	$(NH_4)_3PO_4 \cdot 12MoO_3 \cdot 6H_2O$	磷钼酸铵饱和水溶液用一张滤纸浸入该液中，取出烘干	在烘干滤纸滴上被测A液，再滴加磷钼酸铵试液，纸上显蓝色，证明溶液中有二价锡（Sn^{2+}）	锡 Sn
6	苦味酸	Picric a cid	$CH_6HO_6N_2$	粉末	取有机试液5mL加入少许苦味酸粉末摇动，有水分呈蓝色	溶剂、柴油中水分
	无水氯化钴			5%无水氯化钴丙酮溶液	在有机试样的丙酮液中加入几滴5%无水氯化钴丙酮溶液，如显紫红色表明有水分	溶剂、柴油中水分
7	甲基紫	Methyl violet	$C_{24}H_{28}ClN_3$	0.1%甲基紫在0.2mol/L的HF溶液中，保存在聚乙烯瓶中10天有效	取A液5mL加入稀的氢氟酸使之产生TaT_6，加入溶液[0.1%甲基紫溶于0.2mol/L的HF中]，能被苯萃取的绿蓝色离子缔合物	钽 Ta
					取A液5mL加入5mL盐酸，使液中Sb^{3+}氧化成$SbCl_6$；与甲基紫生成蓝紫色配合物	锑 Sb

续表 3-1

序号	药剂名称（别名）	英文名	分子式	配制方法	检验方法与显颜色	定性检验对象
8	亚硝基-R-盐（6-二磺酸钠）	Nitroso-R-Salt	$C_{10}H_4NOOH(SO_3Na)_2$	0.1g 亚硝基-R-盐溶于 100mL 水中	取 A 液 5mL 加入小烧杯中，调 pH 值为中性或弱酸性，加入［0.1g 亚硝基-R-盐，溶于 100mL 水中］，形成红色配合物，证明样品中有钴	钴 Co
	亚铜试剂、异戊醇	Cuproine Isopentanol	$C_8H_{12}N_2$ $(CH_3)_3CCH_2CH(CH_3)_2$	0.02g 亚铜试剂，溶于 80mL 异戊醇中（60℃），存棕色瓶中	取 A 液 5mL 调 pH 值为 4～5.5 之间，加入几滴［0.02g 亚铜试剂，溶于 80mL 异戊醇中（60℃）］，若出现紫色络合物，表明样品中含铜	铜 Cu
9	亚铜试剂、乙醇、盐酸羟胺	Ethyl alcohol Hydroxyl-amine-hydro-chloride	CH_3CH_2OH NH_2OHHCl	亚铜试剂的乙醇饱和溶液	取 A 液 5mL 调 pH 值大于 3 时先加入少许盐酸羟胺晶体摇匀溶解，再加入少许［亚铜试剂的乙醇饱和溶液］，液中呈紫色至粉红色证明液中有铜	
	α-萘黄酮	α-Naphth of lavone	$C_{19}H_{12}O_2$	0.5g α-萘黄酮溶于 100mL 无水乙醇中	取 A 液 5mL 加入醋酸-醋酸铵出现铁红色时再加氟化氢铵消除红色，加入碘化钾再加几滴［0.5g α-萘黄酮溶于 100mL 无水乙醇中］。与 Cu^{2+} 生成荧光	

续表 3-1

序号	药剂名称（别名）	英文名	分子式	配制方法	检验方法与显颜色	定性检验对象
10	盐酸羟胺	Hydroxylamine-hydrochloride	NH_2OHHCl	固体	取 A 液 5mL 调 pH 值加入 6mol/L 盐酸 60mL，加入盐酸羟胺晶体 0.5g 在水浴上蒸 1 ~ 1.5h，该液呈现出微红色混浊物，表明样品中有硒	硒 Se
11	水杨酸	Salicylicacid	$C_6H_4(OHCOOH)$	2g 水杨酸溶于水中，用氨中和，再过量，使该液呈氨性，再用水稀释至 100mL	取 A 液 5mL，调 pH 值为中性加 5% 过硫酸铵，并加入少许[2g 水杨酸溶于水中，用氨中和，呈氨性，再用水稀至 100mL]，其与银形成褐色化合物，证明液中有银	银 Ag
12	碘化汞	mercuric iodide	HgI_2	碘化汞在“二噁烷”中的饱和溶液	取 A 液 5mL 加入盐酸酸化后，再加几滴［碘化汞在“二噁烷”中的饱和溶液］，呈现黑色沉淀或灰色悬浮体，证明有钯	钯 Pd
13	2-2 -二羧基二苯胺（钒试剂）	Dicarboxrdiphe-nylamine	$COOHC_6H_4NHC_6H_4COOH$	0.1% 钒试剂与 1% 碳酸钠溶液混合	取 A 液 5mL 加入 6mol/L 硫酸，加少许［0.1% 钒试剂与 1% 碳酸钠溶液混合］，形成蓝色配合物，证明液中有钒	钒 V
14	酒石酸氢钾	Potassium Bitart-arate（Potassium Acid Tartrate）	$KHC_4H_4O_6$	11.4g 酒石酸氢钾溶于 100mL 水中	取 A 液 5mL 调成氨性，加入少许［11.4g 酒石酸氢钾溶于 100mL 水中］，有铍则生成沉淀	铍 Be

续表 3-1

序号	药剂名称（别名）	英文名	分子式	配制方法	检验方法与显颜色	定性检验对象
15	钼酸铵	Ammonium Molybdate	$(NH_4)_2Mo_2O_7$	1g 钼酸铵溶于 10mL 水中，再加 10mL 浓硝酸	取 A 液 5mL 加入少许［1g 钼酸铵溶于 10mL 水中，再加 10mL 浓硝酸］，再加 0.1% 联苯胺的醋酸溶液，并加饱和醋酸钠溶液，有锗呈现蓝色	锗 Ge
16	二巯基硫代二唑	Bismuthiol	$N_2C_2S\text{-}(SH)_2$	0.7g 二巯基硫代二唑，溶于 35mL 的 0.1mol/L 氢氧化钾液中	取 A 液 5mL 调 pH 值为 0～2.5 时加入少许［0.7g 二巯基硫代二唑，溶于 35mL 的 0.1mol/L 氢氧化钾液中］，有铋则生成橙红色沉淀	铋 Bi
17	5－巯基－3－苯基－2－硫－1，3，4－硫杂二氮唑钾盐	Bismuthiol	$C_8H_5KN_2S_3$	0.25g 此试剂溶于经煮沸的冷水中稀释至 100mL，一昼夜后使用	取 A 液 5mL 调至酸性，加入少许［0.25g 5－巯基－3－苯基－2－硫－1，3，4－硫杂二氮唑钾盐溶于经煮沸的冷水中稀至 100mL，一昼夜后使用］若有碲，则生成 4∶1 的黄色配合物	碲 Te
18	3，3－二甲基联萘胺、铁氰化钾（赤血盐）	3，3-Dimethyl-naphthidine	$K_3Fe(CN)_6$	3，3－二甲基联萘胺饱和水溶液 5% 铁氰化钾水溶液	临用前把 3，3－二甲基联萘胺饱和水溶液和 5% 铁氰化钾水溶液相混合。取 A 液 5mL 调至弱酸性，加入上述混合指示剂，有锌存在立即显红紫色（若有干扰元素；至少也能证明液中存有 MnO_4，CrO_4，VO_3，IO_3，S_2O_8）	锌 Zn

续表 3-1

序号	药剂名称（别名）	英文名	分子式	配制方法	检验方法与显颜色	定性检验对象
18	氯化汞、硫氰酸铵	Mercuric chtoride, Ammoniutn Thiocyanate	$HgCl_2$ NH_4SCN	80g 氯化汞加 90g 硫氰酸铵溶于 1000mL 水中	80g 氯化汞加 90g 硫氰酸铵溶于 1000mL 水中。取 A 液 5mL 在硫酸酸性液中加 0.02% 硫酸铜液与上述试剂生成深紫色沉淀，证明液中有锌	锌 Zn
19	铁氰化钾	Potassiumferri-cyanide	$K_3Fe(CN)_6$	将滤纸浸入饱和的铁氰化钾液中，取出晾干	取 A 液滴几滴在浸泡了饱和铁氰化钾滤纸上。液中铁 Fe^{2+}、Fe^{3+} 作用显蓝色	铁 Fe^{2+}、Fe^{3+}
20	钛铁试剂	Tiron -邻苯二酚-3，5-二磺酸钠	$C_6H_4O_8S_2Na_2$	钛铁试剂水溶液	取 A 液 5mL 调 pH 值为 4.3 ~ 10，加入钛铁试剂水溶液作用，显橙黄色，证明液中有钛	钛 Ti
21	α-萘胺试剂（1-氨基萘）	1-Naphthylamine	$C_{10}H_7NH_2$	α-萘胺试剂溶于 100mL 正丁醇中	取 A 液 5mL 加入 5mL 盐酸，若液中有三价金离子（$AuCl_3$）与指示剂［α-萘胺试剂溶于 100mL 正丁醇中］作用，在 2 ~ 3min 以内则呈显紫色	金 Au
	对二甲氨基苄叉绕丹宁（玫瑰红-银试剂）	p-Pdimethylaminobenzalrhod-anine	$C_{12}H_{12}N_2OS_2$	滤纸浸入对二甲氨基苄叉绕丹宁的饱和溶液中，取出干燥	取 A 液 5mL 调为中性或弱酸性，加“丁二酮肟液”，若含金很高，则产生黄色沉淀。再取几滴中性 A 液，滴在［对二甲氨基苄叉绕丹宁的试纸］上，显出紫色斑点，证明有金	

续表 3-1

序号	药剂名称（别名）	英文名	分子式	配制方法	检验方法与显颜色	定性检验对象
22	丁二酮肟（丁二肟）	Dimethylglyoxime	$(CH_3CNOH)_2$	取 3g 丁二酮肟，溶于 100mL 3% 的氢氧化钠水溶液中	取 A 液 5mL 调成碱性，（多取几份）分别加入几滴［3g 丁二酮肟，溶于 100mL 3% 的氢氧化钠水溶液中］显红色，表明有镍；显黄色表明有二价铁（Fe^{2+}）；显红褐色表明有钒；显暗褐色则表明有铜、铅、铂、铋；若生成黑色或黑绿公配合物表明有：钴、有金。液中显色明显但又难以判别，证明含有许多金属	可查出大量金属
23	孔雀绿、三氯化钛	Malachite green	$C_{23}H_{25}N_2Cl$	0.005% 孔雀绿水溶液	取 A 液 5mL 调成中性或盐酸酸性试液中，加 1% $TiCl_3$ 再加入几滴［0.005% 孔雀绿水溶液］，溶液呈淡紫色或转变为无色，示为有钨	钨 W
24	喹喔啉-2，3-二硫醇试剂	Quinoxaline-2，3-dithiol	$C_8H_6N_2S_2$	称取 0.1g 喹喔啉-2，3-二硫醇试剂，1.0g 硫化钠混合均匀，溶于 100mL 1mol/L NaOH 中	取 A 液 5mL 用水稀释，加入上述混合药剂，加热煮沸，若液中有 Ni^{2+}，该溶液生成红色沉淀	镍
	硫化钠	Sodium sulfide nonahydrate	Na_2S			

3.3 测定方法

3.3.1 常规方法

结合表3-1对样品进行有针对性的快速检测、定性检验。

以上快速定性分析方法可以在没有任何分析仪器（比色计、原子吸收仪）的情况下进行。根据有关药品与金属元素产生不同颜色的性质，凭肉眼和经验对不同地区、现场矿藏进行快速检验，实际应用中可以以此法为准绳，在工作中反复调节、验证。主要是因为浓度与用量的不同，得出的观察结果也不同。

比如样品中含锡量的多与少有很大关系，首先要把锡转化为$SnCl_6^{4-}$，然后使用的甲基橙浓度也不相同；应从0.01%甲基橙试起，不然如果甲基橙浓度大，被测溶液中含锡量低，那么如何加温也不退色。其他元素检测与此类似。

在样品的快速检测中，经验很重要。比如硫化铁矿，没经验者用肉眼很难判别，表面有金黄色光泽，又有一定手感重量，很容易误认其为铜；有经验者不用检验，一眼便可以看出其为硫铁结晶体。

3.3.2 手持式分析仪测定法

手持式分析仪（图3-1）体重不过2.5kg，携带方便，操作简单、快速，可对各类矿石进行多元素检测分析，包括：金、银、铜、铁、锡、锌、镍、钼、铱、砷、铅、钛、锑、钒、碘、硫、钾、磷、铀矿等从磷到铀的所有自然矿石；还可用于矿渣精炼分析以及岩石、泥土、泥浆的检验。

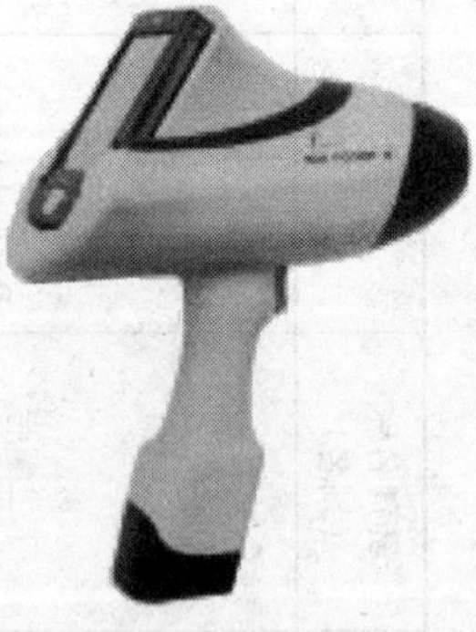

图3-1 手持分析仪

3.4 样品中金、银的野外快速分析

本法来源于黑龙江省有色地勘局绥化地质勘查院。

试样经硝酸+氯化钠+高锰酸钾+氟化氢铵溶样体系封闭冷浸，用泡沫塑料富集金（银），用丙酮进行解脱，在 pH = 4.5 的乙酸-乙酸铵缓冲溶液中，有表面活性剂存在下，用金（银）试剂显色测定金（银）。该方法具有简单、快速、准确的特点。

地质样品中存在的金、银矿物很难用肉眼鉴别，其含量的高低只能等到化验结果，在很大程度上影响了地质找矿的速度。为了解决这一问题：金、银的野外快速分析方法，经过多个矿区的应用及不断改进，取得了显著效果。

试剂配制：

（1）金标准溶液：$\rho = 100\mu g/mL$，$\rho = 10\mu g/mL$（10% 王水溶液）。

（2）银标准溶液：$\rho = 100\mu g/mL$（10% 硝酸溶液）。

（3）金试剂（TMK）显色剂：$w = 0.05\%$ 混合溶液；称取 0.105g 金试剂溶于 5mL 丙酮中，加入 10mL OP-乳化剂（聚已二醇辛基苯基醚），用乙醇稀释至 100mL。

（4）乙酸-乙酸铵缓冲溶液（pH = 4.5）：称取 77g 乙酸铵于烧杯中，加入 59mL 冰乙酸，用水稀释至 1L。

（5）泡沫塑料：将市售泡沫切割成 115cm × 1.5cm × 0.5cm，用水洗净，风干备用。

（6）富集金：用 10% 盐酸处理泡沫塑料后，转入蒸馏水中保存备用。

（7）富集银：称取 1g 二苯硫脲试剂于烧杯中，用 30mL 丙酮溶解，加入泡沫塑料，用玻璃棒挤压，使丙酮溶液均匀吸附在泡沫塑料上，放在瓷盘里，风干备用。

试样溶解：

称取5~10g试样于聚乙烯溶样瓶中，加入40mL（1+1）硝酸摇匀（若遇含硫高试样，需先加入浓硝酸处理至试样无黑色存在），加入5g氯化钠、0.12g高锰酸钾（或60滴饱和高锰酸钾溶液）、1g氟化氢铵（或加入新配制的1+1王水40mL），塞紧胶塞，摇匀，放置4h（最好过夜），加水至200mL，摇匀，放置澄清。

3.4.1 金的野外快速测定

视金的含量高低，取上清液20~60mL（相当于1~3g试样），于聚乙烯三角瓶中，投入一块测定金用的泡沫塑料，摇荡约30min，取出（所剩溶液测定银），用水冲洗至中性；置于20mL瓷坩埚中，加入5mL丙酮，用玻璃棒挤压2min，用夹子取出泡沫塑料，挤干弃去；加入5mL水，20滴pH=4.5的乙酸-乙酸铵缓冲溶液，10滴0.105%金试剂显色剂，2滴30% H_2O_2，搅匀后放置5min，与同时制备的金标准系列色阶进行比色。

金的标准系列色阶：吸取0μg、110μg、310μg、510μg、710μg、910μg Au标准溶液于20mL瓷坩埚中，投入一块测定金用的泡沫塑料，然后用玻璃棒反复挤压至金完全被吸附，以下按金的分析程序操作。

计算公式：

$$w(\mathrm{Au})/10-6=[\rho(\mathrm{Au})\times V]/[ms\times V_{分}/V_{总}]$$

式中 ρ(Au)——金标准溶液的质量浓度，μg/mL；

$V_{总}$——试样稀释体积，mL；

$V_{分}$——分取试液体积，mL；

V——吸取金标准溶液体积，mL；

ms——称样量，g。

3.4.2 银的野外快速测定

在富集分离金后的溶液中，投入一块测定银用的泡沫塑料，摇荡 30min，取出，用水冲洗干净；加入 5mL 4% 氟化钠溶液浸泡 2 次（每次约 5min），用蒸馏水冲洗 3 次，加入 5 滴 pH =4.5 的乙酸-乙酸铵缓冲溶液，5 滴 4% 氟化钠溶液，5 滴 0.105% 金试剂显色剂，混匀放置 5min，用夹子将泡沫塑料取出挤干弃去，与同时制备的银标准系列色阶进行比色测定。

银的标准系列色阶：吸取 0μg、25μg、50μg、75μg、100μg、125μg、150μg Ag 标准溶液于 20mL 瓷坩埚中，投入一块测定银用的泡沫塑料，用玻璃棒反复挤压至银被泡沫塑料吸附完全，以下按银的分析程序进行。

计算公式同金的测定。

3.5 原生铁的快速测定方法

将一张干净纸在卧式电子天平上去皮，任意称取含原生铁矿样，记下重量为 m_1，取下，用一带磁性的“磁铁”吸去原生铁，并用玻棒搅拌样品，让原生铁全部吸走，再称其纸上留下的重量，记下重量为 m_2，然后计算原生铁含量。

$$w(\mathrm{Fe}) = \frac{m_1 - m_2}{m_1} \times 100\%$$

式中 $w(\mathrm{Fe})$——原生铁质量分数，%；

m_1——原生铁第一次重量，g；

m_2——吸走原生铁余下的重量，g。

4 选矿过程中数据的测定及精矿产品分析

4.1 选矿过程中数据的测定

4.1.1 选矿车间 pH 值的准确快速测定

因选矿槽中其 pH 值范围在 9 ~ 11 为最佳状态，因此准确、快速取样分析很有必要；待运转正常以后，用 pH 值广泛试纸检验，加碱石灰即可。

用校验好的 pH 值酸度计快速测定：待测溶液的 pH 值可由任何可靠的 pH 计（配备有甘汞电极和玻璃电极）加以测定，而溶液则须防止吸收空气中某些气体，pH 计和电极在 25℃ 时用 0.01mol/L 硼砂（$Na_2B_4O_7 \cdot 10H_2O$）校准至 pH 值为 9.18。

4.1.2 选矿车间磨矿细度的检验

量取经球磨机磨出的带水泥浆约 500mL，滤干水分，将滤渣用红外灯快速烤干，冷却后称重，记下重量为 m_1，转入 -200 目（-0.074mm）钢筛内，放入盛水的盆中用手反复搅洗，使大部分泥沙通过钢筛。留下颗粒大的在筛上再洗，放入已经去皮的杯中，再用红外灯烤干水分后、冷却称重记下重量为 m_2：

磨矿细度由下式计算：

$$磨矿细度(\%) = \frac{m_1 - m_2}{m_1} \times 100\%$$

磨矿细度在 75% ~90%，示为合格。

否则颗粒大，选矿回收率低，尾矿含金属量偏高。磨矿细度大于90%，浪费电能，增大球磨机损耗。

4.1.3 取样操作

现场取样送到化验室的样品，首先编号、登记、过滤掉水分，然后在红外灯下快速烤干，搅细、拌匀缩分；之后、冷却、称量化学处理、化验、记录数据。按各元素的化验方法，根据消耗的药剂与标样对比，报出结果。

4.1.4 选矿车间成品回收率计算公式

以铜矿为例，说明选矿车间成品收率。

$$回收率 = \frac{原矿铜含量 - 尾矿铜含量}{原矿铜含量} \times \frac{粗磨精矿铜含量}{粗磨精矿铜含量 - 尾矿铜含量} \times 100\%$$

$$= \frac{粗磨精矿铜含量 - 精磨硫尾矿铜量}{粗磨精矿铜含量} \times \frac{精磨精矿铜含量}{精磨精矿铜含量 - 精磨硫尾矿铜含量} \times 100\%$$

4.2 铜精矿

铜精矿的质量标准见表4-1。

表4-1 铜精矿质量标准（DZ/T 0214—2002）

品　级	Cu质量分数不小于/%	杂质质量分数不大于/%			
		As	Pb + Zn	Mg	Bi
一级品	30	0.05	2	1	0.05
二级品	25	0.20	5	3	0.20
三级品	20	0.30	8	4	0.30
四级品	13	0.40	12	5	0.50

注：铜精矿中金、银、硫为有价元素，应报分析数据。

4.2.1 碘量法测定铜

碘量法是用碘化钾将 Cu^{2+} 还原至 Cu^{+} 为基础，生成难溶于稀酸的碘化亚铜和元素碘：

$$2Cu^{2+} + 4I^{-} \xlongequal{\quad} 2CuI + I_2$$

在上述反应中所析出的 I_2，用硫代硫酸钠标准溶液滴定：$I_2 + 2S_2O_3^{2-} \xlongequal{\quad} 2I^{-} + S_4O_6^{2-}$，滴定是在 pH 值为 2～4 的乙酸溶液中进行。

试剂配制

(1) 三氯化铁溶液（2%）。取 2g $FeCl_3$ 于烧杯中，加 1～2mL HCl，用水溶解后，稀释至 100mL，装入点滴瓶中备用。

(2) 淀粉溶液（0.5%）。0.5g 淀粉，用少量冷水调匀，倒入已煮沸的约 100mL 水中，再煮沸后取下，冷却后装入点滴瓶中备用。此溶液最好现配现用，这样终点敏锐，颜色鲜艳。

(3) 乙酸-乙酸铵溶液（pH≈5）。称取 90g 乙酸铵于 400mL 烧杯中，加水 150mL，冰乙酸 100mL，搅拌溶解后，以水稀释至 300mL。

(4) 氟化氢铵饱和溶液，贮存于塑料瓶中。

(5) 硫氰酸钾溶液（200g/L）。配成溶液后，加入 0.5% 淀粉溶液 5mL，如出现蓝色，则用硫代硫酸钠标准溶液滴定至蓝色恰好消失。

(6) 铜标准溶液。称取金属铜（99.99% 以上）3.0000g 于烧杯中，加 HNO_3（1+1）20mL，盖上表皿，低温加热至溶解完全。移去表面皿，加入 H_2SO_4（1+1）10mL，蒸发至冒浓厚白烟至近干，取下冷却，加水溶解盐类，冷却后移入 1000mL 容量瓶中，用水稀释至刻度，摇匀。

(7) 硫代硫酸钠标准溶液。称取硫代硫酸钠（$Na_2S_2O_3 \cdot 5H_2O$）8g、碳酸钠 0.1g 于烧杯中，用事先煮沸过并冷却了的蒸馏水（或新鲜冷却后）溶解，移入 1000mL 容量瓶中，用水稀释至刻度，摇匀。放置一周后再进行标定，以保证溶液相对稳定。

（8）标定。吸取铜标准溶液25.00mL于400mL烧杯中，加尿素少许，加热煮沸以破坏残存的HNO_3。冷却后加入2% $FeCl_3$溶液2mL，用乙酸-乙酸铵溶液中和至氢氧化铁沉淀形成稳定并过量3mL，用水吹洗杯壁，使溶液体积在40~50mL，加氟化氢铵至氢氧化铁沉淀溶解完全彻底清亮再过量1~2mL，加KI 2g左右，立即用硫代硫酸钠标准溶液滴定至黄色变淡时，加0.5%淀粉溶液1~2mL，继续滴定至蓝色变淡时，加入硫氰酸钾溶液3~5mL，再滴定至蓝色恰好消失为终点。计算硫代硫酸钠标准溶液对铜的滴定度。

分析步骤

称取试样0.1000~0.5000g于烧杯中，用少量水吹洗杯壁，加入H_2SO_4 3~5mL，HNO_3 2~3mL，加热至冒浓厚白烟（如试样含碳，则盖上表皿，滴加HNO_3至黑色消失），取下冷却。加入HBr-HCl混合液3~5mL，继续蒸发至冒浓厚白烟。根据Sb、As含量的高低，重复2~3次，最后蒸至只有少许硫酸白烟。取下冷却，加HCl 3~5mL，H_2O_2 4~6滴，再蒸发至干。然后加入HCl（1+1）3~4mL，用水吹洗杯壁，微热溶解盐类，加水30mL，冷却至室温。向溶液中滴加乙酸-乙酸铵溶液至氢氧化铁形成稳定并过量3~5mL（若试样含铁少，则补加2% $FeCl_3$ 1~2mL），然后滴加氟化氢铵饱和溶液至氢氧化铁沉淀溶解完至清亮再过量1~2mL。加冰乙酸0.5~1mL，摇匀。加KI约2g，立即用硫代硫酸钠标准溶液进行滴定，当黄色变淡时，加0.5%淀粉溶液2~3mL，继续滴定至蓝色变淡时，加硫氰酸钾溶液3~5mL，继续滴定至蓝色恰好消失为终点。

分析结果计算

$$w(\mathrm{Cu}) = \frac{VT_{\mathrm{Cu}}}{m} \times 100\%$$

式中 $w(Cu)$——铜的质量分数,%;

T_{Cu}——与1.00mL硫代硫酸钠标准溶液相当，以克表示的铜的质量，g/mL;

V——测定时消耗硫代硫酸钠标准溶液的体积，mL;

m——称取试样重量，g。

注意事项

(1) 滴定体积宜控制在30~40mL。否则硫代硫酸钠与碘的作用缓慢。

(2) 试样含Sb、As高的话，加HCl-HBr次数应适当增加。实践证明，不加氢溴酸赶除砷锑，分析结果不可靠。

(3) 如果试样粒度粗，则称取试样约5g，用王水分解后进容量瓶再分取试液进行分析。

(4) 如果样品是液体，而且铜含量很高，为了做到准确，先吸取10.00mL进入100~200mL容量瓶，用水稀释到刻度摇匀后，再分取10.00~20.00mL稀释液进行分析。

(5) 试样如果含铅、铋高，KI的用量就应该适当增加，因为这两个元素与KI作用，生成黄色的物质消耗KI，同时淀粉溶液的加入也要稍微提前些，以便观察终点和预防滴定过量。

(6) 如试样含有钒，当有五价钒时，它能氧化碘离子，严重干扰测定。本法不适用于含钒的试样。

(7) 对于比较复杂的样品，只能用氯化铵-氨水沉淀分离法进行测定。方法是称取试样，用HCl、HNO_3分解后，蒸发至体积近干，取下稍冷，加入硫酸3~5mL，氢溴酸3mL，加热至冒浓厚白烟，取下冷却，再重复加氢溴酸一次，最后蒸发至干，取下冷却，加氯化铵约5g，水15~20mL，加氨水10~15mL，煮至微沸，用定性快速滤纸过滤。沉淀物及滤纸留作铋的分析或者弃之。滤液及洗液用烧杯承接，然后进行低温蒸发至体积20~30mL，用水吹洗杯壁，体积控制在40~45mL，滴加氨水（1+1）至铜氨络离子的蓝色出现，加2%三氯化铁1~2mL，滴加饱和氟化氢氨溶液（或固体）至沉淀溶解完全，溶液清亮后再过量2mL，加冰乙酸（1+1）2mL，以下同前面分析步骤进行操作。

（8）铋的测定。将上述沉淀用热的硝酸（1+1）溶解，再用5%硝酸及热水洗涤干净。所得的溶液用蒸发的办法赶除大部分的硝酸，然后用氨水（1+1）调pH值在1.5~1.8，加少许抗坏血酸，0.5%的二甲酚橙1~2滴，用EDTA标准溶液进行滴定。

4.2.2 有机试剂萃取法测定砷

砷含量在1%以上，可以在硫酸铈法测定锑后，直接进行测定砷，但含量在1%以下，用苯萃法进行测定才能得到满意的结果。

试样经硫酸分解，借助碳在高温下将五价砷还原为三价砷，然后在9mol/L的盐酸介质中，用苯进行萃取使砷与锑分离。然后用水反萃取，使砷进入水中，于盐酸介质中，以甲基橙作指示剂，用溴酸钾标准溶液进行滴定。

试剂配制

（1）盐酸（3+1）：三份盐酸与一份水混匀。

（2）盐酸（1+1）：一份盐酸与一份水混匀。

（3）甲基橙指示剂：1g/L，水溶液。

（4）溴酸钾标准滴定液：称取预先在105℃烘干并置于干燥器冷却至室温的优级纯溴酸钾0.3715g，用水溶解后移入1000mL容量瓶中，用水稀释至刻度，混匀。理论计算此溶液对砷的滴定度为0.5mg/mL。为了证实无误进行标定验证。

分析步骤

称取试样0.1000~0.5000g置于250mL锥形瓶中，以少量水润湿，加入硫酸5~10mL，置于电炉上加热溶解，加入一小片滤纸，继续加热至溶液黑色消失为止。取下冷却，加水5mL，冷却至室温，加入盐酸40mL，摇动使盐类溶解，移入125mL分液漏斗中，用苯60mL分两次洗涤锥形瓶后并入分液漏斗中，振荡1min，静置分层。将水相移入另一个预先加有20mL苯的125mL分液漏斗中，振荡1min，静置分层，弃去水相。有机相合并于第一个分液漏斗中。用盐酸（3+1）5mL滴洗分液漏斗颈口和塞子，振荡半分钟，静置分层，弃去水相，如此反复洗涤三次。第三次洗涤完毕，静置3~5min，将水相尽量分离完全。把分液漏斗外表及下颈柱内壁冲洗干净。往分液漏斗中加水30mL，振荡半分钟，静置分层，水相移入干净的250mL锥形瓶中，再往分液漏斗中加水15mL，振荡半分钟，静置分层，水相合并于锥形瓶中，在不断摇动下，煮沸1~2min，取下冷却，加盐酸(1+1) 40mL，将溶液加热至80~90℃，加甲基橙指示剂(0.1%) 1滴，用溴酸钾标准溶液滴定至红色恰好消失为终点。与试样分析的同时进行空白试验。

砷含量按容量法计算公式计算。

$$w(\mathrm{As})=\frac{VT_{\mathrm{As}}}{m}\times 100\%$$

式中 $w(\mathrm{As})$——砷的质量分数,%；

T_{As}——与1.00mL碘酸钾标准溶液相当以克表示的砷的质量，g/mL;

V——测定时消耗碘酸钾标准溶液的体积，mL;

m——称取试样重量，g。

注意事项

（1）萃取剂也可以用甲苯。

（2）在萃取过程中，开始摇动两三次，要打开活塞放气。

（3）滴定过程中温度要保证在80~90℃。滴定速度宜缓慢，而且要多加摇动，临近终点要逐滴进行，以免过量。

4.2.3 原子吸收光谱法测定铅

本法适用于矿石及产品中铅含量为0.05%～2%铅的测定。

试剂配制

铅标准贮备溶液（0.10mg/mL）。称取金属铅（99.99%）0.1000g于250mL烧杯中加20mL硝酸（1+1），盖上表面皿低温分解完全。取下用水吹洗表面皿及杯壁冷至室温，移入1L容量瓶中，加硝酸（1+1）20mL，用水稀至标线，摇匀。

分析步骤

称取0.1～0.5000g试样（称准至0.0001g）于200mL烧杯中，(同时做空白试验）用少量水润湿，加入15mL盐酸盖上表面皿低温分解完全。取下稍冷，加5mL硝酸（析出单体硫，加入5mL溴；如试样含碳较高，加入2～3mL高氯酸），于电热板上加热使试样分解完全，继续加热至近干，取下稍冷；加10mL盐酸（1+1）加热至沸使盐类溶解，用少量水吹洗表皿及杯壁，冷至室温，移入100mL容量瓶中，用水定容，干过滤。或澄清后测定。

分取部分滤液和空白试液（如含铅小于0.2%时，可不必分取）于100mL容量瓶中，补加适量硝酸（1+1），用水定容并摇匀，于原子吸收仪上283.3nm处，用空气、乙炔火焰，以水调零测量其吸光度。

工作曲线绘制：移取铅标准溶液：（0.10mg/mL）0.0mL、1.00mL、2.00mL、3.00mL、4.00mL、5.00mL于一组100mL容量瓶中，加10mL（1+1）盐酸，用水定容，摇匀，测其吸光度，绘制曲线。

分析结果计算：

$$w(\mathrm{Pb})=\frac{A_2-A_1}{m}\times V/1000$$

式中 $w(\mathrm{Pb})$——铅的质量分数，%；

A_1——工作曲线上查到的空白溶液相当标准溶液“铅”的质量浓度 μg/mL;

A_2——工作曲线上查到的试液中相当标准溶液“铅”的质量浓度，μg/mL;

V——测定的试样溶液的总体积，mL;

m——称取试样重量，g。

4.2.4 原子吸收光谱法测定锌

本法适用于矿石及产品中0.001% ~1%锌的测定。

试剂配制

（1）锌标准贮备溶液（0.50mg/mL）。称取金属锌（99.99%）0.5000g于250mL烧杯中，加10mL硝酸（1+1）盖上表皿低温分解，完全煮沸驱除氮的氧化物。取下用水吹洗表皿及杯壁冷至室温，移入1L容量瓶中，加硝酸（1+1）20mL，用水稀至标线，摇匀。

（2）锌标准溶液（50μg/mL）。吸取上述锌标准贮备溶液（0.50mg/mL）10mL于100mL容量瓶中，加硝酸（1+1）20mL，用水稀至标线，摇匀。

分析步骤

称取0.2000g试样（称准至0.0001g）于200mL烧杯中，（同时做空白试验）用少量水润湿，加入10mL盐酸盖上表皿低温分解完全。取下稍冷，加10mL硝酸（析出单体硫，加入5mL溴；如试样含碳较高，加入2~3mL高氯酸），于电热板上加热使试样分解完全，继续加热至近干，取下稍冷；加10mL硝酸（1+1）加热至微沸，用少量水吹洗表皿及杯壁，冷至室温，移入100mL容量瓶中，用水定容，干过滤，或澄清后测定。

分取部分滤液和空白试液（如含锌小于0.2%时，可不必分取）于100mL容量瓶中，补加适量硝酸（1+1），用水定容并摇匀，于原子吸收仪上213.9nm处，用空气、乙炔火焰，以水调零测量其吸光度。

工作曲线绘制：移取锌标准溶液（50μg/mL）0.0mL、2.00mL、4.00mL、6.00mL、8.00mL、10.00mL于一组100mL容量瓶中，加10mL（1+1）硝酸，用水定容，摇匀，测其吸光度。

分析结果计算：

$$w(\mathrm{Zn}) = \frac{A_2 - A_1}{m} \times V/1000$$

式中 $w(\mathrm{Zn})$——锌的质量分数，%；

A_1——工作曲线上查到的空白溶液相当标准溶液“锌”的质量浓度，μg/mL；

A_2——工作曲线上查到的试液中相当标准溶液“锌”的质量浓度，μg/mL；

V——测定的试样溶液的总体积，mL；

m——称取试样重量，g。

4.2.5 原子吸收光谱法测定氧化镁

本法适用于矿石及产品中0.01%~2%镁的测定。

试剂配制

（1）镁标准贮备溶液（1mg/L）。称取经950℃灼烧过的高纯氧化铝镁1.0000g于250mL烧杯中滴加（1+1）盐酸，盖上表皿低温分解完全，取下冷却，用水吹洗表皿及杯壁再过量10mL盐酸，并煮沸溶解盐类，取下冷至室温，移入1L容量瓶中，用水稀至标线。摇匀，转入塑料瓶中贮备。

（2）镁标准溶液（20μg/mL）。吸取上述镁标准贮备溶液（1mg/L）10mL于500mL容量瓶中，用水稀至标线，摇匀。

（3）氯化锶水溶液（200g/L）。称取200g氯化锶溶解于1L水中（蒸馏水或去离子水）。

（4）EDTA 水溶液（0.1mol/L）。称取 37.23g EDTA 溶于 80mL 热水中，冷后稀至 100mL。

分析步骤

称取 0.1 ~ 0.5000g 试样（称准至 0.0001g）于 200mL 烧杯中，（同时做空白试验）用少量水润湿，加入 10mL 盐酸盖上表皿低温分解数分钟，加 5mL 硝酸（析出单体硫，加入 5mL 溴；如试样含碳较高，加入 2 ~ 3mL 高氯酸），再加入氢氟酸和高氯酸各 5mL，继续加热，余下 2 ~ 3mL，取下稍冷；再加 5mL 盐酸，用少量水吹洗表皿及杯壁，加热溶解盐类；冷至室温后移入 100mL 容量瓶中加入氯化锶水溶液（200g/L）1mL、EDTA 水溶液（0.1mol/L）1mL，用水定容，摇匀，干过滤。或澄清后测定。

分取部分滤液和空白试液（如含镁小于 0.2% 时，可不必分取）于 100mL 容量瓶中，补加 5% 的盐酸，加入氯化锶水溶液（200g/L）1mL，再加入 EDTA 水溶液（0.1mol/L）1mL，用水定容，摇匀。于原子吸收仪上 285.2nm 处，用空气、乙炔火焰，以水调零测量其吸光度。

工作曲线绘制：移取镁标准溶液（20μg/mL）0.0mL、0.50mL、1.00mL、2.00mL、3.00mL、4.00mL 于一组 100mL、容量瓶中，依次加入氯化锶水溶液（200g/L）1mL、再加入 EDTA 水溶液（0.1mol/L）1mL、再加入 5mL 盐酸，用水定容，摇匀，测其吸光度。

分析结果计算：

$$w(\mathrm{MgO}) = \frac{A_2 - A_1}{m} \times V/1000$$

式中 $w(\mathrm{MgO})$——镁的质量分数，%；

A_1——工作曲线上查到的空白溶液相当标准溶液“镁”的质量浓度，μg/mL；

A_2——工作曲线上查到的试液中相当标准溶液“镁”的质量浓度，μg/mL；

V——测定的试样溶液的总体积，mL；

m——称取试样重量，g。

4.2.6 原子吸收光谱法测定铋

本法适用于矿石及产品中0.01% ~2%铋的测定。

试剂配制

铋标准贮备溶液（0.1mg/mL）。称取金属铋（99.99%）1.0000g于250mL烧杯中，加60mL硝酸，盖上表皿低温分解完全，取下冷却，用水吹洗表皿及杯壁并煮沸溶解盐类，取下冷至室温，移入1L容量瓶中，用水稀至标线，摇匀。

分析步骤

称取0.1 ~0.5000g试样（称准至0.0001g）于200mL烧杯中，（同时做空白试验）用少量水润湿，加入15mL盐酸盖上表皿低温分解完全。取下稍冷，加5mL硝酸（析出单体硫，加入5mL溴；如试样含碳较高，加入2 ~3mL高氯酸），于电热板上加热使试样分解完全，继续加热余下2 ~3mL，取下稍冷；再加3mL盐酸、1mL硝酸，用少量水吹洗表皿及杯壁，冷至室温后移入50mL容量瓶中，用水定容，干过滤。或澄清后测定。

分取部分滤液和空白试液（如含铋小于0.2%时，可不必分取）于100mL容量瓶中，补加5%的盐酸，用水定容并摇匀，于原子吸收仪上223.0nm处，用空气、乙炔火焰，以水调零测量其吸光度。

工作曲线绘制：移取铋标准溶液（10μg/mL）0.0mL、5.00mL、10.00mL、15.00mL、20.00mL、25.00mL 于一组100mL容量瓶中，加5mL盐酸，用水定容，摇匀，测其吸光度。

分析结果计算：

$$w(\mathrm{Bi}) = \frac{A_2 - A_1}{m} \times V/1000$$

式中 $w(\mathrm{Bi})$——铋的质量分数，%；

A_1——工作曲线上查到的空白溶液相当标准溶液“铋”的质量浓度，μg/mL；

A_2——工作曲线上查到的试液中相当标准溶液“铋”的质量浓度，μg/mL；

V——测定的试样溶液的总体积，mL。

4.3 铅精矿

铅精矿的质量标准见表4-2。

表4-2 铅精矿的质量标准（DZ/T 0214—2002）

品级	Pb 质量分数不小于/%	杂质质量分数不大于/%				
		Cu	Zn	As	MgO	Al_2O_3
一级品	70	1.2	4	0.2	1.0	2.0
二级品	65	1.5	5	0.3	1.5	2.5
三级品	55	2.0	6	0.4	1.5	3.0
四级品	45	2.5	7	0.6	2.0	4.0

注：铅精矿中金、银为有价元素，应报分析数据；其他类型铅精矿的杂质要求由供需双方商定。

铅精矿中锌和氧化镁的测定同铜精矿中锌和镁的测法。

4.3.1 EDTA容量法测定铅

试样用硫酸、硫酸钾-硝酸分解，使铅形成硫酸铅钾复盐沉淀与干扰元素分离，然后加入醋酸-醋酸钠缓冲溶液使其转化为醋酸铅，在pH值5.5～6的条件下，以二甲酚橙作指示剂，用EDTA标准溶液滴定铅，溶液由紫红色变为亮黄色即到达终点。

反应式：$H_2Y^{2-} + Pb^{2+} = PbY^{2-} + 2H^+$

试剂配制

（1）硫酸-硫酸钾洗液。100mL硫酸（2+98）含有0.5g硫酸钾。

（2）氢溴酸–盐酸混合液。3 份氢溴酸与一份盐酸混匀。

（3）酒石酸溶液。200g/L，水溶液。

（4）二甲酚橙指示剂。2g/L，水溶液。

（5）醋酸–醋酸钠缓冲溶液（pH = 5.5 ~ 6）。称取三水合醋酸钠（$NaAc \cdot 3H_2O$）200g（如用无水乙酸钠则称取 121g），加水溶解，加入冰乙酸 10mL，用水稀至 1000mL，摇匀。

（6）EDTA 标准滴定液。称取 EDTA（乙二胺四乙酸二钠）3.6g 于烧杯中，加水加温溶解，冷却后移入 1000mL 容量瓶中用水稀释至刻度，摇匀备用。

标定：称取纯金属铅 0.0800g 于烧杯中，按分析手续进行处理后标定。

标定时做双杯，并且两人双杯同时进行标定。

$$f = \frac{m}{V}$$

式中 f——与 1mL EDTA 标准溶液相当的以克表示铅的质量（纯铅 99.99% 对 EDTA 标准溶液的滴定度），g/mL；

m——称取铜标样的质量，g；

V——滴定时消耗 EDTA 标准溶液体积，mL。

分析步骤

称取试样 0.1000 ~ 0.5000g 置于 250mL 高型烧杯中，以少量水吹洗杯壁，加硫酸钾约 0.5g，加硫酸 10 ~ 15mL，硝酸 3 ~ 5mL，盖上表皿，加热至冒黄烟消失而冒白烟，取下冷却，用水吹洗表皿及杯壁后，继续置于电炉上加热至冒白烟，取下稍冷，加氢溴酸–盐酸混合液 3 ~ 5mL，继续蒸发至冒白烟，如此重复 1 ~ 2次（根据试样含锑量而定），取下冷却，用水吹洗杯壁，加水 50mL，酒石酸溶液 3 ~ 5mL（或固体）加热煮沸，并保温一段时间，取下稍冷，加入 5mL 无水乙醇，然后置于流水中冷却

1h 以上。用慢速滤纸过滤，用硫酸-硫酸钾洗液洗涤烧杯 3 ~4 次，洗滤纸及沉淀 6 ~8 次（最好用硫氰酸钾溶液来检验无铁离子）。将滤纸连同沉淀放入原烧杯中，加醋酸-醋酸钠缓冲溶液 25mL，盖上表面皿，加热微沸 3min，取下冷却。用水冲洗表面皿和杯壁，加水 70mL，加抗坏血酸少许，搅拌溶解后加二甲酚橙指示剂 1 ~2 滴，用 EDTA 标准溶液滴定至溶液由紫红色变成亮黄色为终点。

分析结果计算：

$$w(\mathrm{Pb}) = \frac{Vf}{m} \times 100\%$$

式中 $w(\mathrm{Pb})$——铅的质量分数，%；

V——滴定时消耗标准溶液体积，mL；

f——与 1mL EDTA 标准溶液相当以克表示铅的质量（纯铅 99.99% 对 EDTA 标准溶液的滴定度），g/mL；

m——称取试样重量，g。

注意事项

（1）加酒石酸的目的主要是掩蔽未赶尽的锑及少量铋。

（2）三价铁离子封闭指示剂，在洗涤中要求洗液从漏斗上边缘洗下，以提高洗涤效果。残留微量的三价铁，加抗坏血酸少许即可消除其影响。

（3）在无法买到氢溴酸时，可将锑还原为三价锑，在硫酸体系中直接沉淀铅，测定结果仍然准确，方法适用于含锑不大于 70% 的样品。运用这一方法，不但降低成本，还减少对环境的污染。

4.3.2 原子吸收光度法测定铜

本法适用于产品中 0.01% ~2% 铜的测定。

试剂配制

（1）铜标准贮备溶液（1.0mg/mL）。称取金属锌（99.99%）1.0000g于250mL烧杯中，加20mL硝酸（1+1）盖上表皿低温分解完全，再加（1+1）硫酸10mL蒸发至冒三氧化硫白烟。取下冷却，用水吹洗表皿及杯壁并煮沸溶解盐类，取下冷至室温，移入1L容量瓶中，用水稀至标线，摇匀。

（2）铜标准溶液（10μg/mL）。吸取上述铜标准贮备溶液（1.0mg/mL）10mL于1L容量瓶中，加盐酸50mL，用水稀至标线，摇匀。

分析步骤

称取0.2000g试样（称准至0.0001g）于200mL烧杯中，（同时做空白试验）用少量水润湿，加入10mL盐酸盖上表皿低温分解完全。取下稍冷，加5mL硝酸（析出单体硫，加入5mL溴；如试样含碳较高，加入2~3mL高氯酸），于电热板上加热使试样分解完全，继续加热余下2~3mL，取下稍冷；再加3mL硫酸加热至冒三氧化硫白烟，冷却后用少量水吹洗表皿及杯壁，再加5mL盐酸加热至沸使盐类溶解，冷至室温后移入100mL容量瓶中，用水定容。干过滤，或澄清后测定。

分取部分滤液和空白试液（如含锌小于0.2%时，可不必分取）于100mL容量瓶中，补加5%的盐酸，用水定容并摇匀，于原子吸收仪上324.8nm处，用空气、乙炔火焰，以水调零测量其吸光度。

工作曲线绘制：移取铜标准溶液（10μg/mL）0.0mL、5.00mL、10.00mL、15.00mL、20.00mL、25.00mL于一组100mL容量瓶中，加5mL盐酸，用水定容，摇匀，测其吸光度。

分析结果计算：

$$w(\mathrm{Cu}) = \frac{A_2 - A_1}{m} \times V/1000$$

式中 $w(\mathrm{Cu})$——铜的质量分数,%;

A_1——工作曲线上查到的空白溶液相当标准溶液“铜”的质量浓度,μg/mL;

A_2——工作曲线上查到的试液中相当标准溶液“铜”的质量浓度,μg/mL;

V——测定的试样溶液的总体积,mL;

m——称取试样重量,g。

4.3.3 EDTA容量法测定三氧化二铝

在弱酸性(pH=5.5~6)溶液中,铝和EDTA能形成中强络合物,此时加入过量的EDTA使铁、铝、铜、铅、钛、镍等离子与EDTA络合后,用氯化锌溶液回滴过量的EDTA,然后加氯化钠置换EDTA-Al络合物;再用氯化锌标准溶液滴定释出的EDTA,以二甲酚橙作指示剂,溶液由黄色变为橙红色为终点。

本法适用于物料中三氧化二铝含量为0.5%以上的测定。

试剂配制

(1) 氟化钠溶液(100g/L)。

(2) 二甲酚橙溶液(5g/L)。

(3) 乙酸-乙酸钠缓冲溶液(pH=5.5~6)。溶解200g结晶乙酸钠于500mL水中,加入10mL冰乙酸,用水稀释至1L。

(4) EDTA溶液(0.05mol/L)。称取18.6g乙二铵四乙酸二钠溶于水中,定容1L,此溶液每1mL相当于2.5mg三氧化二铝,或者说1.32mg铝。

(5) 氧化锌标准溶液(0.02mol/L)。称取1.2821g金属锌(99.9%)于150mL烧杯中,加入15mL(1+1)盐酸,加热溶解并蒸发至2~3mL,移入1L容量瓶中,用(1+1)氨水中和至甲基橙指示剂变黄,然后再用(1+1)盐酸滴至变红,再过量出5滴用水定容。此液每1mL相当于1mg三氧化二铝。

分析步骤

（1）一般试样。称取试样 0.5000g 于 30g 镍坩埚中，加入氢氧化钠 4.5g 先低温加热除去水分，再加过氧化钠 1～2g 在 750℃熔 5～7min 至呈现红色透亮液体，取出冷却。水吹洗坩埚外壁，置于 300mL 烧杯中，用水约 60mL 浸取，洗净坩埚煮沸 2～3min。若有高锰酸根的紫色或锰酸根的绿色出现，加无水乙醇 2mL 还原。冷却后移入 250mL 容量瓶中，以水稀至刻度摇匀，干过滤，取 50mL 滤液于 300mL 烧杯中，加 EDTA 溶液（0.05mol/L）5～10mL。煮沸，取下冷却。以甲基橙作指示剂，用（1+1）盐酸调整溶液为红色，再过量 2 滴，加乙酸-乙酸钠缓冲溶液 10mL，加水至 100mL，加 5g/L 二甲酚橙 3～4 滴，用氯化锌标准溶液滴定至橙红色（不记滴定毫升数），加氟化钠溶液 10mL（100g/L）；煮沸 2～3min 取下冷却，现加二甲酚橙指示剂 1～2 滴，氯化锌标准溶液滴定至橙红色即为终点，同时做空白试验。

（2）含铜、铅、锌、镍等试样。称取试样 0.5000g 于 30mL 镍坩埚中，加入氢氧化钠 4.5g 先低温加热除去水分，再加过氧化钠 1～2g 在 750℃熔融 5～7min 至呈现红色透亮液体，取出冷却。水吹洗坩埚外壁，置于 300mL 烧杯中，用水约 60mL 浸取，加（1+1）盐酸酸化，至氢氧化钠完全溶解。加入氯化铵 4g，以水稀至约 90mL。

用（1+1）氨水中和至微氨味，煮沸 3～5min。取下冷却，以精密试纸检查为 pH=5.5～7，否则补加（1+1）氨水。待氢氧化钠沉淀凝聚，以快速滤纸过滤。以热的 2% 氯化铵稀液（含数滴氨水）洗涤沉淀和烧杯 4～5 次。用热（1+1）盐酸溶解沉淀入 100mL 容量瓶中。用热水洗涤滤纸，用 500g/L 氢氧化钠溶液中和至出现沉淀，滴加（1+1）盐酸溶解沉淀，立即加入 500g/L 氢氧化钠溶液 10mL（内含氯化钠 5g），控制体积不超过 100mL，在浮水浴中保温 15～20min 取出冷却。用水定容摇匀。

干过滤于干燥烧杯中，弃去初始滤液，吸取滤液 20～50mL 入 300mL 烧杯中，加 EDTA 溶液 0.05mol/L 5～10mL，煮沸，取下冷却。以甲基橙作指示剂，用（1+1）盐酸调整溶液为红色，再过量 2 滴，加乙酸-乙酸钠缓冲溶液 10mL，加水至 100mL，加 5g/L 二甲酚橙 3～4 滴用氯化锌标准溶液滴定至橙红色（不记滴定毫升数），加氟化钠溶液 10mL（100g/L）；煮沸 2～3min 取下冷却，现加二甲酚橙指示剂 1～2 滴，氯化锌标准溶液滴定至橙红色即为终点，同时做空白试验。

（3）硅酸盐及含硅量较高的试样。称取试样 0.5000g 于聚四氟乙烯烧杯中，吹水润湿，加硝酸 4～5mL，氢氟酸 10～15mL，（1+1）硫酸（或高氯酸）3mL，加热溶解试样，至冒出浓烟后取下冷却，水吹洗杯壁再重复一次冒尽浓烟。加入盐酸 10mL 加热溶解盐类。冷却后移入 300mL 烧杯中，洗净聚四氟乙烯烧杯。加水 80mL，如有残渣，煮沸，过滤以热水洗 3～4 次，保存滤液。将滤纸连同沉淀移入瓷坩埚杯（铂皿）中，低温炭化后，在残渣内加无水碳酸钠 2～3g 在 860℃熔融 1～2min，取出冷却，用热水 90mL 浸取，浸液与原滤液合并。加 0.05mol/L EDTA 溶液 5～10mL。煮沸，取下冷却。以甲基橙作指示剂用（1+1）盐酸调整溶液为红色，再过量 2 滴，加乙酸-乙酸钠缓冲溶液 10mL，加水至 100mL，加 5g/L 二甲酚橙 3～4 滴用氯化锌标准溶液滴定至橙红色（不记滴定毫升数），加氟化钠溶液 10mL（100g/L）；煮沸 2～3min 取下冷却，现加二甲酚橙指示剂 1～2 滴，氯化锌标准溶液滴定至橙红色即为终点，同时做空白试验。

分析结果计算：

$$w(Al_2O_3) = \frac{F \times A_2}{m} \times 100\%$$

式中 $w(Al_2O_3)$——三氧化二铝的质量分数，%；

F——氯化锌标准液每毫升相当于三氧化二铝的克数，g/L；

A_2——滴定时样品溶液与空白溶液消耗标准溶液的体积之差，mL；

m——称取试样重量，g。

4.4 锌精矿

锌精矿的质量标准见表4-3。

表4-3 锌精矿质量标准（YS/T 320—2007）

品级	Zn质量分数不小于/%	杂质质量分数不大于/%				
		Cu	Pb	Fe	As	SiO_2
一级品	55	0.8	1.0	6	0.2	4.0
二级品	50	1.0	1.5	8	0.4	5.0
三级品	45	1.0	2.0	12	0.5	5.5
四级品	40	1.5	2.5	14	0.5	6.0

注：锌精矿中镉、氟质量分数应分别不大于0.3%，锑质量分数应不大于0.03%，锡质量分数应不大于0.1%，镍和锗质量分数要求，由供需双方商定；三、四级品铁闪锌矿含铁允许量不大于18%。

4.4.1 EDTA滴定法测定锌

本方法适用于含锌1%以上物料的测定。

试样经酸分解，在氨水-氯化铵溶液中分离铁、铅等共存元素，氟化钾掩蔽铝，过硫酸铵消除锰的影响，硫脲掩蔽铜，而锌形成锌铵络离子。在pH值5.5～6的乙酸-乙酸钠缓冲溶液中（或六次甲基四胺），以二甲酚橙为指示剂，用EDTA标准溶液滴定锌。

试剂配制

（1）盐酸（1+1）；氨水（1+1）。

（2）二甲酚橙指示剂（0.2%）水溶液滴加氨水（1+1）2滴。

（3）氟化钾200g/L，水溶液。

（4）亚硫酸钠饱和溶液。

（5）硫脲饱和溶液。

（6）乙酸-乙酸钠缓冲溶液：称取三水合乙酸钠（NaAC·$3H_2O$）200g（如果用无水乙酸钠则称取121g），加水溶解，加入水乙酸10mL，用水稀释至1000mL，摇匀。用pH试纸检验，pH值应为5.5~6。

（7）氟化钾20%水溶液。

（8）EDTA（乙二铵四乙酸二钠）标准溶液。称取EDTA 5.7g置于烧杯中，加水溶解后，移入1000mL容量瓶中，用水稀释到刻度，摇匀。

标定：称取氧化锌0.0498g置于150mL锥形瓶中，加入HCl（1+1）4mL，加热溶解完全，取下冷却，用少量水吹洗瓶壁。滴加二甲酚橙指示1~2滴，用氨水（1+1）调节显示出微红色，再用HCl（1+1）调节转变为黄色，再过量2滴，加亚硫酸钠饱和溶液5滴，加少许抗坏血酸，摇溶。加入硫脲饱和溶液5滴，摇匀。加入乙酸-乙酸钠缓冲溶液（pH=5.5~6）15mL，用EDTA标准溶液滴定至紫红色恰好转变为亮黄色即为终点。按下式计算EDTA标准溶液对锌的滴定度：

$$T_{Zn}=40/V$$

式中 40——0.0498g氧化锌换算为锌的量，mg；

V——滴定时消耗EDTA标准溶液的体积，mL。

分析步骤

称取试样0.2000~0.8000g置于200mL烧杯中，以少量水润湿，加入盐酸10mL、硝酸3mL、加热分解完全并蒸至干，取下稍冷，加氢溴酸3mL，盐酸1mL，加热蒸发至干。重复一次，最后蒸至干。取下冷却，加HCl 3mL，再蒸干一次。取下冷却，加HCl（1+1）5mL，加热至沸溶解盐类，并蒸至近干，取下稍冷，用少量水吹洗杯壁，加入过硫酸铵0.1g，摇动片刻，加水50mL，氯化铵约5g，用氨水中和至氢氧化铁沉淀形成，并过量

15mL，加20%氟化钾溶液5mL，煮沸约1min，取下冷却后移入100～250mL容量瓶中，用水稀释至刻度，摇匀。

干过滤，弃去最初少部分溶液，吸取25.00～50.00mL溶液置于150mL锥形瓶中，加热煮沸赶除氨（但不允许有氢氧化锌白色沉淀出现），取下冷却，加二甲酚橙指示剂1～2滴，用HCl（1+1）调节至紫红色转变为黄色，再过量2滴。加亚硫酸钠饱和溶液5滴，加少许抗坏血酸，摇溶。加入硫脲饱和溶液5滴，摇匀。加入乙酸-乙酸钠缓冲溶液（pH=5.5～6）15mL，用EDTA标准溶液滴定至紫红色恰好转变为亮黄色即为终点。按下式计算锌的质量分数：

$$w(\mathrm{Zn}) = \frac{T_{\mathrm{Zn}} \times V}{m} \times 100\%$$

式中 T_{Zn}——EDTA标准溶液对锌的滴定度，mg/mL；

V——滴定试样时消耗EDTA标准溶液的体积，mL；

m——称取的试样量，mg。

注意事项

（1）加氢溴酸（HBr）、盐酸溶液蒸发，目的是赶除As、Sb、Cd、Sn，如果不考虑镉的影响，可用王水分解试样即可，但测得的结果为锌镉合量，结果偏高。

（2）如果试样锌品位低，含As、Sb、Cd很少，可不加HBr赶除，用王水溶样后蒸干，再用HCl蒸干一次，然后加HCl（1+1）5mL，接着往下同样操作。称样量可大一些，最后吸取的试液最好为50mL。

4.4.2 氟硅酸钾容量法测定二氧化硅

试样经碱熔浸取酸化后，在强酸性溶液中，加入氟化钾，使硅酸离子形成氟硅酸钾沉淀。氟硅酸钾在热水中水解，析出等当量的氢氟酸，以酚酞作指示剂，用氢氧化钠标准溶液滴定。

本法适用于硅酸盐、碳酸盐、萤石、铬铁矿、锰矿、铜铅锌矿、钨矿、钼矿、铋矿等试样，含二氧化硅在1%以上的测定。

试剂配制

（1）氟化钾溶液（300g/L）。30g 氟化钾溶于水并稀至100mL，保存于塑料瓶中。

（2）氯化钾乙醇溶液（50g/L）。称取氯化钾5g 溶于50mL 水中，再加入乙醇至总体积为100mL。

（3）酚酞指示剂（5g/L）：取0.5g 酚酞溶于100mL 乙醇中，并用氢氧化钠溶液中和至中性。

（4）氢氧化钠标准溶液（约0.25mol）。称取氢氧化钠10g 溶于预先煮沸（目的是赶走 CO_2）并经冷却后的水中，并使体积控制在800mL 左右，移入1000mL 容量瓶中，用水稀至刻度，摇匀，然后转入塑料瓶中保存备用。

标定：精确称取苯二甲酸氢钾0.5000g，溶于150～200mL 水中，加酚酞指示剂5滴，用氢氧化钠标准溶液滴定至溶液呈现微红色为终点，按下式计算氢氧化钠标准溶液对二氧化硅的滴定度：

$$T = m \times 0.0150/(0.2042 \times V)$$

式中 T——氢氧化钠标准溶液对二氧化硅的滴定度，g/mL；

V——滴定消耗氢氧化钠标准溶液的体积，mL；

m——称取苯二甲酸氢钾的质量，g；

0.0150——1mL 1mol/L NaOH 标准溶液相当于二氧化硅的克数；

0.2042——1mL 1mol/L NaOH 标准溶液相当于苯二钾酸氢钾的克数。

分析步骤

称取试样0.1000～0.2000g 置于镍坩埚中，加入氢氧化钾3～4g（如试样属于硫化矿则需预先焙烧或加入少量硝酸钾作氧化剂），置于预先升温到500～600℃的马弗炉中熔融15～20min，其中间摇动坩埚1～2次。取出稍冷，将坩埚置于塑料杯中，加入沸水10mL于坩埚中浸取（此时作用剧烈，须加盖表面皿，以防溅跳），然后用热水洗净坩埚，总体积控制在25mL以下。加硝酸15mL，30%氟化钾溶液5mL，用水吹洗杯壁一次，加入氯化钾2g，用塑料棒（或有机玻璃棒）搅拌使其溶解，此时保持溶液体积在45mL左右。置于冷水中冷却至室温（放置时间不得少于30min）。用密滤纸和塑料漏斗过滤。用5%氯化钾乙醇溶液洗涤塑料杯及沉淀3～5次。将沉淀连同滤纸放入原塑料烧杯中，加入5%氯化钾乙醇溶液10mL，酚酞指示剂1mL，用氢氧化钠溶液（先用2mol/L，最后用0.1mol/L）中和未洗净的酸，仔细地搅拌滤纸及沉淀，直至酚酞刚变红色。然后加入沸水100mL，立即用氢氧化钠标准溶液滴定至微红色出现，并不断搅拌至红色出现不再消失为终点。

分析结果计算：

$$w(SiO_2)=\frac{V\times T}{m}\times 100\%$$

式中 $w(SiO_2)$——二氧化硅的质量分数，%；

T——氢氧化钠标准溶液对二氧化硅的滴定度，g/mL；

V——滴定消耗氢氧化钠标准溶液的体积，mL；

m——称取试样量，g。

注意事项

（1）沉淀时不应引入钠离子。

（2）沉淀时体积控制在50mL以下，这样有利于氟硅酸钾沉淀完全。

（3）中和游离酸时，中和后的体积不宜大于20mL，否则氟硅酸钾溶解量增大，使结果偏低。因此先用2mol/L的氢氧化钠中和至接近中性，然后再用0.1mol/L的氢氧化钠中和至中性。在中和过程中，应注意不让滤纸及氟硅酸钾沉淀与氢氧化钠溶液直接接触，待大部分酸被中和后，逐步把滤纸捣碎，否则不易中和完全，致使分析重现性不好。

4.4.3 硫酸铈容量法测定铁

在盐酸介质中，以$SnCl_2$将Fe^{3+}还原为Fe^{2+}，二苯胺磺酸钠作指示剂，用硫酸铈标准溶液滴定。

此方法适用于1%以上铁的测定。

试剂配制

（1）硫-磷混酸。将150mL硫酸在搅拌下缓缓地加入到500mL水中，冷却后加入磷酸150mL，用水稀释至1000mL，混匀。

（2）二氯化锡100g/L溶液。称取$SnCl_2$10g溶于10mL盐酸中，用水稀释至100mL，保存于棕色瓶中，置于暗处。要注意$SnCl_2$溶液放置时间长会失去应有的还原效果，因此每次配制的量不宜太多，最好是现配现用。

（3）二苯胺磺酸钠（5g/L）。

（4）二氯化汞饱和溶液。

（5）硫酸铈标准滴定液。称取硫酸铈［$Ce(SO_4)_2 \cdot 4H_2O$］15g置于500mL烧杯中，加水100mL，在不断搅拌下，缓慢地加入硫酸（$\rho = 1.84g/cm^3$）100mL，并加热至沸，取下让其自然冷却至室温，移入1000mL容量瓶中，用水稀释接近1000mL，冷却至室温后再用水稀释至刻度，摇匀备用。

标定：称取金属锑标准0.0900g置于250～300mL锥形瓶中，用少量水吹洗瓶壁，加入硫酸10mL，加热溶解完全并至产生浓厚白烟，取下冷却后加盐酸溶液（2.5mol/L）80～100mL，控制温度在80～90℃，加甲基橙指示剂1滴，用硫酸铈标准液缓慢进行滴定，待红色变淡时，补加甲基橙指示剂1滴，然后逐滴进行滴定并多加摇动至红色恰好消失为终点（标定标准溶液，不宜采用双色指示剂），计算硫酸铈标准溶液对锑的滴定度。

硫酸铈标准溶液对铁的滴定度换算如下：

$$T_{Fe} = T_{Sb}/60.875 \times 55.847$$

分析步骤

称取试样 0.1000 ~ 0.5000g 于烧杯中，以少量水润湿，加入硫酸 3 ~ 5mL，加热至冒三氧化硫白烟，取下稍冷，加氢溴酸2 ~ 3mL，赶除 As、Sb。根据试样中含锑、砷量多少，重复 1 ~ 2 次。最后蒸至近干，取下稍冷，加盐酸（1 + 1）40mL，微热溶解盐类，取下趁热滴加 10% $SnCl_2$ 溶液至试液黄色消失并过量 1 ~ 2 滴。在水中冷却后，加 $HgCl_2$ 饱和溶液 10mL，混匀，放置 5min，加水至体积约 150mL 再放置几分钟，加硫-磷混酸 25mL，0.5% 二苯胺磺酸钠指示剂 3 ~ 4 滴。

用硫酸铈标准溶液滴定至溶液呈现稳定的紫色为终点。

分析结果计算：

$$w(\mathrm{Fe}) = \frac{(V_2 - V_1)\ T_{Fe}}{m} \times 100\%$$

式中 $w(\mathrm{Fe})$——铁的质量分数，%；

T_{Fe}——硫酸铈标准溶液对铁的滴定度换算（$T_{Fe} = T_{Sb}/60.875 \times 55.847$）；

V_1——空白溶液消耗铈标准溶液的体积，mL；

V_2——滴定时消耗铈标准溶液的体积，mL；

m——称取试样重量，g。

注意事项

赶除 As、Sb 不能使用 HCl-HBr 混合液，因为 $FeCl_3$ 在高温下可以挥发损失。

4.4.4 原子吸收光谱法测定镉

本法适用于铜、铅、锌精矿中 0.001% ~ 1% 镉的测定，但是，铁最好不大于 1mg/mL。

试剂配制

（1）镉标准贮备溶液（0.1mg/mL）。称取金属锌（99.95%）0.1000g于200mL烧杯中，加20mL硝酸（1+1）盖上表皿低温分解完全煮沸驱除氮的氧化物。取下用水吹洗表皿及杯壁冷至室温，移入1L容量瓶中，用水稀至标线，摇匀。

（2）镉标准溶液（10μg/mL）。吸取上述镉标准贮备溶液（0.1mg/mL）10mL于1L容量瓶中，加入（1+1）硝酸10mL，用水稀至标线，摇匀。

分析步骤

称取0.2～0.5000g试样（称准至0.0001g）于200mL烧杯中，（同时做空白试验）用少量水润湿，加入15mL盐酸盖上表皿低温分解15min。取下稍冷，加5mL硝酸（析出单体硫，加入0.5mL溴；如试样含碳较高，加入2～3mL高氯酸），于电热板上加热使试样分解完全，继续加热至近干，取下稍冷；加5mL硝酸，用少量水吹洗表皿及杯壁，加热至沸使可溶性盐类溶解完全。取下冷至室温，移入100mL容量瓶中，用水定容，干过滤。或澄清后测定。

分取部分滤液和空白试液（如含镉小于0.02%时，可不必分取）于100mL容量瓶中，补加适量硝酸（1+1），用水定容并摇匀，于原子吸收仪上228.8nm处，用空气、乙炔火焰，以水调零，测量其吸光度。

工作曲线绘制：移取镉标准溶液（10μg/mL）0.0mL、2.00mL、4.00mL、6.00mL、8.00mL、10.00mL于一组100mL容量瓶中，加10mL（1+1）硝酸，用水定容，摇匀，测其吸光度。

分析结果计算：

$$w(\mathrm{Cd}) = \frac{A_2 - A_1}{m} \times V/1000$$

式中 $w(Cd)$——镉的质量分数,%;

A_1——曲线上查到的空白溶液相当标准溶液镉的质量浓度，μg/mL;

A_2——曲线上查到的试液中相当标准溶液镉的质量浓度，μg/mL;

V——测定的试样溶液的总体积，mL;

m——称取试样质量，g。

5

原子吸收分光光度法测定金属元素

5.1 金的测定

5.1.1 酸混合剂溶样-甲基异丁基酮萃取法

在 10% 盐酸溶液中，在存在三价铁的情况下，用甲基丁基酮萃取，有机相于空气-乙炔火焰中进行测定。

在溶液中，同时含有镁 900mg，锡（Ⅳ）560mg，铬（Ⅵ）200mg，银 75μg，铂、钯、锇、钌、铑、铱均不干扰测定。三价铁在 500 ~ 1000mg 时，会产生吸收信号。但在每毫升有机相中含金 0.1μg 时，这种吸收是稳定的。加入饱和的磷酸二氢钠 5mL，可抑制 1000 ~ 1500mg 三价铁。

本法适用于测定地质物料中 0.2g/t 以上的金。

试剂配制

（1）酸混合剂。称取结晶氯化锡 30g，硝酸镁 20g，加入 700mL 盐酸，用水稀释至 1L，摇匀。

（2）动物胶（1%）。

（3）盐酸（10%）。

（4）甲基异丁基酮（二级）。

（5）饱和甲基异丁基酮。用 10% 盐酸 5 份，甲基异丁基酮 1 份，放入 500mL 分液漏斗中，振荡 2min，分层后弃去水相。

（6）三氯化铁（10% 盐酸）溶液。称取结晶氯化铁 242g 于 500mL 烧杯中，加入 10% 盐酸约 200mL 使其溶解，过滤后移入

500mL 容量瓶中，用 10% 盐酸稀释至刻度，摇匀。此溶液每毫升含三价铁约 100mg。

(7) 氯化钠溶液（20%）。

(8) 金标准溶液（甲）。称取纯金（99.9%）0.1000g 于 50mL 烧杯中，加入王水 10mL，在砂浴上加热溶解完全，加 20% 氯化钠溶液 5 滴，于水浴上蒸干，加盐酸 2mL，蒸发至干，重复三次，加入盐酸 100mL 溶解，移入 1L 容量瓶中，用水稀释至刻度，摇匀。此溶液每毫升含金 0.1mg。

(9) 金标准溶液（乙）。准确吸取金标准溶液（甲）20mL 于 1L 容量瓶中，以 10% 盐酸稀释至刻度，摇匀。此溶液每毫升含金 2μg。

(10) 标准系列。分别取金标准溶液（乙）0μg、2μg、4μg、6μg、8μg、10μg 金于 25mL 比色管中（若试样为 10g，则于 50mL 比色管中），加每毫升含三价铁 100mg 溶液 0.5mL，用 10% 盐酸溶液稀释至刻度，摇匀。准确加入甲基异丁基酮 5mL，振荡 150 下，分层后用有机相进行测定。

分析步骤

称取试样 5～10g 于瓷坩埚中，于 600～700℃ 高温炉中，焙烧 1h，取出冷却。试样移入 50mL 试管中，加 8～15mL 酸混合剂，在低温电炉上煮沸 30min（保持微沸）后，转于低温砂浴（或 60℃ 水浴）中。加入过氧化氢 5 滴，1% 动物胶 3mL（硅高时加 5mL），保温 15min，取下，用水稀释至刻度，摇匀。待澄清后吸取上层清液 25mL 于 50mL 比色管中，准确加入甲基异丁基酮 5mL，振荡 150 下，分层后用有机相进行测定。用 10% 盐酸饱和的甲基异丁基酮调整仪器零点。

5.1.2 王水溶解-甲基异丁基酮萃取法

样品经灼烧除去硫、碳、砷、汞，再经王水溶解。取部分溶液，在 10% 盐酸中，用甲基异丁基酮萃取。

在含金 20μg 的溶液中，同时存在钙、铝 2500mg，镁 1500mg，钾 1000mg，锌 800mg，铜 500mg，镍 350mg，钠、铅 300mg，锰、铋 200mg，砷 150mg，钴、铬（Ⅲ）100mg，硒 50mg，铊、碲 30mg，镉 18mg，钒 12mg，铂、银 4mg，钯 3mg，锑 2mg，铱 0.8mg，钌 25μg，锇 7.5μg 均不干扰测定。大量铁（Ⅲ）在干扰，可加入磷酸氢二钠消除。铬（Ⅵ）存在时，有机相呈灯黄色，使结果偏低，可加入硫酸亚铁铵消除。一般矿样在王水溶液中，铬呈三价状态，可不必考虑。

本法适用于测定矿石中 0.2g/t 以上的金。

5.1.3 醋酸丁酯萃取法

试样经灼烧，除去硫、砷等还原性物质，用王水（3+1）= $HCl + HNO_3$ 溶解，于约 20% 王水溶液中，加入适量的溴化钾，用醋酸丁酯萃取金与溴的络合离子（$AuBr_4$），有机相于空气-乙炔火焰中进行测定。

在被萃取溶液中，分别含铁、氧化镁 1000mg，氧化钙 500mg，锰 250mg，锌、铅 200mg，锶 150mg，锑、铝 100mg，汞、钨 50mg，钼 20mg，铬、钾 15mg，铋、铜 10mg，锗 3mg、铂、银 1mL，钯 0.2mg 均不干扰测定。王水浓度在 3% ~ 15% 萃取率最佳。

本法适用于测定矿石中 0.5g/t 以上的金。

分析步骤

称取试样 10 ~ 20g 于焙烧皿中，在 700℃高温中灼烧 1h，除去硫和砷等物质取下冷却，准确加入新配王水（1：1）50mL，用搅拌机搅拌 2h（或静置过夜），加水 50mL，摇匀。澄清后进行干过滤。视金含量吸取滤液 5 ~ 20mL 于 25mL 比色管中，加 50% 溴化钾溶液 10 ~ 12 滴，准确加入醋酸丁酯 5mL，振荡 20 ~ 30 次，静置分层后，以醋酸丁酯调整仪器零点，用有机相进行测定。

5.1.4 二苯硫脲-醋酸正丁酯萃取法

在王水溶液中，二苯硫脲与金形成稳定的络合物，可被醋酸正丁酯萃取，有机相于空气-乙炔火焰中进行测定。

在萃取体积中，分别含铁（Ⅲ）、磷酸钠1000mg，锌、钙、铅、硫酸钠500mg，锑、铝、铜200mg，钛（Ⅳ）、锰、镍、锡、钨（Ⅵ）100mg，钒（Ⅴ）、钼（Ⅵ）、铬（Ⅵ）、铋、砷（Ⅴ）、硅（Ⅳ）、硼（Ⅲ）、汞（Ⅱ）、镉10mg，银1mg，碲（Ⅵ）0.1mg，镓、铌、钽（Ⅴ）50μg，锗（Ⅳ）20μg，铂、钯、铱、锗 10μg 均不干扰测定。盐酸、硝酸、硫酸不影响测定。

本法适用于没定矿石中0.5g/t以上的金。

试剂配制

二苯硫脲丙酮溶液。称取化学纯二苯硫脲0.5g于100mL丙酮溶液中，摇匀，使完全溶解。

0.01%动物胶酸性水溶液，称取10mg动物胶于100mL 2%盐酸溶液中，加热溶解。

王水溶液（1∶1）。盐酸600mL，硝酸200mL，加入800mL水中拌匀。

金标准溶液（甲）。称取纯金（99.99%）0.1000g于100mL烧杯中，加入王水（1∶1）20mL，稍加热，使溶解完全，冷却后移入1L容量瓶中，用王水（1∶1）稀释至刻度，摇匀。此溶液每毫升含金100μg。

金标准溶液（乙）。准确吸取金标准溶液（甲方）10mL于1L容量瓶中，用王水（1∶1）稀释至刻度，摇匀。此溶液每毫升含金1μg。

标准系列。分别取金标准溶液（乙）0μg、2μg、4μg、6μg、8μg、10μg金于125mL分析液漏斗中，加入王水（1∶1）20mL，水10mL，0.01%动物胶1mL，0.2%二苯硫脲丙酮溶液

2mL，摇匀。准确加入醋酸正丁酯 5mL（作化探试样加 2mL），萃取 1min，分层后用有机相进行测定。

分析步骤

称取试样 20g 于瓷坩埚中，于 600～700℃高温炉中灼烧 2h，取下冷却，移入 150mL 广口瓶中，加入新配制王水（1∶1）100mL，盖上塞子，摇匀，在 60℃左右的电热板上保温杯 1h，中间摇动几次，然后放置过夜，分取上层清液 5～20mL 于 125mL 分液漏斗中，用王水（1∶1）稀释至 20mL，加入蒸馏水 10mL，加入 0.01% 动物胶 1mL，0.2% 二苯硫脲丙酮溶液 1mL，摇匀，准确加入醋酸正丁酯 5mL，萃取 1min，放置 30min，用醋酸正丁酯作参比进行测定。

5.2 钡的测定

试样经过氧化钠，碳酸钠熔融，钡以碳酸盐沉淀，分出后于 5% 硝酸和硝酸钙溶液中，在空气-乙炔火焰中进行测定。

每毫升溶液中，分别含氧化镍、氧化银 20mg，氧化钙 17mg，氧化铅 9mg，氧化镁、三氧化二铁 8mg，氧化铜、氯化锡 7mg，氧化钾 6mg，氧化镉 5mg，氟、氧化锰 4mg，氧化钠、氧化钇、氧化镧、氧化锌、三氧化二锑 3mg，氧化铊、氧化锶、三氧化铬、氧化钴 2mg，氧化锂、氧化铯、三氧化二铋、氧化汞、氧化钍、氧化铈 1mg，三氧化化钼 0.8mg，三氧化二砷 0.7mg，二氧化钍、氧化锆、磷酸根 0.5mg，二氧化硅、氧化铝，氧化硼、五氧化二钒、氧化铍 0.2mg，三氧化钨 65μg，氧化铪 7μg 均不干扰测定。硝酸不影响测定。1% 磷酸、盐酸、高氯酸已对测定产生负干扰。钒、铬、钛、锆、铪、铝、磷酸根、硅、硫酸根、钨、钼、硼等对测定影响较大，这些元素与钡形成耐热化合物，在富燃乙炔火焰中不被离解，致使吸收值降低。加入硝酸钙释放剂可以得到克服。

本法适用于测定矿石中 0.10% 以上的钡。

试剂配制

硝酸钙溶液。称取碳酸钙（优级纯）125g于1000mL容量瓶中，加入200mL水，缓缓加入5%硝酸至溶解完全，再加入10mL，待二氧化碳逸出后稀释至1L，摇匀。此溶液每毫升含钙约50mg。

钡标准溶液。称取于110℃干燥2h的碳酸钡（光谱纯）2.8738g于200mL烧杯中，加入水30mL，盖表面皿，从杯嘴加50%硝酸至完全溶解，加热煮沸，冷却后移入1L容量瓶中，用水稀释至刻度，摇匀。此溶液每毫升含钡1mg。

标准系列。分别取钡标准溶液5mg、10mg、15mg、20mg、25mg钡于50mL容量瓶中，加入50%硝酸5mL、硝酸钙溶液10mL，用水稀释至刻度、摇匀。

分析步骤

称取试样0.5～1.000g于预先盛有1～2g碳酸钠的镍坩埚中，加入1～2g过氧化钠，拌匀。再盖上1～2g碳酸钠，于700℃高温炉中熔融10min，取下冷却。把坩埚放入盛有10%三乙醇胺溶胺溶液70mL的200mL烧杯中，加热溶解，煮沸数分钟，待熔块完全溶解后，用水洗出坩埚，冷却至室温。用中速滤纸过滤，沉淀用2%碳酸钠溶液洗4～5次，水洗2～3次，用热的5%硝酸溶解沉淀于50mL容量瓶中，用水洗滤纸10次，加硝酸钙溶液10mL，待冷却后用5%硝酸稀释至刻度，摇匀后进行测定。

5.3 铋的测定

5.3.1 直接法

试样经王水分解，不需分离。在6%王水溶液中，采用空气-乙炔火焰进行测定。

每毫升溶液中，分别含铁8mg，铜、锡4mg，镍、钴、锰3mg，铅、钛、锶2mg，三氧化钨、钼1.5mg，锌、硅1mg，砷、钙、锑 0.8mg，镁 0.5mg，铝、钡 0.4mg，钾、钠、锂、铟 0.2mg，铬、钒 0.1mg，镓、锗 12μg 均不干扰测定。高达 20% 的盐酸、硝酸也不影响测定，1% 以上的硫酸，0.5% 以上的磷酸对测定有明显的影响。

本法适用于矿石、钨、钼、铜、锡精矿中 0.02% ~2% 铋的测定。

试剂配制

铋标准溶液。称取金属铋（99.9%）0.1000g 于250mL 烧杯中，加入硝酸 5mL、在电热板上低温溶解，蒸发至近干，加入硝酸 100mL 微热使盐类完全溶解，冷却后移入 1L 容量瓶中，用水稀释至刻度，摇匀。此溶液每毫升含铋 100μg。

标准系列。分别取铋标准溶液 200μg、400μg、600μg、800μg、1000μg 铋于 100mL 容量瓶中，加入王水 6mL，用水稀释至刻度，摇匀。

分析步骤

称取试样 0.1 ~0.5g 于 250mL 烧杯中，加入盐酸 15mL，低温加热片刻，加入硝酸 5mL，蒸至约 3mL，取下冷却，用水吹洗表面皿及杯壁，加热溶解盐类，冷却后移入 50mL 容量瓶中，用水稀释至刻度，摇匀。待澄清后测定。

5.3.2 氢氧化铵共沉淀法

试样溶解后，用氨水调整 pH 值为 4，氢氧化铁把铋、硒、碲、锑、砷、钛等元素共沉淀下来与大量基体分离。用小量酸溶解氢氧化物，在空气-乙炔火焰中测定铋。

本法适用于纯铜，铜合金、金属钴、镍中痕量铋的测定。

试剂配制

铋标准溶液。参见直接法。

氯化铁溶液。称取 25g 氯化铁（$FeCl_3 \cdot 6H_2O$），溶解于 800mL 水中，加入盐酸 2mL，稀释至 1L，摇匀，此溶液每毫升含铁为 5mg。

分析步骤

称取试样 10 ~ 50g（含铋 100μg 以下）于 500mL 烧杯中（50g 试样用 1L 烧杯），加水 200mL，硝酸 100mL，盖上表面皿，在电炉上加热完全溶解（必要时再加入硝酸 200mL）。加入水 100mL，搅拌均匀，煮沸 5min，取下表面皿，冷却 5 ~ 10min，边搅拌边加浓氨水慢慢中和至氢氧化铜沉淀产生（绿色混浊），加入氯化铁溶液 10mL，搅匀，用氨水数滴或几毫升调整 pH 值，使铁沉淀完全（含少量氢氧化铜，但不产生更多的沉淀物，否则要重新调至酸性，再用氨水中和到要求的 pH 值）。煮沸 2min、取下静置 15min，倒出上层清液，然后用中速滤纸进行过滤，不洗涤，等液体流净后，将滤纸连同沉淀物放入原烧杯中，加入硝酸 20mL，水 20mL，加热溶解氢氧化物及把滤纸变成纸浆，加水 30mL。在快速滤纸上过滤，溶液收集于 250mL 烧杯中。用热水 40mL 洗涤滤纸及烧杯两次，使烧杯中的溶液约 50mL。加热滤液到 80 ~ 90℃，用氨水中和到氢氧化铁沉淀，在电炉上加热至沸并保持 2 ~ 3min。取下静置 15min，至氢氧化物沉到杯底，倾倒出上层大部分清液，剩余溶液和沉淀移入 100mL 离心管中，用水洗烧杯 1 次，用离心机（3000r/min）离心 5min，倒出清液，加盐酸（1 + 2）6mL，在热水浴中加热溶解，冷却后移入 10mL 比色管中，用水稀释至刻度，摇匀后进行测定。

5.3.3 二氧化锰共沉淀法

在含有少量硝酸和 1% 硝酸锰的 10mL 溶液中，加入 1% 高锰酸钾溶液 10mL，在加热煮沸和搅拌下，生成的二氧化锰有效共沉淀铋和锑，使与大量基体及干扰元素分离，沉淀溶解于盐酸（1 + 1）和过氧化氢中，在空气-乙炔火焰中进行测定。

每毫升溶液中，分别含锰 1mg，铜 0.2mg，铁、锡、铅、锌、铝、镉、镍、镁 0.1mg 均不影响测定。

本法适用于测定纯铜、铜合金中 0.000*x*% 以上的铋。

试剂配制

（1）1% 高锰酸钾溶液。

（2）5% 硝酸锰溶液。

（3）30% 过氧化氢。

（4）铋标准溶液。参见直接法。

（5）标准系列。分别取铋标准溶液 0μg、200μg、400μg、600μg、800μg、1000μg 铋于 100mL 容量瓶中加入盐酸（1+1）40mL，用水稀释至刻度，摇匀。

分析步骤

称取试样 1~10g 于 500mL 烧杯中，分次加入硝酸（1+1）40~70mL，待剧烈反应停止后放于电炉上加热至完全溶解，煮沸除去氮的氧化物，用水稀至约 150mL。用氨水中和，在搅拌下分次慢慢加入 1% 高锰酸钾溶液 10mL，煮沸，取下放置 5min，用中速定性滤纸过滤。沉淀用水洗涤 3~4 次，用少量水把沉淀吹洗回原烧杯中，残留于滤纸上的沉淀，用加有 10 滴过氧化氢的盐酸（1+1）10mL 溶解，用少量水洗滤纸 1~2 次。溶液加入过氧化氢至沉淀完全溶解，于低温中蒸发至约 10mL，冷却后移入 20mL 比色管中，用水稀释至刻度，摇匀后测定。与试样分析同时进行空白试验。

5.3.4 N_{263}-甲基异丁基酮萃取法

用碘化钾-甲基异丁基酮萃取法测定铋，是基于铋与卤化物生成卤盐型的离子缔合物，溶于甲基异丁基酮中。N_{263} 高分子胺是液体阴离子交换剂，不但能萃取卤化物，而且能产生离子交换作用。在这种体系中，同时具备两种萃取机理，因此效果最好，萃取率可达100%。

在20%盐酸-0.5%碘化钾溶液中，用4% N_{263}-甲基异丁基酮进行萃取，有机相适宜在空气-乙炔火焰中进行测定。

在总体积中，分别含铝160mg，氧化镁、氧化钙100mg，三氧化二铼52mg，钾、钠50mg，二氧化钛、锰15mg，锡10mg，铅6mg，五氧化二钒、锰、钡、锶、锌5mg，铜、三氧化二铬4mg，二氧化硅2mg，钴、镍、铍、氧化锂，氧化铷、氧化铯1mg，氟8mg，磷酸根40mg均不影响测定。20mg以下铁（Ⅲ）没有明显的影响。20mg以上的铁（Ⅲ），由于将碘离子氧化成碘，影响测定。加入抗坏血酸把二价铁还原为二价铁而消除影响。20%抗坏血酸4mL，可以消除200mg三价铁的影响。盐酸存在时，高于15%的硫酸不影响萃取，而硝酸就有影响。在高氯酸-盐酸溶液中，由于生成高氯酸钾沉淀吸附铋，使测定结果偏低。

本法适用于测定硅酸盐岩石中0.0005%以上铋。

试剂配制

20%碘化钾溶液。称取碘化钾20g和少量抗坏血酸于少量水中溶解后用水稀释至100mL。

20%抗坏血酸。现配现用。

4% N_{263}-甲基异丁基酮液。取4mL N_{263}溶于甲基异丁基酮中，并稀释至100mL。

铋标准溶液（甲）。参见直接法。

铋标准溶液（乙）。准确移取铋标准溶液（甲）50mL于1L容量瓶中，加入50mL盐酸，用水稀释至刻度，摇匀。此溶液每毫升含铋5μg。

标准系列。分别取铋标准溶液（乙）0μg、5μg、10μg、15μg、20μg、30μg铋于25mL带塞比色管中，加入盐酸4mL，20%碘化钾溶液4mL，用水稀释至20mL，加4% N_{263}-甲基异丁基酮5mL，萃取1min，分层后用有机相测定。

分析步骤

称取试样 1. 000g 于聚四氟乙烯坩埚中，用水润湿，加入盐酸 10mL，在电炉上加热 5 ~ 10min，取下稍冷。加入硝酸 3mL，盖上有孔的塑料坩埚盖，继续加热溶解 1h 左右，取下，洗涤坩埚盖。加入氢氟酸 10mL，继续在电炉上加热溶解，蒸至近干。加入 5mL 盐酸，低温蒸至近干，加入盐酸（1 + 1）8mL，加热浸取，移入 25mL 比色管中，用水稀释至 16mL，加入 20% 碘化钾，20% 抗坏血酸溶液 4mL，摇匀。加入 5mL 4% N_{263}-甲基异丁基酮溶液，萃取 1min，放置分层后，以 N_{263}-甲基异丁基酮为参比进行测定。

5.4 钙的测定

在氯化锶和 EDTA 的盐酸溶液中，采用空气-乙炔火焰进行测定。

每毫升溶液中，分别含锶、镧 6mg，氧化钾、氧化钠 5mg，铁 0. 8mg，铜、铅、锌、镍、钴 0. 5mg，氧化镁 0. 4mg，钡、铝 0. 3mg，锰、锡、钨、钼 0. 15mg，稀土、铋、镉 0. 1mg，铬、锆、钒、钍、锑 50μg，硅 20μg，铍 10μg，硫酸根、高度氯酸根 0. 5mg，氟离子、磷酸根 0. 1mg 均不干扰测定。

10% 硝酸、6% 高氯酸，2% 盐酸、1% 氢氟酸、0. 5% 硫酸不影响测定。大于 1% 硫酸、磷酸，随着酸度的增加吸光值逐渐下降。

本法适用于测定铜矿、铁矿、镍矿、铅锌矿、硅酸盐及岩石中 0. 1% ~2% 的氧化钙，也适用于金属钴、镍中低含量钙的测定。

试剂配制

（1）分析用水。试剂配制及分析用水均用二次蒸馏水或离子交换水。

（2）盐酸（优级纯）。

(3) 硝酸(优级纯)。

(4) 硫酸(优级纯)。

(5) 高氯酸(分析纯)。

(6) 氢氟酸(分析纯)。

(7) 氯化锶(20%水溶液)。

(8) EDTA(0.1mol/L)水溶液。称取37.23g乙二胺四乙酸溶于100mL水中。

(9) 氧化钙标准溶液(甲)。准确称取经灼烧的氧化钙(高纯)1.000g于250mL烧杯中,加入盐酸5mL,低温加热溶解,冷却后移入1L容量瓶中,用水稀释至刻度、摇匀。此溶液每毫升含氧化钙1mg。

(10) 氧化钙标准溶液(乙)。准确吸取钙标准溶液(甲)20mL于200mL容量瓶中,用水稀释至刻度,摇匀。此溶液每毫升含氧化钙100μg。

标准系列。分别取钙标准溶液(乙)0μg、100μg、200μg、400μg、600μg、800μg、1000μg钙于100mL容量瓶中,依次加入20%氯化锶1mL,0.1mol/L EDTA 1mL,盐酸2mL,用水稀释至刻度,摇匀。

分析步骤

称取0.1~0.2000g试样于聚四氟乙烯杯中,加入盐酸(或硝酸)15mL,氢氟酸5~10mL,高氯酸(或硫酸)3mL,于电炉上加热溶解,蒸至冒尽白烟。取下冷却,加入盐酸2mL,用水吹洗杯壁,加热溶解盐类,冷却后移入100mL容量瓶中。加入20%氯化锶1mL,0.1mol/L ETDA溶液1mL,用水稀释至刻度,摇匀后进行测定。与试样分析同时进行空白试验。

5.5 镉的测定

试样经王水分解,在2%盐酸溶液中,采用空气-乙炔火焰进行测定。

每毫升溶液中，分别含铁、钙、镁、铝、铅、镍、钴、铜、锰、锌5mg，钍、硼、钡、钒、稀土、铋、锑、钾、钠、硅酸根1mg，锡0.1mg，少量锶、钼均不干扰测定。10%盐酸、硝酸，5%硫酸对测定均无影响。

本法适用于测定矿石及冶金产品中0.001%以上的镉。

试剂配制

镉标准溶液（甲）。称取金属镉（99.9%）1.000g于250mL烧杯中，加入硝酸（1+1）20mL，加热溶解完全后蒸至近干。加盐酸5mL，加水30mL，加热使盐类溶解，冷却后移入1L容量瓶中，用水稀释至刻度，摇匀。此溶液每毫升含镉1mg。

镉标准溶液（乙）。准确吸取标准溶液（甲）20mL于1L容量瓶中，加入盐酸5mL，用水稀释至刻度，摇匀。此溶液每毫升含镉20μg。

标准系列。分别取镉标准溶液（乙）0μg、20μg、40μg、60μg、80μg、100μg镉于100mL容量瓶中，加入盐酸（1+1）4mL，用水释稀至刻度，摇匀。

分析步骤

称取试样0.1~0.5g于200mL烧杯中，用水润湿，加盐酸15mL，加热溶解片刻，加入硝酸5mL，继续加热蒸发至近干，取下冷却。加入盐酸（1+1）2mL，以少量水冲洗烧杯，加热使盐类溶解，冷却后移入50mL容量瓶中，用水稀释至刻度，摇匀。待澄清后进行测定。与分析试样同时进行空白试验。

5.6 钴的测定

5.6.1 直接法

试样用王水溶解，高氯酸冒烟，然后转为盐酸溶液，采用空气-乙炔火焰进行测定。每毫升溶液中，分别含锡40mg，铜、铁

10mg，镍 9mg，钠 6mg，银、铅、锌 3mg，锰、钙、镁、镉 1mg，铝 0.8mg，钒、钼、钍 0.6mg，铬 0.5mg，钾 0.4mg，砷、铋、锑、磷、锶 0.1μg 就干扰测定。经高氯酸或硫酸冒烟后，每毫升溶液含 0.8mg 也不干扰测定。高于 16% 的高氯酸，15% 的盐酸、硝酸、低于 5% 的硫酸不影响测定，磷酸有严重破坏干扰。

本法适用于矿石、红土矿、铜、铅、锌精矿和冶金产品中 0.02% ~2% 钴的测定。

试剂配制

钴标准溶液。称取金属钴（99.9%）0.1g 于 250mL 烧杯中，加入硝酸（1+1）10mL，硫酸（1+1）10mL，加热溶解并冒三氧化硫浓烟，取下冷却。用水吹洗表面皿及杯壁，加入水 30mL，煮沸，冷却后移入 1L 容量瓶中，用水稀释至刻度，摇匀。此溶液每毫升含钴 100μg。

标准系列。分别取钴标准溶液 100μg、200μg、300μg、400μg、500μg 钴于 100mL 容量瓶中，加入盐酸（1+1）4mL，用水稀释至刻度摇匀。

分析步骤

称取试样 0.1 ~0.5g 于 150mL 烧杯中，加入盐酸 10 ~15mL，加热数分钟，加入硝酸 5mL，蒸至约 5mL，加入高氯酸 7 ~8mL（或硫酸 5mL），加热至近干，冷却。加入盐酸（1+1）4mL，加水约 20mL，加热溶解盐类，冷却后移入 100mL 容量瓶中，用水稀释至刻度，摇匀。待澄清后进行测定。

5.6.2 铜试剂-甲基异丁基酮萃取法

在 pH 值为 7 ~8 时，钴与铜试剂生成难溶的金属螯合物，能被甲基异丁基酮萃取，有机相在空气-乙炔火焰中进行测定。

能与铜试剂生成难溶的金属螯合物，而又被甲基异丁基酮萃取的元素，如铜、镉、铬、锰、锌、锡、镍等与钴之比为100倍量时，不影响钴的测定。在此条件下，铁能生成氢氧化物沉淀，对钴有吸附，因此必须加以掩蔽，使之不能生成沉淀，加入酒石酸钾钠溶液5mL，可掩蔽铁10mg。

本法适用于硅酸盐岩石中0.00*x*%以上钴的测定。

试剂配制

（1）酒石酸钾钠溶液。称取酒石酸钾钠50g溶于水中，稀释至100mL。

（2）铜试剂（0.2%水溶液）。

（3）0.1%溴百里酚兰。

（4）氢氧化铵（1+3）。

（5）钴标准溶液。准确吸取每毫升含钴100μg标准溶液50mL于1L容量瓶中，加入盐酸10mL，用水稀释至刻度，摇匀。此溶液每毫升含钴5μg。

（6）标准系列。分别取钴标准溶液0μg、5μg、10μg、15μg、20μg、25μg钴于50mL比色管中，用水稀释至25mL，以下操作同分析步骤。

分析步骤

称取试样0.5g于聚四氟乙烯杯中，用水润湿，加入硝酸3～5mL，氢氟酸8～10mL，硫酸（1+1）2～3mL，加热溶解蒸发至冒三氧化硫白烟，取下冷却。用水吹洗杯壁，加热蒸至白烟冒尽，取下冷却。加入盐酸2～5mL，用水吹洗杯壁，加热溶解盐类，移入50mL容量瓶中，摇匀。吸取上层清液5～25mL于50mL比色管中，用水稀释至25mL，用氢氧化铵中和大部分酸类后，加入酒石酸钾钠溶液5mL，加入溴百里酚兰指示剂2滴，滴加氢氧化铵（1+3）至显蓝色。在摇动下缓慢地加入铜试剂2.5mL，摇匀。准确地加入甲基异丁基酮10mL，振荡1min，分层后用有机相进行测定。

5.7 铬的测定

在1%硫酸铜-1%硫酸钠溶液中，采用空气-乙炔火焰进行测定。

每毫升溶液中，分别含钴、铜、铋、铅3mg，钨、锡、锌、钼2mg，钾、钠1mg，钡、锶、氧化钙、镁、铝、锰、钛、二氧化硅、五氧化二钒、氟、锑、砷、镉、磷、铁、镍0.1mg均不干扰测定。大量铁、镍对测定有干扰。可以采用过氧化钠熔矿法过滤除去。10%以下硝酸、6%以下的盐酸、4%以下的高氯酸均不影响测定。磷酸、硫酸对测定有明显影响。

本法：适用于测定矿石、铜、铅、锌、锡、铋、钨、钼精矿及其他材料中0.05%～2%的铬。

试剂配制

（1）硫酸钠溶液（10%水溶液）。

（2）硫酸（1+1）。

（3）铬标准溶液。称取二次重结晶、并于130～150℃烘干的重铬酸钾0.2829g，溶于水中，移入500mL容量瓶中，用水稀释至刻度，摇匀。此溶液每毫升含铬200μg。

（4）标准系列。分别取铬标准液100μg、200μg、300μg、400μg、500μg铬于100mL容量瓶中，加入硫酸（1+1）2mL，10%硫酸钠溶液10mL，用水稀释至刻度，摇匀。

分析步骤

称取0.1～0.5g试样于银或刚玉坩埚中，加过氧化钠1.5g，混匀，再盖上少许过氧化钠，放入高温炉中，在650～700℃中熔融5～6min，取下冷却。放入250mL烧杯中，用30～40mL热水浸出，洗出坩埚，在电炉上煮沸数分钟，滤入100mL容量瓶中，用热的1%氢氧化钠溶液洗沉淀数次，滤液用硫酸（1+1）中和，并过量1mL，迅速冷却（防止硅酸析出），用水稀释至刻度，摇匀后测定。

5.8 铯的测定

在每毫升含有 2mg 钾的 1% 硫酸溶液中，采用空气-乙炔火焰进行测定。

每毫升溶液中，分别含钠、铝 2mg，铁、钙、镁 1mg，钛 0.2mg，锶、钡 0.15mg、锰、铬、钒、铜、铅、锌、钴、镍 0.1mg，氧化锂、氧化铷、稀土 50μg，铍 40μg，五氧化二铌、五氧化二钽 15μg 均不干扰测定。0.5% 以下硝酸、盐酸、高氯酸，2% 以下硫酸不影响测定。钾对铯有显著的增减作用，当钾的浓度达到每毫升 2mg 以上时就趋于稳定。少量磷酸能产生明显的抑制作用。

本法适用于测定矿石中 0.00*x*% ~0.*x*% 的铯。

试剂制配

硫酸钾溶液。称取在 110℃ 烘干的硫酸钾（优级纯）54g，溶于 1L 水中，此溶液每毫升含钾 25mg。

铯标准溶液（甲）。称取在 110℃ 烘干的硫酸铯（优级纯）1.2840g 溶于水中，移入 1L 容量瓶中，用水稀释至刻度，摇匀。此溶液每毫升含氧化铯 1mg。

铯标准溶液（乙）。吸取铯标准溶液（甲）50mL 于 1L 容量瓶中，用水稀释至刻度，摇匀。此溶液每毫升含氧化铯 50μg。

标准系列。分别取铯标准溶液（乙）0μg、50μg、100μg、150μg、200μg、300μg、400μg、500μg 氧化铯于 50mL 容量瓶中，加入硫酸钾溶液 4mL，硫酸（1+1）mL，用水稀释至刻度，摇匀。

分析步骤

称取 0.5 ~1.0g 试样于聚四氟乙烯杯中，加水润湿，加硫酸（1+1）2mL，氢氟酸 10 ~15mL，在电热板上加热分解，待三氧化硫浓烟快冒尽时（但不要冒尽，更不能干涸），立即取下。稍冷，加水15mL，加热溶解盐类，冷却后移入50mL容量瓶中，加入硫酸钾溶液4mL，用水稀释至刻度，摇匀。待澄清后进行测定。与分析试样同时进行空白试验。

5.9 铜的测定

5.9.1 直接法

在1%盐酸溶液中，采用空气-乙炔火焰进行测定。

每毫升溶液中，分别含铁、钴3mg，镍、铅、锌、铋、二氧化钨、钼、锡2mg，锰、镁1mg，钙质0.8mg，锑0.5mg，钒、铝、氧化钾、氧化钠、二氧化钍0.4mg，钡、铬、二氧化硅0.1mg，砷0.1mg，银20μg均不干扰测定。高达10%盐酸、硝酸不影响测定。3%的硫酸对测定有影响。

本法适用于测定矿石、黄铁矿、钴、镍、铅、锌、锡、钨、钼精矿及冶金产品中0.01%~1%的铜。

试剂配制

铜标准溶液。称取金铜（99.9%）0.1000g于250mL烧杯中，加入硝酸（1+1）10mL，加热溶解，加硫酸（1+1）10mL，蒸发至冒三氧化硫浓烟，冷却后用水吹洗表面皿和杯壁，加水30mL，煮沸溶解盐类，冷却后移入1L容量瓶中，用水稀释至刻度，摇匀。此溶液每毫升含铜100μg。

标准系列。分别吸取铜标准溶液0μg、50μg、100μg、200μg、300μg、400μg、500μg铜于100mL容量瓶中，加入盐酸（1+1）4mL，用水稀释至刻度，摇匀。

分析步骤

称取0.1~0.5g试样于250mL烧杯中，加入盐酸15mL，加热数分钟，加入硝酸5mL，蒸发至约2mL，加入硫酸3mL，加热冒尽三氧化硫白烟。冷却后加入盐酸（1+1）4mL，加热煮沸，使盐类溶解，冷却后移入100mL 容量瓶中，用水稀释至刻度，摇匀。待澄清后进行测定。与分析试样同时进行空白试验。

5.9.2 萃取法

当 pH =2 ~6 时，在有柠檬酸钠存在下，用［$Zn(DDC)_2$］-甲基异丁酮萃取，有机相在空气-乙炔火焰中进行测定。

在萃取体积中，含铁 400mg，锰 40mg 及少量硝酸不影响测定。

本法适用于地质样品中 0.0001% 以上铜的测定。

试剂配制

（1）分析用水。试剂配制及分析用水均为二次蒸馏水或离子交换水。

（2）$Zn(DDC)_2$。称取金属锌（99.9%）3.27g 溶于 25mL 盐酸中用水稀释至 200mL，加入氨水至生成 $Zn(OH)_2$ 白色沉淀并重新溶解。称取铜试剂（NaDDC）22.6g 溶于 200mL 1% 的氨水中（必要时过滤）。在搅拌下，把 NaDDC 溶液慢慢倒入锌盐溶液中，生成了 $Zn(DDC)_2$ 的白色沉淀。搅拌 5 ~10min，静置。用布氏漏斗抽滤，水洗数次，沉淀在 50℃ 下烘干（或在干燥器中放干），如需提纯，可将 $Zn(DDC)_2$ 溶于氯仿，加入等体积乙醇，再抽滤，干燥。

（3）0.6% $Zn(DDC)_2$-甲基异丁基酮溶液。称取 $Zn(DDC)_2$ 3g 溶于 500mL 甲基异于基酮中，保留在棕色瓶中（可稳定 6 个月，放置过久，有少量混浊，可过滤除去，不影响使用）。

（4）20% 柠檬酸钠溶液。配好的溶液需用 0.6% $Zn(DDC)_2$-甲基异丁基酮萃取二次提纯。

（5）6% 碘化钾溶液。配好的溶液需用 0.6% $Zn(DDC)_2$-甲基异丁基酮萃取二次提纯。

（6）铜标准溶液。准确吸取直接法中每毫升含铜 100μg 的标准溶液10mL于1000mL容量瓶中，加入盐酸20mL，用水稀释至刻度，摇匀。此溶液每毫升含铜1μg。

（7）标准系列。分别取铜标准溶液0μg、1μg、2μg、3μg、4μg、5μg铜于125mL分液漏斗中，加0.1%甲基橙1滴，用氨水（1+1）中和至黄色，再滴加氨水至刚变红色，并过量1mL。加入0.6%碘化钾溶液1mL，20%柠檬酸钠溶液10mL，用水稀释至35mL，摇匀。准确加入0.6% $Zn(DDC)_2$-甲基丁基酮5mL，萃取2min，分层后放出水相，有机相留作测定。

分析步骤

称取试样2.000g于100mL烧杯中，加盐酸15mL，硝酸5mL，加热溶解，经常摇动使试样溶解完全，蒸至近干。加盐酸（1+1）10mL，水20mL，加热至沸腾，使盐类溶解、冷却后移入50mL比色管中，用水稀释至刻度，摇匀。待澄清后吸取上层清液25mL于125mL分液漏斗中，慢慢滴加氨水（1+1）至刚出现氢氧化铁沉淀，加入盐酸（1+1）1mL，摇匀，使沉淀溶解。加入6%碘化钾溶液1mL，20%柠檬酸钠溶液10mL，摇匀。(此时，pH值在3~5之间)。如果三氧化二铁含量较高（大于200mg)，用此法调节时，pH值可能低于3。此时可以用观察溶液颜色来判断，如溶液是暗红色，可加入氨水使溶液变为暗绿色，此时pH值约为4。准确加0.6% $Zn(DDC)_2$-甲基异丁基酮5mL，萃取2min，待分层后，以0.6% $Zn(DDC)_2$-甲基异丁基酮为参比进行测定。与分析试样同时进行空白试验。

5.10 铁的测定

在2%盐酸溶液中，采用空气-乙炔火焰进行测定。

每毫升溶液中，分别含铜、锌、铅、钼、铋2.5mg，钾、钠、镉、氧化钡、锡、砷（Ⅲ）1mg，氧化钙、氧化镁0.5mg，锰、铬（Ⅵ）、锑、氟、磷0.1mg均不干扰测定。每毫升含钴、五氧化二钒超过0.1mg，锶、镍、铝、钛超过20μg，硅超过2μg就干扰测定。用氢氟酸、氟化铵处理或经硫酸冒烟可消除硅的干扰。在微酸性溶液中，0.2%的酒石酸可使钨的允许量达到每毫升含2.5mg。10%以下的硝酸、盐酸、高氯酸不影响测定。1%以上的硫酸影响测定。磷酸有严重的干扰。

本法适用于测定矿石、铜、铅、锌、钼、铋、钨、锡精矿及冶金产品中0.05%～2%的铁。

试剂配制

（1）铁标准溶液。称取在300℃烘过的三氧化二铁0.1429g，于250mL烧杯中，加入盐酸（1+1）20mL，于低温下溶解、冷却后移入1L容量瓶中，用水稀释至刻度，摇匀。此溶液每毫升含铁100μg。

（2）标准系列。分别取铁标准溶液0μg、100μg、200μg、300μg、400μg、500μg铁于100mL容量中，加入盐酸（1+1）4mL，用水稀释至刻度，摇匀。

分析步骤

称取试样0.1～0.5g于250mL烧杯中，加入盐酸20mL，加热数分钟，加入硝酸5mL，蒸发至约3mL，加水煮沸，使盐类溶解，冷却后移入100mL容量瓶中，用水稀释至刻度，摇匀。待澄清后测定。与分析试样同时进行空白试验。

5.11 镓的测定

在4%盐酸溶液中，采用空气–乙炔火焰进行测定。

每毫升溶液中，分别含锌3mg，镉、铟1mg，砷0.8mg，铜、铁0.5mg，锗40μg不干扰测定。8%的盐酸，3%的硫酸不影响测定。

本法适用于测定湿法炼锌系统中各溶液每升含0.025%的镓。

试剂配制

（1）镓标准溶液。称取金属镓（99.9%）1.000g 于 250mL 烧杯中，加入少量王水，在电热板上低温加热溶解，用 1% 盐酸移入 1L 容量瓶中，并稀释至刻度，摇匀。此溶液每毫升含镓 1mg。

（2）标准系列。分别取镓标准溶液 2.5mg、5mg、7.5mg、10mg、12.5mg、25mg 镓于 100mL 容量瓶中，加入盐酸 4mL，用水稀释至刻度，摇匀。

分析步骤

吸取适量镓的试液于 25mL 烧杯中，加入氢溴酸 2mL，于电热板中加热蒸干，重复 1 次，加入 4% 盐酸 4～5mL。微热溶解盐类。取下冷却至室温，以 4% 盐酸移入 10mL 比色管中并稀释至刻度，摇匀后测定。

5.12 铟的测定

在溴化物-硫酸溶液中，用甲基异丁基酮萃取富集，有机相于空气-乙炔火焰进行测定。

每毫升溶液中，分别含锌 20mg，铝 10mg，铁 8mg，铝、钙、镁 7mg，锰 6mg，铜 4mg，镍 3mg，钡、锶、钴 1.5mg，硼、镉、锡、锑、钒、稀土，钍、钛 0.25mg，铋、砷、硒 0.1mg，铀、锆 0.15mg，镓、铪 40μg，铊 5μg 均不干扰测定。铁（Ⅲ）在 6mol/L 硫酸溶液中，必须加入 2.5mL 磷酸掩蔽。在低酸度中，锌有严重干扰，且随溶液中溴离子浓度的增加而增加。因此在所选的条件下，溴离子的浓度保持 0.2mol/L 左右。大量锌存在时，用 6mol/L 硫酸-0.2mol/L 溴化钾溶液洗涤有机相 1 次。

本法适用于测定矿石、冶金产品中。0.0005% 以上的铟。

试剂配制

(1) 溴化钾(50%水溶液)。

(2) 磺基水杨酸(10%)。

(3) 铟标准溶液(甲)。称取金属铟(光谱纯)0.1000g 于 250mL 烧杯中，加入王水 15mL，加热溶解，蒸干，加入盐酸1~3mL，再蒸干，重复 1 次，加入 2mol/L 盐酸 50mL 溶解盐类，移入 1L 容量瓶中，用水稀释至刻度，摇匀。此溶液每毫升含铟 100μg。

(4) 铟标准溶液(乙)。准确吸取铟标准溶液(甲)5mL 于 50mL 容量瓶中，加入盐酸 4mL，用水稀释至刻度，摇匀。此溶液每毫升含铟 10μg。

(5) 标准系列。分别取铟标准溶液(乙)5μg、10μg、20μg、30μg、40μg、50μg 铟于 25mL 比色管中加硫酸(1+1)8mL，50%溴化钾溶液 1mL，溴水 1mL，摇匀。以下操作按分析步骤进行。

分析步骤

称取试样 1.000g 于聚四氟乙烯杯中，加入硝酸(1+1)10mL，氢氟酸 5mL，蒸发至刚干，取下，滴加数滴硝酸，用少量水浸出，移入 100mL 烧杯中，加入硫酸(1+1)8mL，盐酸 5mL，加热至冒三氧化硫白烟，取下冷却。加入少许热水，加热煮沸数分钟，使盐类溶解，冷却后移入 25mL 比色管中，加 50%溴化钾溶液，溴水各 1mL，摇匀。放置 5min 加入 10%磺基水杨酸 1mL，磷酸 2.5mL，用水稀释至刻度，准确加入甲基异丁酮 5mL，萃取 1min，待分层后用甲基异丁基酮作参比进行测定。

5.13 钾的测定

在 2%盐酸溶液中，采用空气-乙炔火焰进行测定。

每毫升溶液中，分别含镍 1mg，铁 1mg，铅、钼 0.3mg，钴、氧化钙、五氧化二钒，0.25mg，氧化镁、铝 0.2mg，铜、锌、氧化锶、氧化钍 0.15mg，铬、钡、钨、氧化钠 0.1mg，稀土 80μg，锰 50μg，铋、锡、锑、二氧化硅 25μg，镉、锂 20μg，铯 15μg，氟离子、硫酸根、磷酸根、高氯酸根 1mg 均不干扰测定。锂、铷、铯过 50μg 时，钾的吸收达到恒定。

本法适用于测定铜矿、铁矿、镍矿、铅锌矿、钒钛铁矿、硅酸盐及岩石中 0.01% ~2% 的氧化钾。

试剂配制

（1）分析用水。试剂配制及分析用水均用二次蒸馏水或离子交换水。

（2）盐酸（优级纯）。

（3）硝酸（优级纯）。

（4）硫酸（优级纯）。

（5）氢氟酸（优级纯）。

（6）钾标准溶液（甲）。称取 105℃烘干的氯化钾（高纯）1.9067g 于 200mL 烧杯中，用水加热溶解，冷却后移入 1L 容量瓶中，用水稀释至刻度，摇匀。此溶液每毫升含钾 1mg。最后移入聚乙烯瓶里保存。

（7）钾标准溶液（乙）。准确吸取钾标准溶液（甲）25mL 于 500mL 容量瓶中，用水稀释至刻度，摇匀。此溶液每毫升含钾 50μg。移入聚乙烯瓶中保存。

（8）标准系列。分别取钾标准溶液（乙）0μg、50μg、100μg、150μg、200μg、250μg 钾于 100mL 容量瓶中，加入盐酸 2mL，用水稀释至刻度，摇匀后测定。与试样分析同时进行空白试验。

5.14 三氧化钨中钾的测定

在每毫升含有氯化铯 0.1mg 情况下，采用空气-乙炔火焰进行测定。

每毫升溶液中，同时存在钨 5mg，钙、镁、铁、铝、锰 5μg、钠 1μg 均不干扰测定。

本法适用于测定三氧化钨中 0.01% 以上的钾。

试剂配制

(1) 分析用水。试剂配制及分析用水，均为二次蒸馏水。

(2) 盐酸 (1+1) (特纯)。

(3) 氨水 (分析纯)。钾、钠含量应小于 0.1μg/mL。

(4) 氯化铯溶液。称取氯化铯 (优级纯) 配制柠檬配铵溶液 2mL，滴加盐酸 (1+1) 3~4 滴，用水稀释至刻度，摇匀。

分析步骤

称取三氧化钨 0.5000g 于 250mL 烧杯中，加入浓氨水 40mL，盖上塑料表皿，在电炉上低温溶解，待溶解完全后，取下冷却，用水吹洗表面皿及杯壁，加入 50% 柠檬酸铵溶液 2mL，滴加盐酸 (1+1) 3~4 滴。加入氯化铯溶液 10mL，移入 100mL 容量瓶中，用水稀释至刻度，摇匀后测定，与试样分析同时进行空白试验。

5.15 锂的测定

在 2% 硫酸溶液中，采用空气-乙炔火焰进行测定。

每毫升溶液中，分别含镁、钙、铁、铝、钾、钠 1mg，钛 0.2mg，钡、锶 0.15mg，锰、铬、钒、铜、铅、锌、钴、镍 0.1mg，稀土、氧化铷、氧化铯 50μg，铍 40μg，五氧化二铌、五氧化二钽 1.5μg 均不干扰测定。10% 的硝酸，2% 的硫酸、盐酸，0.5% 以下高氯酸均不影响测定。磷酸对测定有严重的负干扰。

试剂配制

(1) 锂标准溶液 (甲)。称取经 105~110℃ 烘干的碳酸锂

（光谱纯）2.4734g 于 250mL 烧杯中，加入少量稀硫酸溶解，并于电炉上加热驱除二氧化碳后，加入硫酸（1+1）20mL，冷却，移入 1L 容量瓶中，用水稀释至刻度，摇匀。此溶液每毫升含氧化锂 1mg。

（2）锂标准溶液（乙）。准确吸取锂标准溶液（甲）50mL 于 1L 容量瓶中，加入硫酸（1+1）10mL，用水稀释至刻度，摇匀，此溶液每毫升含氧化锂 50μg。

标准系统。分别取锂标准溶液（乙）0μg、50μg、100μg、150μg、200μg、250μg、300μg、350μg、400μg 于 100mL 容量瓶中，加入硫酸（1+1）4mL，用水稀释至刻度，摇匀。

分析步骤

称取试样 0.1～0.5g 于聚四氟乙烯杯中，以 2～3 滴水润湿，加氢氟酸 10～15mL，加硫酸（1+1）5mL，在垫有石棉板的电炉上加热溶解，经常摇动，蒸发至浓烟快冒尽时（不能冒尽，更不能干涸），取下冷却，加硫酸（1+1）4mL，加水 20mL，加热使盐类溶解，冷却后移入 100mL 容量瓶中，用水稀释至刻度，摇匀，待澄清后进行测定。与分析试样同时进行空白试验。

5.16 镁的测定

在氯化锶和 EDTA 盐酸溶液中，采用空气-乙炔火焰进行测定。

每毫升溶液中，分别含锶 6mg，氧化钾、氧化钠 1mg，铁 0.8mg，氧化钙、氧化铝、氧化钛、铬、锰 0.3mg，锌、铅、铜、钡、碲、五氧化二钒 0.2mg，钴、镍、锡、锑、钨、钼 0.15mg，铋 0.1mg，二氧化硅、稀土 50μg，砷 10μg，硫酸根、磷酸根 0.2mg，氟离子 0.1mg 均不干扰测定。

盐酸、硝酸，3% 高氯酸、硫酸不影响测定。4% 以下的磷酸在没有锶存在下，也不影响测定。但在有锶存在下，附着磷酸的增加，吸收值急剧下降。

本法适用于测定铜矿、铁矿、镍矿、铅锌矿、钒钛铁矿、硅酸盐及岩石中0.01%~2%的氧化镁。

试剂配制

(1) 分析水。试剂配制及分析用水，均为二次蒸馏水或离子交换水。

(2) 盐酸（优级纯）。

(3) 硝酸（优级纯）。

(4) 硫酸（优级纯）。

(5) 氢氟酸（优级纯）。

(6) 高氯酸（二级）。

(7) 氯化锶20%水溶液。

0.1mol/L EDTA。称取37.23g乙二胺四乙酸钠（二级）溶于100mL水中。

氧化镁标准溶液（甲）。称取经灼烧的氧化镁（高纯）1.300g于250mL烧杯中，加入（1+1）盐酸10mL，低温加热使其溶解完全，冷却后移入1L容量瓶中，用水稀释至刻度，摇匀。此溶液每毫升含氧化镁1mg。

氧化镁标准溶液（乙）。准确吸取氧化镁标准溶液（甲）10mL于500mL容量瓶中，用水稀释至刻度，摇匀。此溶液每毫升含氧化镁20μg。

标准系列。分别取氧化镁标准溶液（乙）0μg、10μg、20μg、30μg、40μg、50μg、60μg氧化镁于100mL容量瓶中，加入20%氯化锶1mL，0.1mol/L EDTA 1mL，盐酸2mL用水稀释至刻度，摇匀。

分析步骤

(1) 一般矿物。称取0.1~0.2g试样于聚四氟乙烯杯中，加入15mL盐酸（或硝酸），氢氟酸5~10mL，高氯酸（或硫酸）3mL，加热溶解并蒸发至冒尽白烟，取下冷却，加入盐酸2mL。

用水吹洗杯皿，加热溶解盐类，取下冷却，移入100mL容量瓶中，加入20%氯化锶1mL，0.1mol/L EDTA 1mL，用水稀释至刻度，摇匀后测定。与分析试样同时进行空白试验。

（2）复合粉。称取试样0.2000g于聚四氟乙烯杯中，加入硝酸（1+1）4mL，氢氟酸4~5mL，用水稀释至10~15mL，在电炉上低温加热溶解，蒸发至干，加硝酸（1+1）4mL。加热煮沸，冷却，用中速滤纸过滤于100mL容量瓶中（无沉淀物可以不用过滤），用热的稀硝酸洗涤沉淀数次，加入20%氯化锶溶液1mL，0.1mol/L EDTA 溶液1mL，用水稀释至刻度，摇匀后测定。与分析试样同时进行空白试验。

（3）金红石。称取试样0.1000g于聚四氟乙烯杯中，加入无水碳酸钠（优级纯）2~3g，于950℃高温炉中熔融至透亮红色，取出冷却，用盐酸（3+2）50mL溶解，移入100mL容量瓶中，用水稀释至刻度，摇匀。

吸取上述溶液5mL于100mL容量瓶中，加入20%氯化锶溶液1mL，0.1mol/L EDTA 溶液1mL，用水稀释至刻度。摇匀后测定与分析试样同时进行空白试验。

（4）锡精矿。称取试样0.1000g于150mL烧杯中，加入盐酸5mL。加热溶解，蒸发至体积约2mL。加入硝酸5mL，继续加热并蒸发至近干，取下冷却，加入盐酸（1+1）2mL，低温加热片刻，加水10mL，加热溶解盐类，用致密滤纸过滤于100mL容量中，用带橡皮头玻璃棒把附在杯壁上的沉淀移于漏斗中，用水洗涤烧杯及沉淀5~6次，将滤纸连沉淀转入瓷坩埚中。进行灰化灼烧，取出冷却后加碘化铵2g，拌匀，在400~500℃电炉上挥发、待棕红色物质挥发后，取下冷却，加入碘化铵1g再挥发一次。冷却后把沉淀转入聚四氟乙烯杯中，加入硝酸10滴，高氯酸10滴，氢氟酸5mL，在电炉上蒸发至冒尽白烟，加入盐酸（1+1）4滴，2%氯化锶溶液1mL，0.1mol/L EDTA 溶液1mL，摇匀后测定。与分析试样同时进行空白试验。

5.17 镍的测定

在2%硝酸溶液中，采用空气-乙炔火焰进行测定。

每毫升溶液中，分别含钨35mL，铜、锌、铁、铅、钼、铋、锡2.5mg，钾、钠、氟、五氧化二钒、镉、氧化钙、氧化镁、氧化钡、锑、锶、磷、锰0.5mL，砷（Ⅲ）、铬（Ⅵ）钛0.4mg、铝0.2mg，二氧化硅0.1mg均不干扰测定。每毫升溶液中含钴大于0.1mg时就会使测定结果偏低。6%以下的盐酸，10%以下的硝酸、高氯酸不影响测定。磷酸、硫酸对测定有较大的影响。

本法适用于测定矿石、铜、铅、锌、钨、锡、铝、铋精矿中0.05%～2%的镍。

试剂配制

镍标准溶液。称取金属镍（99.9%）0.1000g于250mL烧杯中，加入硝酸（1+1）20mL，在低温处加热至完全溶解，冷却后移入1L容量瓶中，用水稀释至刻度，摇匀。此溶液每毫升含镍100μg。

分析步骤

称取试样0.1～0.5g于250mL烧杯中，加入盐酸20mL，加热数分钟，加入硝酸5mL，蒸发至约3mL，加硫酸（1+1）5mL，继续加热至冒尽三氧化硫白烟，取下冷却至室温。加入硝酸（1+1）4mL，加水煮沸，使盐类溶解，冷却后移入100mL容量瓶中，用水稀释至刻度，摇匀。待澄清后进行测定。

5.18 锰的测定

在2%盐酸溶液中，采用空气-乙炔火焰进行测定。

每毫升溶液中，分别含铁8mg，铅、钨3.5mg，锌3mg，镍、钴、镉、钼、铋2.5mg，铜1.5mg，钾、钠、铝、氟、镉、锑、铬（Ⅵ）、锶、磷0.5mg，钙、镁、砷（Ⅲ）0.2mg，钡、五氧化二钡0.1mg均不干扰测定。每毫升含硅2μg以上则干扰测定，用氢氟酸或氟化铵处理，或经硫酸冒烟可消除硅的干扰。8%以下的硝酸、盐酸、高氯酸不影响测定。硫酸、磷酸影响测定。

本法适用于矿石、钨、锡、钼、铜、铅、锌、铋精矿及冶金产品中0.05%～2%锰的测定。

试剂配制

锰标准溶液（甲）。称取金属锰（99.9%）1.0000g于250mL烧杯中，加入硝酸（1+1）20mL，加热溶解后，蒸至近干，取下冷却。加入盐酸10mL，加水煮沸，使盐类溶解，冷却后移入1L容量瓶中，用水稀释至刻度，摇匀。此溶液每毫升含锰1mg。

锰标准溶液（乙）。准确吸取锰标准溶液（乙）50mL于1L容量瓶，加入盐酸10mL，用水稀释至刻度，摇匀。此溶液每毫升含锰50μg。

标准系列。分别取锰标准溶液（乙）50μg、130μg、150μg、200μg、250μg锰于100mL容量瓶中，加盐酸（1+1）4mL，用水稀释至刻度，摇匀。

分析步骤

称取试样0.1～0.5g于250mL烧杯中，加入盐酸20mL，加热数分钟，加入硝酸5mL，蒸至约3mL，取下稍冷。加入硫酸（1+1）5mL，加热至冒尽三氧化硫白烟，冷却至室温后加入盐酸（1+1）4mL，加水煮沸，使盐类溶解，冷却后移入100mL容量瓶中，用水稀释至刻度，摇匀。待澄清后进行测定。

5.19 钼的测定

在空气-乙炔火焰中测定钼，很多元素干扰测定。铁、锰、钨、铅、锆、铜、铊及碱土金属等对测定有负干扰。锌、铌等元素有正干扰。但在1%磷酸和氯化铝溶液中（每升含铝6mg），能较好地消除上述元素的干扰。每毫升溶液中，分别含氧化钙、氧化镁、氧化锶、氧化钡、铁8mg，铅、锌4mg，铜、锰、钨、锑0.8mg，汞、铋、锡、铊、镍、钾、钠0.5mg，砷、钛、镓0.2mg，五氧化二钒、铬80μg，金、铊、硒、锆、铍、五氧化二铌、铀、钍40μg，碲、锗20μg，五氧化二钽、铟8μg，均不干扰测定；5%的盐酸、硝酸、高氯酸、王水不影响测定。上述各种酸类（王水除外），当酸度增加到10%时，就有明显的负干扰。低至1%的硫酸就有严重的负干扰。

本法适用于矿石中0.05%以上钼的测定。

试剂配制

氯化铝溶液。称取结晶氯化铝（90%）497g溶于1L水摇匀。此溶液每毫升含铝约50mg。

钼标准溶液。称取钼酸铵（优级纯）1.840g于250mL烧杯中，加入水溶解后，加氨水2mL，转入1L容量瓶中，用水稀释至刻度，摇匀。此溶液每毫升含钼500μg。

标准系列。分别取钼标准溶液0mg、1mg、2mg、3mg、4mg、5mg钼于100mL容量瓶中，加入磷酸（1+1）2mL，氯化铝溶液12mL，用水稀释至刻度，摇匀。

分析步骤

称取试样0.1~1.0g于150mL烧杯中，加盐酸15mL，盖上表面皿，于电热板上煮沸1~2min，加入硝酸5mL，加热蒸发至湿盐状，加入磷酸（1+1）1mL，氯化铝溶液6mL，加入少量水，加热煮沸溶解盐类，取下冷却，移入50mL容量瓶中，用水稀释至刻度，摇匀。待澄清后进行测定。

5.20 钠的测定

在2%盐酸溶液中，采用空气-乙炔火焰进行测定。

每毫升溶液中，分别含铁0.7mg，镍0.6mg，氧化硼0.4mg，铅、钼0.3mg，氧化镁、氧化钙、氧化钾、铜、铝、钴0.2mg，铷、铯5μg，氧离子、硫酸根、高氯酸根1mg，磷酸根0.5mg均不干扰测定。锂、铷、铯超过50μg时，钠的吸收值增高，但当上述元素浓度达0.5mg时，钠的吸收值就恒定。6%的盐酸、硫酸，4%的硝酸、高氯酸不影响测定。磷酸干扰测定，附着磷酸浓度的增大，钠的吸收值急剧下降。

本法适用于测定铜矿、铁矿、镍矿、铅锌矿、钒钛铁矿、硅酸盐及岩石中0.01%～2%的氧化钠。

试剂配制

(1) 氢氟酸（优级纯）。

(2) 钠标准溶液（甲）。称取经105℃烘干的氯化钠（高纯）2.542g于200mL烧杯中，用水加热溶解，冷却后移入1L容量瓶中，用水稀释至刻度，摇匀。此溶液每毫升含钠1mg。移入聚乙烯瓶中保存。

(3) 钠标准溶液（乙）。准确吸取钠标准溶液（甲）25mL于500mL容量瓶中，用水稀释至刻度，摇匀。此溶液每毫升含钠50μg。移入聚乙烯瓶中保存。

(4) 标准系列。分别取钠标准溶液（乙）0μg、15μg、50μg、75μg、100μg、150μg钠于100mL容量瓶中，加入盐酸2mL，用水稀释至刻度，摇匀。移入150mL塑料瓶中保存。

分析步骤

称取在105℃烘干的试样0.1000g于经盐酸处理过的聚四氟乙烯杯中，用水润湿，加入盐酸（或硝酸）10mL，氢氟酸10mL，高氯酸（或硫酸）3mL加热溶解，蒸发至冒尽白烟，取下冷却。用少许水吹洗聚四氟乙烯杯，加入盐酸2mL，在低温下溶解盐类，冷却后移入100mL容量瓶中，用水稀释至刻度，摇匀后测定。与试样分析同时进行空白试验。

5.21 铅的测定

5.21.1 直接法

在4%盐酸中，采用空气-乙炔火焰进行测定。

每毫升溶液中，分别含铜、锌、钼、铋、锡、铁25mg，钾、钠、钴、镍、锑、锶、磷、五氧化二钒、镉1mg，氧化镁0.5mg，氧化钙0.3mg，碲（Ⅲ）、氟、氧化钡、硅、二氧化钛、锰、铅、铬（Ⅵ）0.2mg均不干扰测定。在1%柠檬酸溶液中，每毫升溶液可允许钨2.5mg。10%以上的盐酸、硝酸、高氯酸不影响测定。磷酸溶液中，每毫升溶液可允许钨2.5mg。10%以下的盐酸、硝酸、高氯酸不影响测定。磷酸干扰测定，附着磷酸浓度的增大，铅的吸收值也增大。

本法适用于测定矿石、铜、锌、钨、钼、铋精矿及冶金产品中0.05%~2%的铅。

试剂配制

（1）铅标准溶液（甲）。称取金属铅（99.9%）1.000g于250mL烧杯中，加入硝酸（1+1）20mL溶解，待溶解完全后，加热至沸，冷却后移入1L容量瓶中，用水稀释至刻度摇匀。此溶液每毫升含铅1mg。

（2）铅标准溶液（乙）。准确吸取标准溶液（甲）50mL于500mL容量瓶中，加入硝酸（1+1）20mL，用水稀释至刻度，摇匀。此溶液每毫升含铅100μg。

（3）标准系列。分别取铅标准溶液（乙）200μg、400μg、600μg、800μg、1000μg铅于100mL容量瓶中，加入盐酸4mL，用水稀释至刻度，摇匀。

分析步骤

称取试样0.1~0.5g于250mL烧杯中，加入盐酸15mL，加热数分钟，加入硝酸 5mL，蒸发至近干，取下稍冷，加入盐酸 2mL，用水冲洗表面皿及杯壁，加热使盐类溶解，冷却后移入 50mL 容量瓶中，用水稀释至刻度，摇匀。待澄清后测定。

5.21.2 DDTC-甲基异丁基酮萃取法

在 pH =7 ~8 的溶液中，用甲基异丁基酮萃取 DDTC 与铜生成的络合物，有机相于空气-乙炔火焰中进行测定。

在萃取体积中，分别含铁 10mg，锌、铜 5mg，氧化锰、二氧化钛 4mg，铋 3mg，镍、五氧化二钒、锡、砷 2mg，银 1mg，钴、镉、铬 0.5mg，铊 0.1mg，铝、金 50μg 均不干扰测定。

本法适用于测定有色金属矿中 0.002% 以上的铅。

试剂配制

（1）25% 酒石酸钾钠溶液。

（2）0.1% 酚红指示剂（酒精溶液）。

（3）1% 二乙基二硫代氨基甲酸钠（DDTC）水溶液，过滤后使用（现用现配）。

（4）铅标准溶液。准确吸取直接法中铅标准溶液（乙）50mL 于 1L 容量瓶中，加入硝酸（1+1）10mL，用水稀释至刻度，摇匀。此溶液每毫升含铅 5μg。

（5）标准系列。分别取铅标准溶液 0μg、5μg、10μg、15μg、20μg、25μg 铅于 25mL 比色管中，加酚红指示剂 2 滴，用稀氨水和盐酸调至浅红色（pH =7 ~8），加入 1% DDTC 溶液 5mL，摇匀。以下操作同分析步骤。

分析步骤

称取试样 0.5000g 于 100mL 烧杯中，加入盐酸 15mL，于电炉上加热片刻，加入硝酸 5mL，继续加热至溶解完全，蒸发至 1mL 左右，取下用少量水吹洗，加热至沸，冷却后移入 50mL 容量瓶中，用水稀释至刻度，摇匀，放置澄清。吸取上层清液 5 ~

10mL 于 25mL 比色管中，加入 25% 酒石酸钾钠溶液 3mL，加入酚红指示剂 2 滴，用稀氨水和盐酸调至浅红色（pH = 7 ~ 8），加入 1% DDTC 溶液 5mL，摇匀。放置 5 分 min，准确加入甲基异丁基酮 5mL，萃取 2min，分层后有机相用作测定。与分析试样同时进行空白试验。

5.21.3 碘化钾-甲基异丁基酮萃取法

在 1mol/L 碘化钾 - 2mol/L 盐酸溶液中，用甲基异丁基酮萃取，有机相于空气-乙炔火焰中进行测定。

在萃取体积中，同时存在铜、锌、镉、铋 1mg，以及大量钴、镍均不干扰测定。

本法适用于测定金属钴、镍及其电解液中痕量的铅。

试剂配制

（1）分析用水，试剂配制分析用水均为二次蒸馏水或离子交换水。

（2）5mol/L 碘化钾溶液 2mol/L 盐酸溶液（现配现用）。

（3）2mol/L 盐酸溶液。

（4）铅标准溶液。准确吸取上述每毫升含铅 100μg 的标准溶液 50mL 于 1L 容量瓶中，用 2mol/L 盐酸稀释至刻度，摇匀。此溶液每毫升含铅 5μg。

（5）标准系列。分别取铅标准溶液 0μg、5μg、10μg、15μg、20μg、25μg 于 125mL 分液漏斗中，加入 5 mol/L碘化钾溶液 6mL，用 2mol/L 盐酸稀释至 30mL，摇匀。以下操作同分析步骤。

分析步骤

称取试样 1 ~ 3.00g 于 250mL 烧杯中，加入硝酸（3 + 2）15 ~ 20mL，低温加热并蒸至近干，加入盐酸 5 ~ 10mL，再蒸至近干，取下稍冷，加 2mol/L 盐酸 10mL，温热溶解盐类，冷却。用 2mol/L 盐酸移入 125mL 分液漏斗中，加入 5mol/L 碘化钾溶液6mL，用2mol/L盐酸稀释至30mL摇匀。准确加入甲基异丁基酮5mL，振荡1min，静置分层。弃去水相，用甲基异丁基酮为参比进行测定，与试样分析同时进行空白试验。

5.22 钯的测定

5.22.1 硫脲沉淀法

试样经溶解后，用硫脲沉淀钯，最后在1mol/L盐酸和10%高氯酸混合溶液中，采用空气-乙炔火焰进行测定。

每毫升溶液中，分别含铜5mg，银2mg，金0.1mg，锇、钌15μg、铂、铑10μg，铱5μg均不干扰测定。钴、镍也有不同程度的干扰，大量铜有负干扰。通过硫脲沉淀分离，不但富集了微量贵金属，而且可以分离除贵金属和铜以外的其他元素。

本法适用于测定冶金中间产品中40g/t以上的钯。

试剂配制

钯标准溶液（甲）。称取金属钯（99.9%）0.1000g于100mL烧杯中，加入王水25mL，加热溶解，待完全溶解后，加入0.5g氯化钠，在水浴上蒸干。再加入盐酸5mL，蒸干，这样重复处理2~3次。用1mol/L盐酸溶解，并移入500mL容量瓶中，以1mol/L盐酸稀释至刻度，摇匀。此溶液每毫升含钯0.2mg。

钯标准溶液（乙）。准确吸取钯标准溶液（甲）50mL于200mL容量瓶中，以1mol/L盐酸稀释至刻度，摇匀。此溶液每毫升含钯50μg。

标准系列。分别取钯标准溶液（乙）50μg、100μg、150μg、200μg、250μg钯于50mL容量瓶中，加入5N盐酸10mL，高氯酸5mL，用水稀释至刻度，摇匀。

分析步骤

称取试样0.5000g于铁坩埚中，在600~700℃高温炉中，焙烧除硫。烧结块用玻璃棒捻碎。加入过氧化钠2～3g，氟化钠0.5g，拌匀。在800℃中熔融15～20min，取下冷却。在250mL烧杯中，用水50mL浸出，洗出坩埚，溶液用硫酸（1+1）中和至透明。再加入硫酸50mL，硫脲2～3g，在电炉上加热蒸发，待温度达到220～230℃时（用温度计插进溶液中进行测量），盖上表面皿，取下冷却。加入10倍量的水稀释，拌匀，盖上表面皿，加热至沸，以溶解有色金属的硫酸盐。冷却后用快速滤纸过滤，以1%硫酸溶液洗硫化物沉淀2～3次，水洗2次。把滤纸及沉淀放于原烧杯中，加硝酸30mL，高氯酸5～7mL，盖上表面皿，加热至硫磺全部被氧化并冒高氯酸白烟为止。取下表面皿，用盐酸赶尽残余硝酸2次。在低温下蒸发至高氯酸体积为2.5mL左右。用1mol/L盐酸移入25mL比色管中，并稀释至刻度，摇匀后进行测定。

5.22.2 二正辛基硫醚（DOS）-二甲苯萃取法

在2mol/L盐酸溶液中，用DOS-二甲苯萃取，有机相在空气-乙炔火焰中进行测定。

在萃取体积中，分别含氧化钙、三氧化二铝、氧化镁、氧化钠2000mg，三氧化二铁、氧化钾、二氧化钛1000mg，锰、钴、镍、铬、钒、铊100mg，银50mg均不干扰测定。

本法适用于测定矿石中x～0.00x g/t的钯。

试剂配制

（1）0.2mol/L二正辛基硫醚（DOS）-二甲苯溶液。取DOS32mL溶于500mL二甲苯中，摇匀后置于棕色瓶中，盖上瓶塞以防氧化。

（2）钯标准溶液。准确吸取上述每毫升含钯500μg的标准溶液20mL于500mL容量瓶中，用2mol/L盐酸稀释至刻度，摇匀。此溶液每毫升含钯2μg。

（3）标准系列。分别取钯标准溶液0μg、2μg、4μg、6μg、

8μg、10μg 钯于 50mL 比色管中，用 2mol/L 盐酸稀释至 25mL 加入 DOS-二甲苯溶液 10mL，萃取 8min，分层后用有机相进行测定。

分析步骤

称取试样 25.0g 于方瓷盘中，于 700℃马弗炉中灼烧 1h，把试样中的有机物、碳、硫及硫化物充分氧化，中途取出用铁丝搅碎以防结块。灼烧后的试样移入 400mL 烧杯中，加入甲酸 15mL，置于水浴中蒸干后，加入氯化钠 3g，盐酸 60mL，放置半小时后，加入硝酸 20mL，盖上表面皿，煮沸 2h，取下表面皿，在水浴上蒸发至湿盐状。取下，加入 2mol/L 盐酸 100mL 使盐类溶解。移入离心管中，用离心机离心 3min，把上层清液倾入 125mL 分液漏斗中（一次倒净否则不溶物会泛起），加入 0.2mol/L DOS-二甲苯溶液 10mL，萃取 8min，分层后以二甲苯为参比进行测定。

5.23 铂的测定

经硫脲沉淀分离后，最后于 1mol/L 盐酸、10% 高氯酸和 0.9% 钒的混合溶液中，采用空气-乙炔火焰进行测定。

每毫升溶液中分别含铜 2.4mg，银 1.2mg，金 0.14mg，钯 62μg，锇、铑、18μg 中，钌 13μg，铱 9μg 均不干扰测定。1mol/L 盐酸，10% 高氯酸不影响测定。硫酸对测定有负干扰，当含量达 1% 后，就达到恒定。

本法适用于测定冶金中间产品中 200g/t 以上的铂。

试剂配制

（1）10% 钒（二氯氧钒）溶液。称取 8.39g 五氧化二钒于 250mL 烧杯中，加入盐酸 50mL，于电炉上加热至溶解完全，煮沸 10min，用盐酸联氨还原为二氯氧钒，至溶液变为浅蓝色为止。

（2）铂标准溶液。称取金属铂（光谱纯）0.1000g 于 100mL 烧杯中，加入王水 25mL，加热 2～3min。加入 1mol/L 盐酸溶解并移入 500mL 容量瓶中，用 1mol/L 盐酸稀释至刻度，摇匀。此溶液每毫升含铂 200μg。

（3）标准系列。分别取铂标准溶液 100μg、200μg、300μg、400μg、500μg 铂于 10mL 试管中，加高氯酸 1mL，以 1mol/L 盐酸稀释至刻度，准确加入二氯氧钒 1mL，摇匀。

分析步骤

称取试样 0.5000g 于铁坩埚中，放于 600～700℃高温炉中焙烧除硫。试验样烧结块用玻璃棒捻碎，加入过氧化钠 2～3g，氟化钠 0.5g，拌匀。在 800℃高温炉中熔融 15～20min，冷却后用水 50mL，于 250mL 烧杯中浸出，洗出坩埚，用硫酸（1+1）中和至溶液透明，再加入硫酸 50mL，硫脲 2～3g，在电炉上加热蒸发，待温度达到 220～230℃时（用温度计插在溶液中测量），盖上表面皿，取下冷却。冷却后加入 10 倍的水，搅匀，盖上表面皿加热至沸，使有色金属的硫酸盐溶解，冷却。用快速滤纸过滤，用 1% 硫酸洗硫化物沉淀 2～3 次，水洗 2 次：把滤纸和沉淀放于原烧杯中，加硝酸 30mL，高氯酸 5～7mL，盖上表面皿，加热至硫磺全部被氧化并冒高氯酸白烟，取下表面皿，用盐酸赶残余硝酸 2 次。低温蒸发至高氯酸体积约 2.8mL，用 1mol/L 盐酸移入 25mL 比色管中，并稀释至刻度，摇匀。吸取此溶液 5mL 于 10mL 试管中，加高氯酸 0.5mL，用 1mol/L 盐酸稀释至刻度，准确加入二氯氧钒溶液 1mL，使总体积达 11mL，摇匀后测定。

5.24 铷的测定

在每毫升含有 2mg 钾的 1% 硫酸溶液中，采用空气-乙炔火焰进行测定。

每毫升溶液中，分别含铝、钠 2mg，铁、钙、镁 1mg，钛 0.2mg，锶、钡 0.15mg，锰、铬、钒、铜、铅、锌、钴、镍

0.1mg，氧化锂、氧化铯、稀土 50μg，铍 40μg，五氧化二铌、五氧化二钽 15μg 均不干扰测定。钾对铷有显著的增感作用，但当钾的浓度达每毫升 2mg 以上时，这种作用趋于稳定。0.5% 以下硝酸、盐酸、高氯酸，2% 以下硫酸不影响测定。少量磷酸就有明显的抑制作用。

本法适用于测定矿石中 0.00 *x* % ~0. *x* % 的铷。

试剂配制

(1) 硫酸钾溶液。称取硫酸钾（分析纯）54g，溶于 1L 水中，此溶液每毫升含钾约 25mg。

(2) 氧化铷标准溶液（甲）。称取在 110℃ 中烘干的硫酸铷（优级纯）1.4284g 于 250mL 烧杯中，加水 30mL 溶解，移入 1L 容量瓶中，用水稀释至刻度，摇匀。此溶液每毫升含氧化铷 1mg。

(3) 氧化铷标准溶液（乙）。准确吸取氧化铷标准溶液（甲）50mL 于 1L 容量瓶中，用水稀释至刻度摇匀。此溶液每毫升含氧化铷 50μg。

(4) 标准系列。分别取氧化铷标准溶液（乙）0μg、50μg、100μg、150μg、200μg、250μg、300μg、400μg、500μg 氧化铷于 50mL 容量瓶中，加硫酸钾溶液 4mL，硫酸（1+1）1mL，用水稀释至刻度，摇匀。

分析步骤

称取试样 0.5 ~1.000g 于聚四氟乙烯杯中，用水润湿，加硫酸（1+1）2mL，氢氟酸 10 ~15mL，在电热板上加热溶解，待三氧化硫浓烟冒尽时（但不要全冒尽，更不能干涸），立即取下。稍冷却，加水约 15mL，加热溶解盐类，冷却后移入 50mL 容量瓶中，加入硫酸钾溶液 5mL，用水稀释至刻度，摇匀。待澄清后进行测定。与分析试样同时进行空白试验。

5.25 铑的测定

经活性炭-硫脲联合沉淀分离，用0.6%硫酸铜作为干扰抑制剂，在0.1%～5%盐酸和50%丙酮混合溶液中，采用空气-乙炔火焰进行测定。

每毫升溶液中，分别含铂、金、银、钯、铱5μg均不干扰测定。微量铝、硅存在对铑的测定有干扰。高达10%盐酸不影响测定。

本法适用于测定冶金中间产品中0.000*x*%～0.*x*%的铑。

试剂配制

（1）10%氯化钠溶液。

（2）2%氟化铵溶液。

（3）10%硫酸钠溶液。

（4）10%硫酸铜溶液。

（5）铑标准溶液。称取氯铑酸铵［$(NH_4)_3RhCl_6 \cdot 2H_2O$］（光谱纯）38.56mg，溶于1mol/L盐酸中，移入100mL容量瓶中，以1mol/L盐酸稀释至刻度，摇匀。此溶液每毫升含铑100μg。

（6）标准系列。分别取铑标准溶液100μg、200μg、300μg、400μg、500μg铑于25mL容量瓶中，加入氯化钠溶液5滴，盐酸（1+1）2.5mL，硫酸铜液1.5mL，用水稀释至刻度，摇匀。

分析步骤

称取试样0.5～2.000g于30mL铁坩埚中，加入8倍过氧化钠，拌匀。在煤气灯上熔融（或酒精灯），冷却后用少量水浸出，移入300mL烧杯中，然后用硫酸（1+1）中和至微酸性，再加入硫酸20mL，磷酸30mL，加热至刚冒三氧化硫白烟，取下冷却至60～70℃（能用手握）。加入硫脲1g，搅拌，加入活性炭0.2g，剧烈搅拌。盖上表面皿，于电热板上加热至冒浓的三氧化硫白烟约1min，关电源，保温1h，用水稀释至300mL，用中速纸过滤，用氟氢化氨溶液洗涤3~4次，再用1%硫酸洗6~8次。将沉淀及滤纸移入原烧杯中，加硫酸8mL，硝酸20mL，加热破坏有机物，待溶液清亮后冒烟至干，冷却。用水洗表面皿及杯壁，再蒸干。冷却后加入王水5mL，氯化钠溶液5滴，温热溶解盐类，蒸至黏稠状，加入盐酸（1+1）2.5mL，加少量水使盐类溶解，移入25mL容量瓶中，加入1.5mL硫酸铜溶液，丙酮溶液12.5mL，用水稀释至刻度，摇匀后测定。

5.26 锑的测定

5.26.1 直接法

在6%王水溶液中，采用空气-乙炔火焰进行测定。

每毫升溶液中，分别含铜、钴、铅、镁5mg，铁、镍、锰、钾、钠3mg，锌、铈、镧、铝、钡2mg，钛、铋、锶、钼1mg，镉、钒0.5mg，砷、银0.2mg，硒、金0.1mg均不干扰测定。高达10%盐酸、硝酸、王水，5%硫酸对测定均无影响。

本法适用于测定多金属矿石中0.010%以上的锑。

试剂配制

（1）锑标准溶液（甲）。称取金属锑（99.99%）1.0000g于250mL烧杯中，加硝酸5mL，盐酸15mL，于低温加热溶解完全，冷却至室温。加盐酸50mL，移入1L容量瓶中，在不断摇动下用水稀释至刻度，摇匀。此溶液每毫升含锑1mg。

（2）锑标准溶液（乙）。准确吸取锑标准溶液（甲）50mL于500mL容量瓶中，加入盐酸15mL，用水稀释至刻度，摇匀。此溶液每毫升含锑1mg。

（3）标准系列。分别取锑标准溶液（乙）250μg、500μg、750μg、1000μg、1250μg锑于50mL容量瓶中，加入王水3mL，用水稀释至刻度，摇匀。

分析步骤

称取试样0.5～1.000g于100mL烧杯中，用水润湿，加入盐酸15mL，低温溶解，待硫化氢气体逸出后，加硝酸5mL，继续低温加热溶解，蒸发至体积约3～5mL，取下冷却，用水冲洗表面皿及杯壁，移入50mL容量瓶中，用水稀释至刻度，摇匀后进行测定。

5.26.2 碘化钾-甲基异丁基酮萃取法

在20%盐酸溶液中，用抗坏血酸使Fe^{3+}还原为Fe^{2+}，用甲基异丁基酮萃取锑与碘化钾生成黄色的络合物，有机相在空气-乙炔火焰中进行测定。

在萃取体积中，分别含钠200mg，镁150mg，钙、钡100mg，钾、锰、锶、铝500mg，镉、铅、锌、钴、镍、铜20mg，砷、锡、三氧化钼、钒、铬、锂10mg，二氧化硅18mg，钛、三氧化钨、汞5mg，铌3mg，铈、硼、氟2mg，铷、铯1mg，铀、铍、钽、镓、铑、铊、二氧化铈0.5mg，镧、硒、铟0.2mg均不干扰测定。硫酸根500mg，硝酸根300mg也不干扰测定。高达35%的盐酸不影响测定。三价铁的存在，严重影响锑的测定。加入15%抗坏血酸5mL，可以把200mg三价铁还原为二价铁而消除铁的干扰。

本法适用于测定一般岩石矿物中0.03%以上的锑。

试剂配制

（1）15%抗坏血酸溶液。现配现用。

（2）2mol/L碘化钾。现配现用。

（3）锑标准溶液（甲）称取三氧化二锑（光谱纯）0.5990g于400mL烧杯中，加入盐酸100mL，溶解后移入500mL容量瓶中，用水稀至刻度，摇匀。此溶液每毫升含锑1mg。

（4）锑标准溶液（乙）准确吸取锑标准溶液（甲）25mL

于500mL容量瓶中，加入盐酸100mL，用水稀释至刻度，摇匀。此溶液每毫升含锑50μg。

（5）标准系列。分别取锑标准溶液（乙）0μg、50μg、100μg、150μg、200μg、250μg、300μg于50mL分液漏斗中，补加盐酸至8mL，摇匀，然后依次加入15%抗坏血酸溶液5mL，2mol/L碘化钾溶液5mL，用水稀释至40mL（每加一种试剂都要混合均匀），准确加入甲基异丁基酮10mL，振荡60下，分层后有机相用作测定。

分析步骤

称取试样0.5000g于150mL烧杯中，用少量水润湿，加入盐酸10mL、硝酸5mL，在低温电热板上加热至试样完全溶解。水吹洗表面皿和杯壁，继续加热至干，立即取下冷却。加水200mL，盐酸20mL，微热使盐类溶解，取下，冷却后移入100mL容量瓶中，用水稀释至刻度，摇匀。待澄清后吸取上层清液20mL于50mL分液漏斗中，加盐酸4mL，依次加入15%抗坏血酸溶液5mL，2mol/L碘化钾溶液5mL，用水稀释至40 mL（每加一种试剂都要混合均匀），准确加入10mL甲基异丁基酮，振荡60下，分层后用甲基异丁基酮为参比进行测定。

若试样不能完全分解，可改用加入硫酸10mL，硫酸钾2g溶解，或加入硫酸（1+1）10mL及王水5mL。待硫酸开始冒烟后取下，冷却后移下100mL容量瓶中，以下操作相同。

5.27 锡的测定

5.27.1 直接法

在20%盐酸溶液中，采用空气-乙炔火焰进行测定。

每毫升溶液中，分别含铜20mg，锌10mg，铋5mg，锑、镉3mg，硼2.5mg，铝2mg，铁、锰、铅1mg，硅0.1mg，镍40μg均不干扰测定。高达20%的盐酸，5%的硝酸不影响测定。

本法适用于测定铜合金中0.30%以上的锡。

试剂配制

锡标准溶液。称取金属锡箔（99.99%）1.0000g于500mL烧杯中，加入盐酸250mL，硝酸2mL，低温加热使之完全溶解。冷却后移入1L容量瓶中，用水稀释至刻度，摇匀。此溶液每毫升含锡1mg。

标准系列。分别取锡标准溶液0mg、2mg、4mg、6mg、8mg、10mg锡于50mL容量瓶中，加入盐酸（1+1）20mL，用水稀释至刻度，摇匀。

分析步骤

称取试样0.5～1.000g于250mL烧杯中，加盐酸（1+1）20mL，过氧化氢5mL，稍加热使之完全溶解，煮沸除去过氧化氢，冷却后移入50mL容量瓶中，用水稀释至刻度，摇匀后测定。

5.27.2 碘化物升华法

试样在600℃下加热，使锡以碘化物升华出来而达到分离富集，最后在10%盐酸溶液中，采用空气-乙炔火焰中进行测定。

每毫升溶液中，分别含锌10mg，铋5mg，锑、镉3mg，硼2.5mg，铜2mg，锰、铝、铁1mg，锆0.5mg，汞0.3mg，铅0.1mg均不干扰测定。

本法适用于测定锡矿、钨矿、铅锌矿、萤石炉渣中0.01%以上的锡。

试剂配制

（1）硫酸1+4（0.7mol/L）。

（2）碘化钾。

（3）碘化铵。

（4）氟化铵。

（5）锡标准溶液（参见直接法）。

（6）标准系列（参见直接法）。

分析步骤

称取试样0.2～0.5000g于预先加入1g碘化铵的25mL比色管中，加入0.2～0.5g氟化铵，混匀，表面覆盖一层碘化钾（约1g），用玻璃棒轻轻压平，将比色管插入开有孔的双层石棉板上（石棉板的大小和马弗炉的炉腔一样大，才能密封保温，板上的孔也要和比色管的直径一样大。）把插满比色管的石棉板密封于马弗炉炉口中，比色管在炉内受热部分为40mL左右。升炉温至600℃左右，保持10min，取下稍冷，用0.7mol/L硫酸，用向上弯的长管尖嘴洗瓶，插入比色管内，吹洗管壁上升华物于150mL烧杯中（不要把非升华物洗下），加3～4mL硝酸，在电热板上低温赶碘，至冒三氧化硫白烟，移至高温中加热蒸干除氟，取下稍冷，加盐酸（1+1）2mL，待残渣溶解后移入10mL试管中，用水稀释至刻度，摇匀后测定。与分析试样同时进行空白试验。

5.28 锶的测定

试样用碳酸钠-过氧化钠熔融，用三乙醇胺溶液浸出，分离大部分铁、铝等元素。沉淀溶解于4%盐酸中，加入铜盐作释放剂，采用空气-乙炔火焰进行测定。

每毫升溶液中，分别含镍4mg，钠、钾、钙、钡2mg，镁、铅、铁、锌、铜、钴1mg，稀土0.4mg，铝、钛0.3mg，镉0.2mg，锆、锰0.1mg，硫酸根，磷酸根0.5mg在经过分离，再加入镧作为释放剂后均不干扰测定。

本法适用于测定矿石中0.01%以上的锶。

试剂配制

（1）10%三乙醇胺溶液。

(2) 氯化镧溶液。称取氯化镧（分析纯）90g 溶于水中，移入 1L 容量瓶中，用水稀释至刻度，摇匀。此溶液每毫升含镧约 50mg。

(3) 锶标准溶液（甲）。称取在 105℃ 烘干 1h 的碳酸锶（光谱纯）1.6849g 于盛有 200mL 水的烧杯中，慢慢加入盐酸 10mL，待二氧化碳逸出后，移入 1L 容量瓶中，用水稀释至刻度，摇匀。此溶液每毫升含锶 1mg。

(4) 锶标准溶液（乙）。准确吸取锶标准溶液（甲）50mL 于 500mL 容量瓶中，加入盐酸 5mL，用水稀释至刻度，摇匀。此溶液每毫升含锶 100μg。

(5) 标准系列。分别取锶标准溶液（乙）0μg、200μg、400μg、600μg、800μg、1000μg 锶于 50mL 容量瓶中，加入盐酸 2mL，氯化镧溶液 5mL，用水稀释至刻度，摇匀。

分析步骤

称取试样 0.1 ~ 0.5000g 于镍坩埚中，加 4 ~ 5g 无水碳酸钠，过氧化钠 2g，拌匀。在 700℃ 高温炉中熔融 15 ~ 20min。取出冷却、放于盛有 10% 三乙醇胺溶液 100mL 的烧杯中，加热浸出中，煮沸数分钟，用水冲洗坩埚，用中速滤纸过滤，用热的 2% 碳酸钠溶液洗涤沉淀 4 ~ 5 次，水洗 2 ~ 3 次，用热盐酸（1 + 1）4mL 溶解沉淀入原烧杯中，用热水洗净滤纸。加热使沉淀完全溶解。若有滤纸毛，可用脱脂棉过滤到 50mL 容量瓶中，用水洗净脱脂棉，加入氯化镧溶液 5mL，用水稀释到刻度，摇匀后进行测定。

5.29 碲的测定

在硝酸、盐酸、酒石酸混合溶液中，采用空气-乙炔火焰进行测定。

每毫升溶液中，分别存在铜、铅、铋、银、砷、锑 2mg，铁 1mg，硒 0.5mg，镍 0.4mg，金 0.1mg 均不干扰测定。盐酸、硝酸的增加对测定略有负干扰，但在标准系列中可加入等量的酸消除。

本法适用于测定冶炼中间产品0.05%以上的碲。

试剂配制

(1) 酒石酸-硝酸混合溶液。称取酒石酸10g，溶于50mL水中，加入硝酸50mL，摇匀。

(2) 碲标准溶液。称取金属碲（99.9%）0.5000g于250mL烧杯中，慢慢滴加少量硝酸进行溶解，用水稀释至约50mL，不溶物再用少量盐酸溶解，加热除氧化氮，冷却后移入1L容量瓶中，用水稀释至刻度摇匀。此溶液每毫升含碲500μg。

分析步骤

称取试样0.1～0.5000g于100mL烧杯中，用水润湿，加硝酸-酒石酸混合液8～10mL（若是铜铅阳极泥加8mL，若是球磨渣加16mL），在沙浴上加热至沸1～2min，取下，铜铅阳极泥加盐酸1mL，球磨渣加2mL，继续加热，至阳极泥残液约5mL，球磨渣为10mL左右，取下冷却，移入50mL比色管中，用水稀释至刻度，摇匀。干过滤后进行测定。

5.30 铊的测定

在溴化物-硫酸溶液中，用甲基异丁基酮萃取，有机相于空气-乙炔火焰中进行测定。

每毫升溶液中，分别含锌20mg，铝10mg，铁8mg，铅、钙、镁7mg，锰6mg，铜4mg，镍3mg，钡、锶、钴1.5mg，硼、镉、锡、锑、稀土0.4mg，钍、钛0.25mg，铋、砷、硒0.2mg，铀、锆0.15mg，镓、铪40μg，铟10μg均不干扰测定。铁（Ⅲ）在6mol/L硫酸溶液中加入25mL磷酸掩蔽。

本法适用于测定矿石中及冶金产品中0.0005%以上的铊。

试剂配制

(1) 50%溴化钾水溶液。

（2）3%溴水。

（3）10%磺基水杨酸（二级）。

铊标准溶液（甲）称取于105℃烘干的硝酸亚铊 $TlNO_3$，1.3034g 于250mL烧杯中，加水150mL溶解，移入1L容量瓶中，加入盐酸50mL，用水稀释至刻度，摇匀。此溶液每毫升含铊1mg。

铊标准溶液（乙）准确吸取铊标准溶液（甲）10mL于1L容量瓶中，加入盐酸5mL，用水稀释至刻度，摇匀。此溶液每毫升含铊10μg。

标准系列。分别取铊标准溶液（乙）0μg、5μg、10μg、20μg、30μg、40μg、50μg 铊于25mL比色管中，加硫酸（1+1）3mg，50%溴化钾1mL，溴水1mL，以下操作同分析步骤。

分析步骤

称取试样1.000g于聚四氟乙烯杯中，加硝酸（1+1）10mL，氢氟酸5mL，蒸至刚干，取下。滴加数滴硝酸，用少量水浸出，移入100mL烧杯中，加硫酸（1+1）8mL，盐酸5mL，加热至冒三氧化硫白烟，取下冷却。加入少许热水、加热煮沸数分钟，使盐类溶解，冷却后移入25mL比色管中，加50%溴化钾溶液1mL，溴水1mL，摇匀。放置5min，加入10%磺基水杨酸1mL，磷酸2.5mL，用水稀释至刻度，摇匀，准确加入甲基异丁基酮2mL，振荡1min，待分层后甲基异丁基酮为参比进行测定。

5.31 锌的测定

5.31.1 直接法

在2%硝酸溶液中，采用空气-乙炔火焰进行测定。

每毫升溶液中，分别含钴、镍10mg，铜2mg，铁、镉、铋1mg，锡0.5mg，锂、钛、铅、镁、砷、钼、铬、钒、锰、钨、锑、钾、钠、钙、磷0.2mg 均不干扰测定。每毫升二氧化硅含量超过4μg即产生干扰。用氢氟酸处理后，即使含0.6mg也不干扰测定。高达10%的盐酸、硝酸也不影响测定。硫酸有显著影响，必须除尽。

试剂配制

（1）分析用水。试剂配制及分析用水均为二次蒸馏水或离子交换水。

（2）硝酸（优级纯）。

（3）硫酸（优级纯）。

（4）氢氟酸（优级纯）。

（5）锌标准溶液（甲）。称取纯锌（99.99%）1.0000g于400mL烧杯中，加硝酸（1+1）20mL，在电热板上低温溶解，蒸至近干，冷却后用水冲洗表面皿和杯壁，加水溶解盐类，移入1L容量瓶中，用水稀释至刻度，摇匀。此溶液每毫升含锌1mg。

（6）锌标准溶液（乙）。准确吸取锌标准溶液（甲）10mL于1L容量瓶中，加硝酸（1+1）20mL，用水稀释至刻度，摇匀。此溶液每毫升含锌10μg。

（7）标准系列。分别取锌标准溶液（乙）0μg、10μg、20μg、30μg、40μg、50μg锌于100mL容量瓶中，加入硝酸（1+1）4mL，用水稀释至刻度，摇匀。

分析步骤

称取试样0.1～0.5000g于聚四氟乙烯杯中，加入硝酸5mL，氢氟酸10mL，硫酸（1+1）3～5mL，加热分解并蒸至冒尽白烟，冷却。加入硝酸（1+1）2mL，加少量水，加热溶解盐类，冷却后移入50mL容量瓶中，用水稀释至刻度，摇匀。待澄清后测定。与试样分析同时进行空白试验。

5.31.2 N_{235}-甲基异丁基酮萃取法

在2mol/L盐酸溶液中，用N_{235}-甲基异丁基酮萃取锌，与大量钴、镍分离，有机相在空气-乙炔火焰中进行测定。

本法适用于测定金属钴、镍及其电解液中痕量的锌。

试剂配制

（1）分析用水、试剂用水，试剂配制及分析用水均为二次蒸馏水或离子交换水。

（2）硝酸（优级纯）。

（3）盐酸（优级纯）。

（4）5% N_{235}（高分子胺）-甲基异丁基酮溶液。取 N_{235} 5mL 溶于甲基异丁基酮 95mL 中，摇匀。

（5）锌标准溶液。准确吸取直接法中锌标准溶液（乙）50mL 于 500mL 容量瓶中，用 2mol/L 盐酸溶液稀释至 25mL，摇匀。以下操作同分析步骤。

分析步骤

称取试样 0.5～1.000g 于 150mL 烧杯中，加入硝酸（1+1）10～20mL，加热蒸至近干，加入 2mol/L 盐酸 5mL，加热蒸干，再用 2mol/L 盐酸 10mL 温热溶液解盐类，取下冷却后用 2mol/L 盐酸移入 125mL 分液漏斗中并稀释至 25mL，摇匀。准确加入 N_{235}-甲基异丁基酮 10mL，轻轻振荡 1min，静置分层后用 N_{235}-甲基异丁基酮为参比进行测定。与分析试样同时进行空白试验。

5.32 钴、镍、铅、锌、铜和镉的连续测定

含柠檬酸铵（pH=4）的醋酸缓冲溶液，流经亚胺二醋酸螯合树脂交换柱，并用柠檬酸-醋酸铵溶液洗脱钙、镁、铁、铝、钠和钾等基体元素，而铅、锌、铜、镉、钴、镍等微量元素被吸附，最后用 2mol/L 硝酸溶液洗脱它们。在空气-乙炔火焰中进行测定。

在总体积中，同时含三氧化二铝、氧化钙、氧化镁、三氧化二钛 100mg、五氧化二钒 5mg，二氧化钛 4mg，锶、铍 2.5mg，

三氧化钼0.5mg均不干扰测定。在有铁存在下，钒超过0.5mg时，铁与钒生成钒酸铁沉淀使铅产生共沉淀，严重干扰铅的测定。附着钒量增加，铅的偏低较严重。

为了避免在pH=4时，大量铁和铝产生沉淀，加入柠檬酸氢二胺作为络合剂。

本法适用于测定硅酸盐岩石中0.00*x*%~0.0000*x*%以上的钴、镍、铅、锌、铜和镉。

试剂配制

(1) 2mol/L醋酸铵-冰醋酸缓冲溶液（pH=4）。称醋酸铵80g，加冰醋酸240mL，用二次蒸馏水稀释至2L。

(2) 0.1mol/L柠檬氢二铵溶液。称取柠檬氢二铵11.3g溶于500mL二次蒸馏水中。

(3) 1mol/L醋酸铵-0.01mol/L柠檬氢二铵溶液。取2mol/L醋酸铵-醋酸缓冲溶液100mL加入0.1mol/L柠檬二铵溶液20mL，加水200mL，摇匀。

离子交换柱。将亚氨基酸螯合树脂（上海有机化学研究所实验工厂产品，100~200目）加水浸泡，水漂洗，除去过细的颗粒，然后倾入内径为2cm的交换柱，下端垫有玻璃纤维，以免树脂被冲出。

树脂再生用2mol/L硝酸溶液50mL，以每分钟1.5mL的速度淋洗交换柱，再以50mL水洗涤，最后用pH=4的稀醋酸铵-醋酸缓冲溶液（取2mol/L醋酸铵）10mL，用水稀释至50mL，淋洗交换柱，直到pH值为4左右（用精密pH值试纸检查）。

标准溶液。参见上述有关元素的配制。

标准系列。最后用酸制成2%硝酸溶液。

分析步骤

称取试样2.000g于125mL三角烧杯中，用水润湿，加入盐酸15mL，在电热板上加热溶解数分钟。取下，加硝酸5mL，继续加热溶解，蒸至近干。加入盐酸（1+1）5mL，煮沸，取下用中速定性滤纸过滤于250mL烧杯中，残渣用盐酸溶液洗几次、残渣连同滤纸放入瓷坩埚中，在750℃中灰化后，移入聚四氟乙烯杯中，用水润湿，加入盐酸5mL，高氯酸1mL，氢氟酸10mL，于垫有石棉板的电炉上溶解，蒸至刚冒白烟，取下冷却；用水吹洗杯壁，再加热至冒尽白烟，加入盐酸（1+1）10mL浸出，溶液合并于原250 mL烧杯中，加水稀释于150mL，加入柠檬酸氢二胺溶液20mL，甲基橙指示剂1滴，用提纯氨水中和至溶液变黄色，加2mol/L醋酸铵-醋酸缓冲溶液（pH=4）20mL，摇匀。将溶液倒进已再生好的交换柱中，以每分钟5mL的速度流经交换柱。流完后，用1mol/L醋酸铵-0.01mol/L柠檬酸氢二胺溶液200mL，以相同的速度流经交换柱。流完后，用2mol/L硝酸溶液28mL，以每分钟1.5mL的速度，洗脱钴、镍、铅、锌、铜和镉等元素，弃去最初流出的3mL（不得超过）洗液，其后的洗脱液收集于25mL容量瓶中，摇匀后进行测定。

6 其他元素分析

6.1 砷-溴酸钾滴定法

本方法适用于矿石中砷量的测定，测定范围1%以上。

试样用浓硫酸加热溶解，加水煮沸后；用甲基橙为指示剂，用溴酸钾标准溶液滴定至溶液呈无色为终点。由消耗的溴酸钾标准溶液体积计算出砷量，在扣除相当于试样中锑量后净得砷量。

试剂配制

（1）硫酸（密度1.84）。

（2）硝酸（1+4）。

（3）甲基橙水溶液（1%）。过滤后使用。

（4）尿素溶液（10%）

（5）溴酸钾标准溶液。称取0.7430g溴酸钾（首先在130℃干燥过的优级纯 $KBrO_3$）置于烧杯中，用少量水溶解后移入1000mL容量瓶中，用水稀释至刻度，混匀，放置两天后使用。（此液对砷的滴定度经验理论值为：1mg/mL。因市面上禁止销售剧毒物质三氧化二砷）。

（6）硫酸铈标准液。取硫酸铈 $Ce(SO_4)_2 \cdot 4H_2O$ 15g于500mL烧杯中，加水100mL，不断搅拌下缓慢加入 H_2SO_4 100mL，加热至沸，冷却移入1L容量瓶中。

试样

（1）试样须经 80 目筛网筛分，筛上直径应不大于 2mm。

（2）试样加工后保存在干燥器中，当天称取进行分析，并按筛上与筛下之比为 3：1 称取试样。

分析步骤

（1）测定数量。称取两份试样进行测定，取其平均值。同时做空白试验。

（2）称取 0.1 ~0.5g 试样，精确至 0.0001g。放入 300mL 锥瓶中，加入 10 ~15mL 硫酸，在电炉上加热溶解后加入一小片滤纸进行还原，继续加热至溶液清亮，冷却。用少量水吹洗表面皿与杯壁，加 100mL 水并煮沸。在不断搅拌下加入 5mL 硝酸溶液（1 +4），5mL 尿素溶液（10%），控制温度在 80 ~90℃，加入甲基橙指示剂 2 ~3 滴，在不断摇动下用硫酸铈标准液滴定（锑），红色消失，然后再加甲基橙指示剂 2 滴，用溴酸钾逐滴进行滴定，至溶液红色恰好消失为终点。

分析结果的计算：

$$w(\mathrm{As}) = \frac{T_{\mathrm{As}} \times V}{m} \times 100\%$$

式中 T_{As}——1mL 溴酸钾标准溶液相当于砷的质量，g；

V——滴定试液时所消耗的溴酸钾标准溶液体积，mL；

m——试样量，g。

注：硫酸铈消耗体积数，若不计算锑量，可不记读数，若要计算锑量，就要标定。

6.2 硫的测定（燃烧碘量法）

试样在高温管式电炉中于 1250 ~1300℃空气流中灼烧分解，使硫转化为二氧化硫气体，用蒸馏水吸收生成亚硫酸，用淀粉作指示剂，以碘酸钾溶液滴定。测定范围 0.1% ~30%。

$$SO_2 + H_2O \longrightarrow H_2SO_3$$

$$KIO_3 + 5KI + 6HCl \longrightarrow 3I_2 + 3H_2O + 6KCl$$

$$H_2SO_3 + I_2 + H_2O \longrightarrow H_2SO_4 + 2HI$$

试剂配制

（1）吸收液。称 0.5g 可溶性淀粉，以少量水溶解，倾入 100mL 沸水中，煮沸，取下冷却，移入 500mL 容器中，加水 300mL，加入盐酸 5mL，加碘化钾 5g，用水稀释至 500mL，摇动使碘化钾溶解完全。滴加碘酸钾标准液使其呈现蓝色，加水至刻度，混匀。当天配制，当天使用。

（2）碘酸钾标准溶液。称取于 105℃下烘干的碘酸钾（优级纯）2.2250g 于 500mL 烧杯中，氢氧化钾 1g，碘化钾 15g，加水溶解，移入 1000mL 容量瓶中，加水稀释至刻度，摇匀。此溶液对硫的滴定度理论值为 1mg/mL（$f=1$）。

分析步骤

将高温管状燃烧炉升温至 1300℃，加 50mL 吸收液于吸收管中，塞上炉管出口的胶塞，以每秒 2～3 个气泡的速度通入空气，滴加碘酸钾标准溶液使吸收管中的吸收液颜色保持浅蓝色，关闭空气。

称取 0.1000～1.0000g 试样于瓷舟中，用不锈钢钩将瓷舟推入管状高温炉中部，迅速用胶塞塞住管口，通入空气，其流量为每秒 1～2 个气泡为宜。用碘酸钾标准溶液滴定，当吸收液的蓝色开始褪去时，应及时滴入碘酸钾标准溶液，使吸收液始终保持蓝色，待溶液褪色速度减慢时，稍增大气流速度，以使管中的二氧化硫气体全部排出，继续滴定至吸收管中的吸收液的蓝色与开始时一样，保持 1min 不变为终点。关上空气活塞，拔下胶塞，取出瓷舟，读取消耗标准碘酸钾溶液的毫升数。

分析结果计算：

$$w(S)=\frac{(V_2-V_1)f}{m}\times 100\%$$

式中 $w(S)$——硫的百分含量，%；

f——碘标准液对硫的滴定度，mg/mL；

V_1——空白消耗碘标准溶液的体积，mL；

V_2——试样消耗碘标准溶液的体积，mL；

m——称取试样重量，g。

注意事项

（1）吸收液要当天配制，当天使用，否则终点不够灵敏。

（2）一次加入吸收液，分析3～4个样品必须进行更换，否则终点反应迟钝，结果有误差。

（3）通入的气流速度要严格控制好，特别是试样中硫分解中期，SO_2 排出量大，如果通入气流大往往造成 SO_2 吸收不完全，致使结果偏低。

（4）所用的瓷舟，必须事先进行检查是否含有硫，如果含硫则将瓷舟在1000～1200℃的高温炉内灼烧至硫除尽。

6.3 铅电解液中硅氟酸、铅的连续测定

试液中加入硫酸钾溶液，铅以 $K_2SO_4\cdot PbSO_4$ 复盐的形态沉淀，硅氟酸与硫酸钾作用生成白色的硅氟酸钾晶体沉淀，此沉淀在热水中水解生成等当量的氟氢酸，用氢氧化钠标准溶液进行滴定。主要反应如下：

$$H_2SiF_6+K_2SO_4 = K_2SiF_6+H_2SO_4 \text{（冷）}$$

$$K_2SiF_6+3H_2O = 2KF+H_2SiO_3+4HF \text{（热）}$$

$$HF+NaOH = NaF+H_2O \text{（热）}$$

滴定硅氟酸后，再用醋酸钠缓冲溶液溶解硫酸铅-硫酸钾的沉淀，用EDTA滴定铅。

试剂配制

硫酸钾溶液饱和溶液及40g/L溶液。

氢氧化钠标准溶液（0.25mol）称取氢氧化钠10g溶于1L预先煮沸过并冷却了的水中，保存于塑料瓶中。

标定：称取邻苯二甲酸氢钾0.5000g置于300mL锥形瓶中，加水150mL溶解后，加酚酞指示剂（0.5%酒精溶液）5滴，以配制好的氢氧化钠溶液滴定至浅红色为终点。

按下式计算氢氧化钠对硅氟酸的滴定度：

$$T = m \times 0.036 / V \times 0.2042$$

式中 T——氢氧化钠对硅氟酸的滴定度，g/mL；

m——称取邻苯二甲酸氢钾的量，g；

V——滴定时消耗氢氧化钠的体积，mL；

0.036——硅氟酸的1mL 1mol/L的NaOH标准液相当于硅氟酸的克数；

0.2042——邻苯二甲酸氢钾的1mL 1mol/L的NaOH标准液相当于邻苯二甲酸氢钾的克数。

分析步骤

吸取电解液1.00mL置于400mL烧杯中，加水20mL，在不断搅拌下，加入饱和硫酸钾溶液30mL，放置半小时。过滤，用4%硫酸钾溶液洗涤烧杯三次，洗漏斗滤纸六次，滤纸连同沉淀放入原烧杯中，加入沸水70～80mL，加酚酞指示剂（0.5%酒精溶液）3滴，用氢氧化钠标准溶液滴定至溶液呈现浅红色为终点。

硅氟酸含量以g/L表示，按下式进行计算：

$$H_2SiF_6(g/L) = (T \times V_2/V_1) \times 1000$$

式中 T——氢氧化钠对硅氟酸的滴定度，g/mL；

V_1——吸取电解液的体积，mL；

V_2——滴定时消耗氢氧化钠标准溶液的体积，mL。

于测定硅氟酸后的溶液中加入醋酸-醋酸钠缓冲溶液（pH =

5.8）35mL，加热煮沸至硫酸铅溶解完全，取下冷却，加水20mL，少许抗坏血酸，0.5%二甲酚橙指示剂2滴，用EDTA标准溶液滴定，溶液由红色变为亮黄色即为终点。铅的含量也用g/L表示，计算方法与硅氟酸相同。

6.4 氰化液中氰化钠的测定

6.4.1 硝酸银容量法

在碱性液中硝酸银与CN^-形成稳定的$Ag(CN)_2$络离子，过量的银离子与指示剂作用形成红色或黄色络合物沉淀。按指示剂不同又分为：试银灵、双硫腙、碘化钾指示剂法。它适于含NaCN 1mg/mL以上各种氰化液中氰化钠浓度的测定，可用于氰化浸出金作业过程中氰化钠浓度的控制分析。

但当试样是经过漂白粉脱毒处理过的尾液，采用硝酸银容量法（无论使用双硫腙还是碘化钾作指示剂）都会由于其中含有氯离子而出现氯化银的白色絮状沉淀，影响氰根的测定。故硝酸银容量法不适于测定加漂白粉处理后的排放尾液（要用离子选择电极或蒸馏法）。

6.4.1.1 试银灵指示剂法

试剂配制

（1）标准$AgNO_3$液。准确称取光谱纯硝酸银1.7331g，溶于1000mL棕色容量瓶的无氯蒸馏水中后，加水稀释至刻度。此溶液1mL相当于1mL NaCN。

（2）试银灵（对-二甲胺基亚苄罗丹宁）指示剂。称取试银灵0.1g溶于500mL丙酮中。

分析步骤

取氰化液10～20mL（按含氰浓度取样），置于250mL三角瓶中，加蒸馏水稀释至50mL，滴加试银灵指示剂5滴，用标准硝酸银溶液滴定至溶液变成粉红色为终点。

氰化钠的浓度采用下式计算：

$$\mathrm{NaCN(mg/L)} = \frac{V_1 \times T}{V} \times 1000$$

式中 V_1——$AgNO_3$ 标准液消耗量，mL；

V——取样量，mL；

T——$AgNO_3$ 标准液对 NaCN 的滴定度。

注意事项

（1）测定的氰化液如果是经加漂白粉处理过的排放尾液，且漂白粉用量较大时，采用硝酸银容量法会出现氯化银的白色絮状沉淀，而影响氰根的测定。

（2）若溶液中氰化钠的浓度过低时，可适当增加取样量，或配制较低浓度的硝酸银标准溶液。

6.4.1.2 双硫腙指示剂法

试剂配制

（1）硝酸银标准液的配制，与6.4.1.1（1）相同。

（2）双硫腙指示剂。称取双硫腙0.1g溶于100mL丙酮溶液中，制成0.01%双硫腙丙酮溶液。

分析步骤

取氰化液10mL置于100mL三角瓶中，加无水乙醇5mL，1mol/L NaOH 1mL，0.01%双硫腙丙酮溶液1mL，摇匀，用标准硝酸银溶液滴定至成鲜红色为终点。并用天然水做空白校正。

计算方法同试银灵指示剂法。

注意事项

(1) 本法适用于浸出液中含有较多有机质及有色物质，试样颜色为黄色或橙色时使用。

(2) 溶液的取样体积（单位：mL），按溶液含 CN^- 浓度确定。乙醇用量对滴定终点观察有影响，在一般情况下，样品体积（单位：mL）与乙醇体积（单位：mL）之比约在 2∶0.5 范围内，且乙醇用量至少不应少于 5mL。在取样量为 10mL 时，乙醇用量在 5～30mL 范围内对终点观察无影响。

(3) 滴定至终点时溶液体积应控制在 30mL 以内，否则会影响滴定终点颜色的鲜明度。

6.4.1.3 碘化钾指示剂法

试剂配制

(1) 硝酸银标准液的配制与 6.4.1.1 (1) 相同。

(2) 碘化钾的配制：称取碘化钾 5g，置于 100mL 容量瓶中，加无氯蒸馏水溶解并稀释至刻度。

分析步骤

取氰化液 10～20mL，置于 250mL 三角瓶中，加蒸馏水稀释至 50mL，加 1+2 氨水 2 滴，5% 碘化钾 4 滴，用硝酸银标准液滴定至溶液刚变成黄色即为终点。

计算方法同试银灵指示剂法。

注意事项

当试样中含有较多的有机质及有色物质，颜色呈黄色或橙色时，不宜采用此法。

6.4.2 吡啶-吡唑啉酮比色法

本法采用吡啶-吡唑啉酮比色法，可以检测氰化浸出废液和经过漂白粉处理过的排放尾液中所含的微量氰化物。若取水样250mL，经蒸馏后取蒸馏液的1/5进行测定，最低可检测浓度为0.002mg/L的氰。

试剂配制

（1）称取1g NaOH溶于100mL蒸馏水中，制成1% NaOH溶液。

（2）称取50g $Zn(AC)_2$ 溶于500mL蒸馏水中，制成10% $Zn(AC)_2$ 溶液。

（3）磷酸盐缓冲液。称取无水磷酸二氢钾34g、无水磷酸氢二钠35.5g，一起溶于蒸馏水中，稀释至1L，并用酸或碱液调整pH值至6.8。

（4）氯胺T溶液。称取氯胺T 0.5g，溶于50mL蒸馏水中，制成1%氯胺T溶液。此溶液应在使用时现配现用。

（5）氰离子标准贮存液。称取氰化钾2.51g溶于0.1mol/L氢氧化钠溶液中，并定容至1L。此溶液约含氰离子1mg/L并采用下述方法标定：

取上述标准液50mL置于250mL三角瓶中，加试银灵指示剂10滴，用硝酸银标准液滴定至黄色变成橙红色，并用下式计算氰离子浓度：

$$P(CN^-) = TV/50$$

式中 $P(CN^-)$——氰离子浓度，mg/mL；

T——硝酸银标准溶液相当于氰离子数，mg/mL；

V——消耗硝酸银标准溶液体积，mL。

（6）氰离子标准工作液。取氰离子标准液，加0.01mol/L氢氧化钠逐渐稀释至1.0μg/mL氰离子标准工作液。

（7）试银灵指示剂。取试银灵0.02g，溶于100mL丙酮中。

（8）吡啶-吡唑啉酮溶液。称取1-苯基-3-甲基-5-吡啶啉酮0.5g，溶于100mL无水乙醇中，加吡啶0.5mL，混匀，此溶液在室温下可保存7天，最好现配现用。

分析步骤

（1）蒸馏。取含氰化物的水样250mL，置于250mL全玻璃蒸馏瓶中，内放数粒玻璃珠，并安装冷却系统使之不漏气。冷凝器下端接一个50mL的量筒，内盛1%氢氧化钠溶液5mL，冷凝管口插入溶液中。

向蒸馏瓶中加入10% $Zn(AC)_2$ 溶液10mL、0.05%甲基橙指示剂3～5滴，摇匀。再快速加入固体酒石酸2g（此时溶液应为红色，若为黄色应补加酒石酸至溶液呈红色为止）立即盖好瓶塞，打开冷却水开始加热蒸馏。蒸馏作业一直进行至量筒内溶液接近50mL、吸收液下面不冒气泡为止，然后加蒸馏水定容至50mL供测定。

（2）测定。取蒸馏液10mL置于25mL比色管中，加1%酚酞指示剂1滴，用36%乙酸溶液中和至无色，加磷酸盐缓冲溶液2mL，氯胺T溶液6滴，摇匀，放置1min。再加吡啶-吡唑啉酮溶液9mL，加蒸馏水定容至25mL。摇匀，放置30min。于波长610～615nm处用3cm比色皿，以空白试剂作参比，测量吸光度。

（3）标准曲线绘制。准确吸取氰离子标准液0.00μg（空白），0.05μg，0.10μg，0.20μg，0.50μg，1.00μg，1.50μg，2.00μg置于一系列25mL比色管中，加蒸馏水10mL，用上述相同的方法测定吸光度，并绘制出各氰离子浓度的标准曲线。

（4）氰离子浓度计算：

$$c(CN^-)=\frac{A\dfrac{V_1}{V_2}}{V}$$

式中 $c(CN^-)$——氰离子浓度，mg/L；

A——从标准曲线上查得的氰离子量，μg；

V——蒸馏取水样体积，mL；

V_1——蒸馏液的总体积，mL；

V_2——测定取蒸馏液体积，mL。

注意事项

（1）本法可减少吡啶用量，减轻吡啶臭味，且方法简便、快速。

（2）试样酸化蒸馏时 HCN 容易挥化，操作要快速，并立即盖严瓶塞。

6.5 金、银、铂、钯的测定

6.5.1 活性炭富集碘量法测高含量金

试样经灼烧、王水溶解；活性炭吸附金。金（Ⅲ）与碘化钾反应生成碘化亚金，并游离出碘，以淀粉作指示剂，用硫代硫酸钠标准溶液滴定金量。

本法适用于矿石、冶金物料、载金炭、浸出液、湿法富集等中 1g/t 以上金含量的测定。

主要设备：

（1）马弗炉（控温 800℃）。

（2）真空泵（30L/min）。

（3）抽滤瓶（500mL）。

（4）吸附柱（内径 32mm，高 60mm）。

（5）布氏漏斗（直径 180mm）。

试剂配制

（1）纸浆。用定性滤纸在水中浸泡捣碎备用。

（2）无水碳酸钠（AR）。

（3）碘化钾（SR）。

（4）王水。

（5）盐酸溶液（2 +98）。

(6) 氟化氢铵溶液 (20g/L)。

(7) 氯化钠 (25g/L)。

(8) 淀粉溶液 (10g/L)。

(9) EDTA 溶液 (25g/L)。

(10) 醋酸溶液 (7+93)。

(11) 活性炭 (粒度 200 目): 将活性炭置于氟化氢铵溶液中浸泡 2~3 日, 抽滤。以盐酸溶液 (2+98) 及水洗涤无氟 (F^-) 为止。

(12) 金标准储备溶液 (1mg/mL)。称取 0.1000g 纯金 (大于 99.99%) 于 50mL 烧杯中, 加 10mL 王水, 加热溶解。加 5mL 氯化钠溶液, 水浴上蒸至湿盐状; 再加 3mL 盐酸, 水浴上蒸至湿盐状; 重复 3~4 次。加入 10mL 盐酸, 转入 100mL 容量瓶中, 用水稀释至刻度, 摇匀。

(13) 金标准储备溶液 (100μg/mL) 硫代硫酸钠标准溶液: 称取 2.52g 硫代硫酸钠 ($Na_2S_2O_4 \cdot 5H_2O$) 溶于新煮沸并冷却的蒸馏水中, 加入 0.1~0.2g 碳酸钠, 转入 1000mL 容量瓶中, (pH=7.2~7.5) 用水稀释至刻度, 摇匀。放置 7 天后使用。此溶液每毫升对金的滴定度相当于 1mg 金。

取上述溶液 30mL、100mL, 各加入 1~2g 碳酸钠, 分别用新煮沸并冷却的蒸馏水水稀释至 1000mL, 摇匀。此溶液每毫升对金的滴定度相当于 30μg 和 100μg 金。标定后使用。

标定: 分别移取 (100μg/mL) 10.00mL 金标准溶液 3 份, 加 0.1~0.3g 碘化钾, 摇匀, 立即用相应浓度的硫代硫酸钠标准溶液滴定至微弱黄色; 加 0.5~1.0mL 淀粉溶液, 继续滴定, 近终点时充分搅匀, 逐渐滴至蓝色消失即为终点。平行标定 3 份, 所消耗滴定溶液的体积极差值不大于 0.05mL, 取其平均值。

计算硫代硫酸钠标准液对金的滴定度:

$$T_{Au} = \frac{f}{V}$$

式中 T_{Au}——硫代硫酸钠标准液对金的滴定度, μg/mL;

f——标定时加入金属金的质量，μg；

V——滴定金时消耗硫代硫酸钠标准液的体积，mL。

分析步骤

在万分之一的天平上称取 10 ~ 30g 试样于 400mL 烧杯中，加少许水湿润，加 100mL 王水盖上表面皿加热溶解。（若含硫、碳高的试样，称样后入炉内从低温开始升至 650℃灼烧 1.5h 除去，中途搅拌几次，防止结块）然后转入 400mL 烧杯中加王水 100mL 溶解；保持微沸 50min 左右，控制体积约 40mL，取下；用热水吹洗表面皿及杯壁，约 200mL，并将不溶残渣搅拌。用抽滤吸附装置过滤，以水洗涤 7 ~ 8 次，至溶液无色，去掉布氏漏斗，吸附柱内活性炭以温热的 2% 氟化氢铵溶液洗涤 8 ~ 10 次，再用蒸馏水洗涤 10 次。将洗净活性炭移入预先用王水处理净的 50mL 瓷坩埚内，低温烘干，大部分碳化后，放入高温炉中于 700 ~ 800℃灼烧 30min 至灰化完全。取出坩埚冷至室温，沿坩埚壁加入 25g/L 氯化钠溶液 0.5mL，王水 2mL。在水浴上加热，逐渐升温蒸发至无酸味。蒸干，取下、加入 7% 热醋酸，使可溶性盐类全部溶解，冷至室温，加氟化氢铵 0.2g 摇匀使铁络合，再加 2mL 的 25g/L EDTA 掩蔽铜，摇匀。加碘化钾 0.5g，摇匀，以硫代硫酸钠标准溶液滴定近终点，加 10g/L 淀粉溶液 1mL。继续用硫代硫酸钠标准溶液滴定至蓝色褪去为终点。

分析结果计算：

$$\text{金的含量}(g/t) = \frac{T_{Au}V}{m}$$

式中 T_{Au}——硫代硫酸钠标准液对金的滴定度，μg/mL；

V——滴定金时消耗硫代硫酸钠标准液的体积，mL；

m——称取试样重量，g。

6.5.2 原子吸收光谱法

本方法是加入一定量的固体氯化铵与试样混匀后在 500 ~

600℃高温中焙烧1h，以除尽锑、砷、碳、硫等干扰元素。溶于王水后的金，不经过滤分离矿渣，直接以泡沫塑料吸附，再以水将泡沫塑料洗净，拧干，用硫脲溶液解脱，用原子吸收测定。

本方法可测定试样中0.5g/t以上的金。

仪器及工作条件

原子吸收分光光度计。光源：金空心阴极灯；波长：242.8nm；灯电流：2mA；狭缝：0.2nm；空气流量：10L/min；乙炔流量：1.2L/min。

振荡机1台。

试剂配制

(1) 硫脲溶液（10g/L，其中含盐酸为0.1mol）

(2) 金标准溶液（甲）。称取金粉（99.99%）0.1000g，溶于10mL王水中，溶液清亮后，移入1000mL容量瓶，加王水100mL，用水稀释至刻度，摇匀。此溶液每毫升含金100μg。

(3) 金标准溶液（乙）。吸取金标准溶液（甲）10.00mL，放入1000mL容量瓶，加入100mL王水，用水稀释至刻度，摇匀。此溶液每毫升含金1μg。

(4) 金标准系列的配制。

1) 分别取50.00μg，100.00μg，150.00μg，200.00μg，250.00μg，300.00μg，350.00μg，400.00μg金标准溶液置于一组300mL锥瓶中，加王水（1+9）150mL，以下操作同分析步骤。

2) 分别取1μg，2μg，3μg，4μg，6μg，8μg，10μg金标准溶液置于一组300mL锥瓶中，加王水（1+9）150mL，以下操作同分析步骤。

分析步骤

称取试样（-200目）10~30g于瓷蒸发皿中，加氯化铵

5～10g，混匀后置于200℃的马弗炉里，升温至500～600℃恒温40min左右，以除硫、碳、砷、锑及其他有机物，取下冷却后，移入300mL锥瓶中，加入盐酸30mL煮沸片刻，再加硝酸10mL煮沸20min左右（成为流动液体），取下稍冷，用水稀至150mL左右，放入一小块泡沫塑料（厚0.5cm，约0.2g），振荡10min后又加一小块，继续振荡10min，取出泡沫塑料，用水冲洗干净，拧干后放入盛有1%硫脲溶液25mL的比色管中，在沸水浴中加热20～30min（中间摇动一次），取下立即把泡沫塑料挤压干净弃之，然后冷却至室温，加水至刻度，摇匀，用原子吸收测定。同时做标准系列。

若在原子吸收分光光度计测定不出或很低，则将已解脱出来的溶液吸取20.00mL于50mL烧杯中，加热蒸发至干（切忌溅出），加入王水（1+9）5.00mL，微热溶解盐类，冷却后进行原子吸收测定，可测定0.5g/t以下。

分析结果计算：

$$金的含量(mg/t)=\frac{A_2-A_1}{m}\times V$$

式中 A_1——曲线上查到的空白溶液相当标准溶液金的质量浓度，μg/mL；

A_2——曲线上查到的试液中相当标准溶液金的质量浓度，μg/mL；

V——测定试样溶液的总体积，mL；

m——称取试样重量，g。

6.5.3 火法试金富集重量法测金、银

火法试金是富集和分离金、银的有效方法。它的优点是称样量大而代表性好。不但如此，它得到的是实实在在的实物，形式上使人们比较信任。但它也有不足之处，操作起来比较麻烦，分析步骤繁琐、耗时长、耗电大，另外如果操作不当，银也有挥发损失，同时也可能还残存其他元素，使结果偏高，另外在熔炼

时，渣也会带走少量的银金，但这些都可以忽略。

铅火法试金是最普遍的使用方法，它是根据金、银的性质与铅的性质而决定的，也就是我们平常所说的金、银跟铅走，换句话说，铅是金和银的很好捕收剂。

配料是火法试金的关键一步，样品性质不同，配料也不一样，在这里我推荐一种常用的配料计算方法。

首先要测定试样的还原能力，方法如下：

试样5g、碳酸钠10g、氧化铅60g、硼砂5g、二氧化硅3g。把上述物料混匀后，上面再加上一层约1cm厚的氯化钠。然后放入已升温至900～1000℃的试金炉中，关闭炉门，在1h内升温至1100～1300℃，保温15min，取出坩埚，平稳地旋转数次，冷却后取出铅扣，去掉熔渣，称铅扣重量，按下式计算试样还原能力：

还原能力＝铅扣质量（g）/试样质量（g）

然后按下述方法进行配料计算：

碳酸钠加入量＝试样质量×1.5

氧化铅加入质量＝试样质量×试样还原能力×1.1

但必须说明，PbO不能少于80g。

二氧化硅加入质量＝(氧化铅＋试样含Pb质量－30）/7

硼砂加入质量＝试样质量×0.5

硝酸钾加入质量＝(试样质量×试样还原能力－30）/4

淀粉加入质量＝(30－试样质量×试样还原能力）/12

根据以上计算好配料后，把各种需要的试剂及试样放入瓷罐中混匀，上面再放一层1cm厚的NaCl，按测定试样还原能力熔炼温度进行熔炼。得到铅扣大约在30g左右，将其锤成方形。

将灰皿放入试金炉中（900℃），保持20min，然后用夹钳将铅扣放入灰皿中，关闭炉门1～2min，待铅扣脱膜后，稍微打开炉门，使炉温在10min内迅速降至850℃±10℃。进行灰吹，当合粒出现闪光点时，灰吹结束。于5min内将灰皿移出炉外，冷却。

灰吹最合适的温度是880℃，此时灰皿有黄色的羽毛状物产生。温度过高或过低都不会产生羽毛状物。灰吹速度一般在0.8～1g/min，所以知道铅扣的质量，就可以预料灰吹时间大约到什么时候结束。火法试金有个俗语叫作“脱皮”，什么叫“脱皮”？当铅扣熔化后，起初表面有一层暗黑色的浮渣，温度合适时，过1～2min，黑色浮渣消失，融铅就发亮，此种现象叫做“脱皮”。

用尖镊子将金银合粒从灰皿中取出，刷净表面黏附物，在铁砧上锤打成薄片，置于30mL瓷坩埚中，加入5%～10%冰乙酸，煮沸片刻，用水洗干净，再用乙醇洗2次，烘干后放入干燥器中冷却到室温，然后称合粒质量。

把合粒放入小烧杯中，用20～25mL HNO_3（1+5或1+7）溶解出其中的银，待银溶解完全，用倾泻法把 $AgNO_3$ 溶液置于另一锥形瓶中，可以用容量进行验证。把洗净的海绵金移入30mL瓷坩埚中，烘干，然后用600℃灼烧5min，或加入少量 H_2SO_4 煮沸使其变黄，再洗净烘干冷却后称量。

6.5.4 原子吸收光度法测银

6.5.4.1 直接法

矿石中的银一般可用王水（盐酸+硝酸=3+1）分解；对硅含量太高的试样，也可用硝酸-氢氟酸分解，为了避免氯化银的析出、保持溶液的稳定，残渣应溶于含有硝酸的盐酸溶液中。在2mol/L盐酸和0.5mol/L硝酸混合液中，采用银波长：328.1nm，空气-乙炔火焰进行测定。每毫升溶液中，分别含铁、钴、镍、锰、铝、钙、镁、铝、锌5mg，钛、铜、硼、锶、钡、钒、稀土氧化物、铋、锑、钾、钠、二氧化硅1mg。钼、锡0.5mg。金6μg及少量镓、铟、铊、锗、均不干扰测定，盐酸、硝酸的浓度对测定无影响。本法适应测定矿石中20g/t以上的银。

试剂配制

（1）银标准溶液（甲液 = 1mg/mL）。取纯银（99.99%）1.0000g 于 250mL 烧杯中，加入硝酸 10mL，加热溶解产品蒸至近干，加入盐酸 400mL，将溶液转入 1000mL 容量瓶中，用水稀至刻度摇匀，存于暗处。

（2）银标准溶液（乙液 = 25μg/mL）。准确吸取甲液 15mL 于 1L 容量瓶中加入盐酸 80mL、硝酸 20mL，用水稀至刻度，摇匀，存于暗处。

（3）标准系列。分别取银标准乙液（25μg/mL）。1mL、2mL、3mL、4mL、5mL、6mL、7mL、8mL 于一系列 50mL 容量瓶中，加入盐酸 8mL、硝酸 2mL 用水稀至刻度，摇匀。

分析步骤

称取试样 1 ~ 2.0000g 于 100mL 烧杯中，用水润湿。加盐酸 10 ~ 15mL，低温溶解片刻，加硝酸 5mL，继续加热至近干，稍冷，加入盐酸 8mL、硝酸 2mL 和少量水，加热溶解残渣，冷却后移入 50mL 容量瓶中，用水稀至刻度摇匀，待澄清后进行测定。

分析结果计算：

$$银的含量(g/t) = \frac{A_2 - A_1}{m} \times V$$

式中 A_1——曲线上查到的空白溶液相当标准溶液银的质量浓度，μg/mL；

A_2——曲线上查到的试液中相当标准溶液银的质量浓度，μg/mL；

V——测定试样溶液的总体积，mL；

m——称取试样重量，g。

注：为保持银离子以络合物状态存在，采用 2mol/L 盐酸和 0.5mol/L 硝酸混合液。

6.5.4.2 硫脲络合法

方法提要：用硫脲络合银，要在含有一定量铁盐情况下，于低酸度溶液中采用空气-乙炔火焰进行测定。

每毫升溶液中分别含铁、铅、锌、钙、镁 6mg；铝、锰、镍、钾、钠、铋、钴、钼 2mg；钡、铬、镉、钛 0.4mg；金 0.5μg 均不干扰测定，大量铜对测定产生负干扰，但可加入一定量的铁盐消除，10% 王水、盐酸或硝酸，1% 以下的硫酸不影响测定。

本法适应于测定选矿、冶金、各类产品中 20g/t 以下的银。

试剂配制

（1）5% 硫脲溶液。

（2）三氯化铁溶液。称取氯化铁（$FeCl_3 \cdot 6H_2O$）25g 于烧杯中，加入盐酸 5mL，用水溶解后，稀至 100mL 摇匀。

（3）银标准甲液（1mg/L）。称取纯银（99.99%）0.10000g 于 250mL 烧杯中，加入硝酸（1+1）10mL，加热溶解并蒸发至 3mL 左右，冷却，加入 5% 硫脲 25mL，移入 100mL 容量瓶中，用水稀至刻度摇匀，存于暗处。

（4）银标准乙液（25μg/mL）。准确吸取银标准甲液 15mL 于 1000mL 容量瓶中，加入硝酸（1+1）5mL，加入 5% 硫脲 25mL，用水稀至刻度摇匀，存于暗处。

（5）标准系列。分别取银标准乙液 2mL、4mL、6mL、8mL、10mL 于一系列 100mL 容量瓶中，加入 5% 硫脲溶液 2mL，水稀至刻度摇匀。

分析步骤

称取试样 0.1000 ~ 1.0000g 于 250mL 烧杯中，加入盐酸15 ~ 30mL，于电热板上加热 5 ~ 10min，加入硝酸 5 ~ 10mL，盖上表面皿，继续加热溶解并蒸至约 3mL，加入 25% 三氯化铁 2mL，用水稀至50mL，煮沸，取下冷却，加入硫脲溶液2mL，搅匀后移入100mL容量瓶中，用水稀至刻度摇匀，待澄清后（或干过滤）于原子吸收波长328.1nm处进行测定。同时测定银标准系列。

分析结果计算：

$$银的含量(g/t) = \frac{A_2 - A_1}{m} \times V$$

式中 A_1——曲线上查到的空白溶液相当于标准溶液银的质量浓度，μg/mL；

A_2——曲线上查到的试液中相当标准溶液银的质量浓度，μg/mL；

V——测定试样溶液的总体积，mL；

m——称取试样重量，g。

注意事项

（1）大量铜能与硫脲生成白色沉淀，干扰测定；加入铁盐（三氯化铁）使沉淀物溶解，从而消除干扰；每1mg铁可消除0.5mg铜。

（2）硫脲能在低酸度中溶解氯化银，银呈$Ag(CSN_2H_4)_3$络合物而保留在溶液中，能长时间保存，稳定性好。

（3）对难溶试样，也可用聚四氟塑料烧杯，加氢氟酸加硝酸处理后再用王水（盐酸+硝酸=3+1）分解。

对含碳、硫高的试样可用硝酸加高氯酸分解。

6.5.4.3 溴化物-甲基异丁基酮萃取法

在1.5~2.0mol/L硫酸和0.2mol/L溴化钠溶液中，加入二安替匹林甲烷，用甲基异丁基酮萃取银与溴离子形成的络合物在这条件下只有大于1mg的铋和镉有干扰。

本法适应于矿石、特别含铜高的试样中10g/t以下银的测定。

试剂配制

（1）溴化钠50%水溶液。

（2）二安替匹林甲烷2%。称取二安替匹林甲烷2g，溶于含有硫酸（1+1）1mL的100mL 50%乙醇中（简称DAM）。

（3）银标准乙液（1μg/mL）。准确吸取银标准液（25μg/mL，见6.5.4.1中）20mL于500mL容量瓶中，加入硝酸5mL，用水稀至刻度摇匀，存于暗处。

（4）标准系列。分别取银标准液（1μg/mL）0mL、4mL、6mL、8mL、10mL于一系列25mL比色管中，加入50%溴化钾溶液1mL、磷酸（1+1）2mL、2%（DAM）2mL，摇匀，准确加入甲基异丁基酮5mL，萃取1min，分层后用有机相直接测定，（用甲基异丁基酮调零点）与分析试样同时进行空白试验。

分析步骤

称取试样0.5000g于100mL烧杯中，加硝酸10～15mL、硫酸（1+1）6mL，在电炉上加热至冒烟，冷却后加入少许水浸出，加2.5mL 50%的溴化钠，移入50mL容量瓶中，用水稀释至刻度，摇匀。吸取20mL于25mL比色管中，加磷酸（1+1）2mL，加2%（DAM）2mL，摇匀，准确加入甲基异丁基酮5mL，萃取1min，分层后用有机相直接测定，（用甲基异丁基酮调零点）与分析试样同时进行空白试验。

分析结果计算：

$$银的含量(g/t) = \frac{A_2 - A_1}{m} \times V$$

式中 A_1——曲线上查到的空白溶液相当于标准溶液银的质量浓度，μg/mL；

A_2——曲线上查到的试液中相当标准溶液银的质量浓度，μg/mL；

V——测定试样溶液的总体积，mL；

m ——称取试样质量，g。

注意事项

（1）硫酸冒烟时间不宜过长。

（2）在此条件下，银与溴离子形成络合物，因而不受一般试剂中氯离子的干扰。

6.5.5 光度法测定铂

方法1：

试料经灼烧、王水溶解；于 pH = 7.0 醋酸铵缓冲介质中，乳化剂——OP 存在下，Pt(Ⅳ) 与 MPMR 形成黄色络合物，于分光光度计波长处测量其铂量的吸光度。

本法适用于含铂物料在 0.*x* ~ *x* g/t 范围内的测定。

试剂配制与设备

（1）盐酸溶液（4mol/L）。

（2）醋酸铵缓冲液（pH = 7.0）。

（3）乳化剂- OP 溶液（1 + 99）。

（4）氯化钠溶液（10g/L）。

5-（3-甲基-2-吡啶）-亚甲基罗丹宁（MPMR）乙醇溶液（5×10^{-4}mol/L）。

铂标准溶液（1mg/mL）。称取 0.1000g 金属铂（大于 99.95%）于 250mL 烧杯中，加入 20mL 王水，低温加热溶解；加 1mL 氯化钠溶液（10g/L），蒸至湿盐状；加 3mL 盐酸，蒸至湿盐状，重复 3 次。加 10mL 盐酸，转入 100mL 容量瓶中，用水稀释至刻度，摇匀。

铂标准溶液（10μg/mL）。取上述铂标准溶液（1mg/mL）10mL 入 1000mL 容量瓶中加 100mL 盐酸，用水稀释至刻度，摇匀。

曲线绘制。分别取铂标准溶液（10μg/mL）0.0mL，1.0mL，2.0mL，3.0mL，4.0mL，5.0mL于一组50mL容量瓶中，加2mL乳化剂-OP溶液（1+99）、5mL醋酸铵缓冲液（pH=7.0），3mL（MPMR乙醇溶液）用水稀至刻度，摇匀。用1cm比色皿，空白试剂作参比，于分光光度计波长465nm处测其吸光度。以铂量为横坐标，吸光度为纵坐标，绘制工作曲线。

分光光度计一台。

分析步骤

（1）试液的制备。称取0.1~0.5g试样于（石英舟、瓷舟）中，置于马弗炉内逐渐升温至650℃灼烧20min，取出。转入250mL烧杯中加王水20mL蒸发至近干，加入5mL盐酸，蒸发至近干，重复3次。加10mL盐酸溶液，溶解盐类，转入100mL容量瓶中摇匀。

（2）测定。移取试液（含铂约50μg）入25mL比色管中，加2mL乳化剂——OP溶液（1+99）、5mL醋酸铵缓冲液（pH=7.0），3mL MPMR乙醇溶液，用水稀至刻度，摇匀。用1cm比色皿，试剂空白作参比，于分光光度计波长465nm处测其吸光度。从工作曲线上查得铂量进行计算。

结果计算。按下式计算铂的含量：

$$铂的含量(g/t) = \frac{m_1 V_1}{m_0 V_0}$$

式中 V_1——试剂总体积，mL；

V_0——分取试液的体积，mL；

m_1——工作曲线上查得的铂量，μg；

m_0——称取试样的重量，g。

方法2：

试料用王水溶解，于pH=2.8~3.9醋酸铵缓冲介质中，

Tween-20 存在下，Pt(Ⅳ) 与 5-CI-PADAT 形成红色络合物，于分光光度计波长 588nm 处测其吸光度的铂量。

本法适用于矿样、物料中铂量在 0.0*x* ~ 0.*x* g/t 范围的测定。

试剂配制及设备

盐酸溶液（0.5mol/L）。Tween-20 溶液。

醋酸铵缓冲液（0.2mol/L，pH = 2.8 ~ 3.9）。

氯化钠溶液（200g/L）。5-CI-PADAT 乙醇溶液。

铂标准溶液（1mg/mL）。称取 0.1000g 金属铂（大于 99.95%）于 250mL 烧杯中，加入 20mL 王水，低温加热溶解；加 1mL 氯化钠溶液（10g/L），蒸至湿盐状；加 3mL 盐酸，蒸至湿盐状，重复 3 次。加 10mL 盐酸，转入 100mL 容量瓶中，用水稀释至刻度，摇匀。

铂标准溶液（1μg/mL）。取上述铂标准溶液（1mg/mL）1mL 入 1000mL 容量瓶中，用盐酸溶液（8mol/L）稀释至刻度，摇匀。

曲线绘制。分别取铂标准溶液（10μg/mL）0.0mL、0.30mL、0.50mL、0.70mL、0.90mL、1.10mL，于一组 10mL 比色管中，加 0.5mL 醋酸铵缓冲液（pH = 2.8 ~ 3.9），3mL 5-CI-PADAT 乙醇溶液、0.4mL Tween-20 溶液，用水稀至刻度，摇匀。于水浴上加热 1h，取下冷却，用 1cm 比色皿，以空白试剂作参比，于分光光度计波长 588nm 处测其吸光度。以铂量为横坐标，吸光度为纵坐标，绘制工作曲线。

分光光度计一台。

分析步骤

（1）试剂制备。称取 40g 试样于 250mL 锥形瓶中，分 2 次加入 80mL 王水，在锥形瓶口插入一小漏斗，进行回流，于电热板上约 100℃ 加热溶解，蒸至近干。加 5mL 氯化钠溶液蒸至近干；加20mL盐酸，蒸发至近干，重复2次。加20mL水溶解盐类，试液过滤于另一烧杯中，用盐酸溶液洗涤残渣数次，洗涤液与滤液合并蒸至约5mL，转入10mL容量瓶中用醋酸缓冲溶液稀释至刻度，摇匀。

（2）测定。移取试液（含铂约11μg）于10mL比色管中，加0.5mL醋酸铵缓冲液（pH = 2.8 ~ 3.9）、3mL的5-CI-PADAT乙醇溶液、0.4mL的Tween-20溶液，用水稀至刻度，摇匀。于水浴上加热1h，取下冷却。用1cm比色皿，以试剂空白作参比，于分光光度计波长588nm处测其吸光度。

结果计算按下式计算铂的含量，以质量分数表示：

$$\text{铂的含量(g/t)} = \frac{m_1 V_1}{m_0 V_0}$$

式中 V_1 ——试剂总体积，mL；

V_0 ——分取试液的体积，mL；

m_1 ——工作曲线上查得的铂量，μg；

m_0 ——称取试样的重量，g。

6.5.6 钯的测定

6.5.6.1 原子吸收光度法测定钯量

试样用王水溶解后，在弱酸性溶液中，加入2-巯基苯并噻唑（MBT）与钯生成［$Pd(C_7H_4S_2N)_2$］难溶络合物与铜、镍分离；沉淀用酸溶解，然后原子吸收测定。

试剂配制

（1）2-巯基苯并噻唑（MBT）液5g/L。称取1.000g 2-巯基苯并噻唑（MBT）于烧杯中，加入少量冰乙酸，加热溶解，过滤于200mL容量瓶中，用冰乙酸定容。

（2）优级纯盐酸（标准系列用），试样用普通盐酸，按下法配制：

6mol/L 盐酸（密度 1.2）：与水按体积 1∶1 混合（1+1）。

8mol/L 盐酸（密度 1.2）：与水按体积 1∶1 混合（1+1）。

3mol/L 盐酸（密度 1.2）：与水按体积 1∶3 混合（1+3）。

12mol/L 盐酸（密度 1.2）。

(3) 钯标准溶液（100μg/mL）。用 8mol/L（1+1）盐酸（密度 1.2）稀释。

称取 0.1000g 钯片入烧杯中，加 20mL 王水，加热溶解，然后用少量盐酸吹洗杯壁，加入 5 滴 200g/L 氯化钠溶液，并移至水浴上蒸干，再加 2mL（1+1）盐酸蒸发至干，重复 3 次。取下用 8mol/L（2+1）盐酸加温溶解，冷却后移入 1000mL 容量瓶中，并用 8mol/L（2+1）盐酸定容。

系列标准液：取上述钯标准溶液 0.25mL、0.50mL、1.00mL、1.5mL、2.0mL 于一组 100mL 容量瓶中，用优级纯盐酸 8mol/L 稀释至刻度、摇匀。

此系列标准液含钯为：0.25μg/mL、0.50μg/mL、1.00μg/mL、1.5μg/mL、2.0μg/mL。

操作步骤

称取 0.1000g～0.2000g（称准至 0.0001g）置于 250mL 烧杯中，加王水（同时准备空白试验）。

(盐酸∶硝酸 =3∶1) 10～15mL 加热分解完全，若分解不完全，再加硝酸 15mL，高氯酸 5mL 然后蒸至冒烟后取下，冷却后加 60mL 水洗涤，煮至清亮［若是含氯化银很高的样品，不能加高氯酸，应加硝、硫混酸（7+3）加热溶解完全后再用硝硫混酸（7+3）吹洗杯壁见有混浊再继续冒烟至清亮］。冷却后，用精密试纸检验，加 20% 氢氧化钠调节 pH =3～5，然后用广泛试纸向液体中再加 6mol/L 盐酸调节 pH =3～5；使溶液呈微酸性；此时有杂质沉淀，用致密滤纸过滤。收集滤液，用热水洗涤沉淀。

滤液加热煮沸，搅拌滴加 5mL 5g/L(MBT) 液，继续加热 5～10min，移至低温处保温 1h。用中速滤纸过滤，热的（1+

19）乙酸液洗涤5~6次，再用热水洗涤2~3次。将滤纸连同沉淀放入原烧杯中加硝酸15mL，高氯酸5mL，2~3滴200g/L氯化钠溶液，加热破坏滤纸及沉淀，至冒白烟后，取下冷却。用8mol/L盐酸吹洗杯壁，加热溶解、冷却后移入50mL或100mL容量瓶中（或比色管中），用8mol/L盐酸稀至刻度，摇匀后在原子吸收仪上测定。同时进行空白、标准系列测定。

分析结果计算：

$$钯的含量(mg/t) = \frac{A_2 - A_1}{m} \times V$$

式中 Pd——钯的含量，mg/t；

A_1——曲线上查到的空白溶液相当标准溶液银的质量浓度，μg/mL；

A_2——曲线上查到的试液中相当标准溶液银的质量浓度，μg/mL；

V——测定试样溶液的总体积，mL；

m——称取试样质量，g。

注意事项

如果钯含量比较高，则可以采用EDTA返滴定法测其含量。吸取上述试液25.00mL于烧杯中，加热蒸至近干，加入10mL 1.5mol/L盐酸温热溶解后，冷却。加入EDTA（0.02mol/L）15mL，用40%乙酸钠溶液调节pH = 5.5~5.8（用精密试纸检验），滴入0.2%二甲酚橙指示剂2滴。用$ZnCl_2$标准溶液滴定至溶液呈现粉红色为终点。计算法按下式进行：

（1）根据等物质的量规则，求出现在$ZnCl_2$标准溶液的体积换算为EDTA标准溶液的等体积。

$$c_{(EDTA)} \times V_{0(EDTA)} = c_{(Zn^{2+})} \times V_{(Zn^{2+})}$$

式中 $c_{(EDTA)}$——EDTA标准溶液的物质的量浓度，mol/L；

$V_{0(EDTA)}$——加入或滴定消耗的EDTA的体积，mL；

$c_{(Zn^{2+})}$——$ZnCl_2$标准溶液的物质的量浓度，mol/L；

$V_{(Zn^{2+})}$——加入或滴定消耗 $ZnCl_2$ 标准溶液的体积，mL。

（2）按公式计算钯试液的质量浓度：

$$\rho_{(Pd^{2+})}=c_{(Pd^{2+})}\times 0.10642$$

$$c_{(Pd^{2+})}=[c_{(EDTA)}\times V_{(EDTA)}-c_{(EDTA)}\times V_{0(EDTA)}]/V_{(Pd^{2+})}$$

式中 $\rho_{(Pd^{2+})}$——钯试液的质量浓度，g/mL；

$c_{(Pd^{2+})}$——钯试液的物质的量浓度，mol/L；

0.10642——钯的摩尔质量，kg/mL；

$c_{(EDTA)}$——标准溶液的物质的量浓度，mol/L；

$V_{0(EDTA)}$——求出所加的 EDTA 标准溶液过量的体积，mL；

$V_{(EDTA)}$——所加入的 EDTA 标准溶液的体积，mL；

$V_{(Pd^{2+})}$——所取钯试液的体积，mL。

6.5.6.2 原子吸收光度法测定火法银阳极板中钯的含量

火法银阳极板中金银含量曾经有过：金（约 5000g/t），银（约 98%），钯（约 30g/t）。

对于这种样品要测定钯量，在分解样品这一部分不加王水处理。而是试样加硝酸溶解后，与金（回收）分离，用热水洗涤，收集过滤液，用 50% 氢氧化钠调 pH 值（pH = 3 ~ 5）再加 8mol/L 盐酸 2mL，沉淀银，并用密滤纸过滤回收银，用热水洗涤，收集滤液；在弱酸性溶液中，加入 2-巯基苯并噻唑（MBT）与钯生成 $[Pd(C_7H_4S_2N)_2]$ 难溶络合物，与铜、镍分离；沉淀用酸溶解，然后原子吸收测定。

试剂配制

（1）2-巯基苯并噻唑（MBT）液 5g/L。

称取 1.000g 2-巯基苯并噻唑（MBT）于烧杯中，加入少量冰乙酸，加热溶解，过滤于 200mL 容量瓶中，用冰乙酸定容。

（2）优级纯盐酸（标准系列用）试样就用普通盐酸，也按下法配制：

6mol/L：盐酸（密度1.2）与等体积水（1+1）混合。

8mol/L：盐酸（密度1.2）与等体积水（2+1）混合。

3mol/L：盐酸（密度1.2）与等体积水（1+3）混合。

12mol/L：盐酸（密度1.2）。

（3）钯标准液（100μg/mL）。用8mol/L（2+1）盐酸（密度1.2）稀释。

称取0.1000g钯片放入烧杯中，加20mL王水，加热溶解，然后用少量盐酸吹洗杯壁，加入5滴200g/L氯化钠溶液，并移至水浴上蒸干，再加2mL（1+1）盐酸蒸发至干，重复3次。取下用8mol/L（2+1）盐酸加温溶解，冷却后移入1000mL容量瓶中，并用8mol/L（2+1）盐酸定容。

系列标准液：取上述钯标准溶液0.25mL、0.50mL、1.00mL、1.5mL、2.0mL于一组100mL容量瓶中，用优级纯盐酸8mol/L稀释至刻度、摇匀。

此系列标准液含钯为：0.25μg/mL、0.50μg/mL、1.0μg/mL、1.5μg/mL、2.0μg/mL。

操作步骤

称取样品0.2000~0.5000g（称准至0.0001g）置于250mL烧杯中，（同时带空白）加硝酸10mL溶解，（见到的颗粒是金），并再加（7+3）硝硫混酸5mL加热至大量冒烟后，取下冷却过滤与金（回收）分离，用热水洗涤，收集过滤液，用50%氢氧化钠调pH值（pH=3~5）；再加入8mol/L盐酸2mL沉淀银，并用密滤纸过滤回收银，用热水洗涤，收集滤液，加热煮沸；搅拌滴加5%2-巯基苯并噻唑（MBT）溶液5mL；加热煮沸，继续加热5~10min，移至低温处保温1h。用中速滤纸过滤，用热的（1+19）乙酸液洗涤5~6次，再用热水洗涤2~3次。将滤纸连同沉淀放入原烧杯中加硝酸15mL，高氯酸5mL，2~3滴200g/L氯化钠溶液，加热破坏滤纸及沉淀，至冒白烟后，取下冷却。用8mol/L盐酸吹洗杯壁，加热溶解、冷却后移入50mL

或100mL容量瓶中（或比色管中）用8mol/L盐酸稀释至刻度，摇匀后在原子吸收仪上测定。同时进行空白、标准系列测定。

分析结果计算：

$$钯的含量(g/t) = \frac{A_2 - A_1}{m} \times V$$

式中 A_1——曲线上查到的空白溶液相当标准溶液钯的质量浓度，μg/mL；

A_2——曲线上查到的试液中相当标准溶液钯的质量浓度，μg/mL；

V——测定试样溶液的总体积，mL；

m——称取试样重量，g。

计算举例：被测样吸光度及钯标准液吸光度分别见表6-1、表6-2。

表6-1 被测样吸光度表

样品名称	样品编号	称样量/g	总体积/mL	吸光度（A）	实际吸光度（A）	结果/g·t⁻¹
火法阳极板	100312-2	0.2259	100	0.0067	0.0041	36
火法阳极板	100312-2	0.2561	100	0.0074	0.0048	37
空　白	—	—	100	0.0026		

表6-2 钯标准液吸光度

钯标准液标号	浓度/μg·mL⁻¹	吸光度（A）
A	0.00	0.000
B	0.10	0.005
C	0.25	0.012
D	0.50	0.024
E	1.00	0.048

$$Pd = \frac{A_2 - A_1}{0.2259} \times V$$

$$=(0.0067 - 0.0026) \times 0.1/0.005 \times 100/0.2259$$

$$=36g/t$$

6.5.7 硫代硫酸钠容量法测定低含量硒

硒用混合酸分解，在5~6mol盐酸介质中，用盐酸羟胺将硒还原成元素状，使其与杂质分离，在硫酸介质中以新鲜配制的碘化钾、淀粉作指示剂，用硫代硫酸钠标准液滴定至蓝色消失为终点。(测定范围：1%以上)

试剂配制

(1) 盐酸（密度：1.19）10%。
(2) 硝酸（密度：1.42）。
(3) 硫酸（密度：1.84）。
(4) 碘化钾（5%）新鲜配制。
(5) 淀粉（0.5%）新鲜配制。
(6) 氢氧化钠（20%）。
(7) 酚酞、乙醇（1%）。
(8) 脲。
(9) 盐酸羟胺。
(10) 硫代硫酸钠标准溶液(约0.015mol/L)。称取($Na_2S_2O_3 \cdot 5H_2O$) 4g、碳酸钠0.1g，置于500mL杯中，用事先煮沸过并冷却了的蒸馏水溶解，移入1000mL容量瓶中保存备用。

硒标准溶液：称取基准物——硒标（99.99%）0.1000g入250mL锥形瓶中，加15mL盐酸、0.5mL硝酸，于水浴上加热使硒全部溶解，冷却后移入200mL容量瓶中水稀至刻度摇匀，此液相当每1mL为0.5mg硒。

硫代硫酸钠标准溶液的标定：移取0.5mg/mL硒标准溶液10mL入250mL锥瓶中，加入80mL沸水，再加入2g脲，沸水浴中蒸20min后取下冷却。加入酚酞-乙醇液2滴，用20%氢氧化钠中和使溶液呈碱性，再加20mL（1+1）硫酸溶液，冷却。加2mL 5%碘化钾溶液（新鲜配制）5mL 0.5%淀粉溶液（新鲜配制）。

注意：因硒的含量很低，可以立即加淀粉溶液，否则滴定会过量。

然后用硫代硫酸钠标准溶液滴定至蓝紫色消失为终点。

硫代硫酸钠标准溶液对硒的滴定度按下式计算：

$$T_{Se} = \frac{W}{V}$$

式中 T_{Se}——硫代硫酸钠标准溶液对硒的滴定度，g/mL；

W——硒标准的重量，g；

V——滴定消耗硫代硫酸钠标准溶液的体积，mL。

分析步骤

称取试样 0.2g，称准至 0.0001g 入 250mL 宽口锥瓶中，加入 10～15mL 硝酸，放上小三角漏斗，加热煮沸后，微热溶解 5～10min，再加入 25mL 盐酸、60mL 热水、2.5g 盐酸羟胺，加热至微沸使硒沉淀析出并凝聚，将锥瓶于沸水浴中静置1.5～2h。

将沉淀通过装有滤纸浆的漏斗进行过滤，用 10% 盐酸溶液洗涤 3 次，再用热水洗涤 6～8 次。再将沉淀连同滤纸放入原锥瓶中，加 15mL 盐酸、0.5mL 硝酸，加热使硒全部溶解。再加入 80mL 沸水、2g 脲，仍在水浴中加热约 20min，取下，加 20mL（1+1）硫酸溶液，冷却。

加 2mL 5% 碘化钾溶液（新鲜配制）5mL 0.5% 淀粉溶液（新鲜配制）。

分析结果计算：

$$w(\mathrm{Se}) = \frac{V \times T_{Se}}{m} \times 100\%$$

注意：因硒的含量很低，可以立即加淀粉溶液，否则滴定会过量。

然后用硫代硫酸钠标准溶液滴定至蓝紫色消失为终点。

[例] 取硒标 0.5mg/mL 10mL，经化学处理后，消耗上述硫代硫酸钠标准溶液 13.4mL，求滴定度：

$$T_{Se}=\frac{0.5\times10}{13.40}=0.3731\text{g/mL}$$

称样0.2021g经化学处理后，消耗上述硫代硫酸钠标准溶液6.60mL，求含硒量。

$$w(\text{Se})=\frac{6.60\times0.3731}{0.2021/1000}\times100\%=1.22\%$$

6.6 锡的测定（碱熔－碘量法）

矿样用过氧化钠在高温中溶解，在碱性液中分离杂质，取部分清液经酸化后。用铝片还原四价锡为二价锡，以淀粉为指示剂。用碘酸钾标准溶液滴定锡。

注：此法是针对样品中含有氧化锡而用碱熔法，否则采用酸熔。

试剂配制

过氧化钠（化学纯）、盐酸（化学纯）、铝片（99.5%以上）、碘化钾（化学纯）、还原铁粉（化学纯）、锡标准(99.9%)。

碘酸钾的标准溶液（甲）：称取12.02g碘酸钾于800mL烧杯中，加水500mL，搅拌至完全溶解后，加3g氢氧化钾及100g碘化钾搅拌。溶解完全后，用带有脱脂棉的漏斗过滤于10L容器中，用水稀至10L，摇匀（用于测定含锡大于1%的矿样）。

碘酸钾的标准溶液（乙）：称取8.41g碘酸钾于800mL烧杯中，以下按碘酸钾标准（甲）的操作步骤（用于测定小于1%的矿样）。

碘酸钾的标准溶液的标定（甲）：准确称取99.9%锡0.1000g±0.0002g于250mL锥形瓶中，加40mL盐酸，加盖，低温溶解至完全，加水40mL，加还原铁粉0.5g，加铝片1g，将锥形瓶移于还原架上还原，以下按分析步骤标定。

碘酸钾的标准溶液的标定（乙）：准确移取10mL碘酸钾标准溶液（乙）于250mL锥形瓶中，加盐酸30mL，加水30mL，以下按标定碘酸钾标准溶液（甲）步骤进行。

碘酸钾标准溶液的滴定度按以下计算：

$$T = \frac{W \times 99.9\%}{V}$$

式中 T——碘酸钾标准溶液对锡的滴定度，g/mL；

W——碘酸钾的质量，g；

V——消耗碘酸钾溶液的体积，mL。

99.9%——锡标准纯度。

注：如所用锡标准与纯度不恰好相同时，应进行适合修正。

可溶性淀粉（1%）：称取 1.0g 可溶性淀粉（$C_6H_{10}C_3$）$_x$，溶于 100mL 沸水中。

仪器设备

1000℃以下的电阻炉一台、铁坩埚 30mL、锡还原架、常规玻璃器皿。

分析步骤

（1）测定数量。分析时称取两份试样独立测定，所得结果在允许差范围内取其平均值。

（2）试样量。称取 0.5g ± 0.0002g 样品。

（3）空白试验。随同试样做空白。

（4）试样分解。将试样 0.5g ± 0.0002g 入铁坩埚内，加 4 ~ 5g 过氧化钠，用玻棒混匀，用小纸片擦净玻棒，将纸片放入坩埚中，置于 700℃马弗炉熔融，约 15min 至熔融物清亮无颗粒物，取出冷却至室温。

（5）试样熔液的制备。将分解好的样品放入 250mL 锥形瓶中用 30mL 温水浸取，用温水洗净铁坩埚取出，冷却至室温。移入 100mL 容量瓶中用水稀至刻度，倒入原烧杯中，静置 15min 左右，移取 40mL 清液入 250mL 锥形瓶中加盐酸30 ~ 40mL。

（6）还原。将盛有试样溶液（5）的 250mL 锥形瓶接上还原装置，投入1.5～2g铝片通入二氧化碳气体片刻，等待铝片作用完全后，放在低温电炉上煮沸至大气泡为止，取下冷却（此时二氧化碳气体自行导入）。冷却至室温。

（7）滴定。在还原后的试液（6）中加1%淀粉溶液3mL左右，立即用碘酸钾标准溶液滴定至稳定的蓝色为终点。

分析结果计算

总锡量以锡（Sn）质量百分数表示：

$$w(\mathrm{Sn}) = \frac{T(V_2 - V_1)}{m} \times 100\%$$

式中 T——碘酸钾标准液对锡的滴定度，mg/mL；

V_1——空白液消耗碘酸钾标准液的体积，mL；

V_2——试样溶液消耗碘酸钾标准液的体积，mL；

m——称取样品质量，g。

实验室之间分析结果的差值，应不大于表6-2所列允许差。

表6-2 锡含量与允许差

锡含量/%	允许差
不大于 0.01	50（相对）
0.011～0.050	30（相对）
0.051～0.100	20（相对）
0.110～0.500	15（相对）
0.51～1.00	0.08
1.01～5.00	0.15
5.01～10.00	0.20
10.01～25.00	0.30
25.01～40.00	0.35
大于 40.00	0.40

注意事项

（1）还原时，要不断摇动锥形瓶，使还原完全。

(2) 冷却过程中隔绝空气用二氧化碳保护，冷却后快速滴定。

(3) 含锡量小于1%的样品，必须在配制的100mL淀粉溶液中加0.5g碘化钾，以便提高显色灵敏度。

6.7 铟的测定（火焰原子吸收光谱法）

在5mol/L氢溴酸介质中，以乙酸丁酯萃取铟，（也可直接在有机相中用原子吸收测定。）若杂质太多，再用盐酸（1+1）反萃取使铟与干扰元素分离，于原子吸收光谱仪波长303.9nm处以空气乙炔火焰（氧化焰、蓝色）测量其吸光度，一般常见共存元素均不干扰测定。

本法适用于物料中0.002%以上铟的测定。

仪器与试剂

(1) 原子吸收光谱仪。配备空气-乙炔火焰燃烧器及铟空心阴极灯。

(2) 铟标准贮存溶液（0.1mg/mL）。称取0.1000g金属铟（99.95%）或0.1209g光谱纯氧化铟（In_2O_3），加入10mL盐酸（1+1）在水浴上加热溶解，加5mL硫酸（1+1），并蒸发至冒三氧化硫白烟，取下冷却，用水溶解，移入1000mL容量瓶中用水定容。

(3) 铟标准溶液（2μg/mL）。移取20mL（0.1mg/mL）铟标于1000mL容量瓶中，加5.5mL（1+1）硫酸，用2.5mol/L硫酸定容。

(4) 氢溴酸（5mol/L）。用时需以氢氧化钠标准溶液标定后再稀释为5mol/L氢溴酸溶液。

分析步骤

称取0.100～1.000g试样于150mL烧杯中，加15mL盐酸于电炉板上加热使硫化氢气体逸出，加5～10mL硝酸，加热溶解并蒸发至近干（若试样中含大量钼时，需要用氨水沉淀分离一次）。加 3 ~ 5mL 氢溴酸蒸干（反复处理 2 ~ 3 次），取下，加 10mL 5mol/L 氢溴酸溶液，温热使溶解，取下冷却。

加少许碘化钾，在不断搅拌下，加研细粉状的硫代硫酸钠还原至溶液呈浅黄色，移入 125mL 分液漏斗中用 10mL 5mol/L 氢溴酸溶液分数次洗净烧杯，加 15mL 乙酸丁酯，振荡 1min，待分层后，弃去水相。（也可直接在有机相中用原子吸收测定；一般常见共存元素均不干扰测定。）

若杂质太多，再用盐酸（1 +1）反萃取使铟与干扰元素分离，反萃取水相液盛于 50mL 烧杯中，加热蒸发至干，取下稍冷，用 2.5mL（1 +4）盐酸温热溶解，用水转入 10mL 比色管中定容，于原子吸收光谱仪波长 303.9nm 处以空气乙炔火焰（氧化焰、蓝色）测量其吸光度。

工作曲线的绘制：分别移取含铟 10μg、20μg、30μg 的铟标准液于一系列烧杯中，加热蒸发至干，取下稍冷，用 2.5mL（1 +4）盐酸温热溶解，用水转入 10mL 比色管中定容，于原子吸收光谱仪波长 303.9nm 处以空气乙炔火焰（氧化焰、蓝色）测量其吸光度。

分析结果计算：

$$w(\mathrm{In}) = \frac{A_2 - A_1}{m} \times V \times 10^{-4}$$

或

$$铟的含量 = \frac{A_2 - A_1}{m} \times V$$

式中 $w(\mathrm{In})$——铟的质量分数，%；

A_1——曲线上查到的空白溶液相当标准溶液的质量浓度，μg/mL；

A_2——曲线上查到的试液中相当标准溶液的质量浓度，μg/mL；

V——测定试样溶液的总体积，mL；

m——称取试样质量，g。

注：若测量中空的值太高，可取样 10mL、20mL、30mL 按步骤化学处理上机测定，用差减法计算铟质量分数。

6.8 碲-硒的连续滴定（重铬酸钾-硫酸亚铁容量反滴定法）

（1）在滴定完碲之后再加 2～6g 氟化氢铵，加硫代硫酸钠标准溶液与液中硒作用；然后用相应的碘标准反滴硫代硫酸钠（加淀粉指示剂）滴至蓝色出现。用碘标与硫代硫酸钠标液的比值，得出消耗硫代硫酸钠的量，又根据硫代硫酸钠标准溶液对硒的滴定度，算出含硒量。

取硫代硫酸钠标准溶液 10mL，用碘标准溶液去滴定，计算比值。

（2）试样以 HCl、HNO_3 分解，以饱和溴水将三价 Sb、As 氧化为五价锑、砷，再用 HCl 反复蒸发，使碲酸 H_2TeO_4 转化为亚碲酸 H_2TeO_3，然后在 1～2mol HCl 溶液中，用过量的 $K_2Cr_2O_7$ 标准溶液将 H_2TeO_3 氧化为 H_2TeO_4。以二苯胺磺酸钠为指示剂，用硫酸亚铁标准溶液反滴定过量的 $K_2Cr_2O_7$。As^{5+}、Sb^{5+}、Fe^{3+}、Se^{4+} 等均不干扰测定。本法适用于冶金物料中 5% 以上碲的测定。

试剂配制

硝酸（$\rho=1.42g/mL$）、磷酸（$\rho=1.70g/mL$）、盐酸（$\rho=1.19g/mL$）、硫酸（1+1）、磷酸（1+1）、二苯氨磺酸钠（1% 溶液）。

标准溶液：

（1）硫酸亚铁标准溶液 $c(FeSO_4\cdot 7H_2O)\approx 0.04728mol/L$

称取 13.1448g 硫酸亚铁，用水溶样，移入 1000mL 棕色容量瓶中，内含 1+1 硫酸溶液 20mL，用水稀至刻度，摇匀。放阴暗处静置 24h 后使用。

（2）重铬酸钾标准溶液［$c(1/6K_2Cr_2O_7)\approx 0.04728moL/L$］

称取2.3181g于120℃烘干至恒重的基准重铬酸钾，溶入少量水中移入1000mL容量瓶中，用水稀释至刻度摇匀。此液对碲的滴定度为3mg/mL。

（3）碲标准溶液（4g/L）。称取4.000g碲标准试剂（称准至0.0001g）用王水溶解，在水浴上蒸至近干，反复用盐酸蒸干2~3次，然后加盐酸煮沸，冷却后水稀释至1L棕色容量瓶中、摇匀（用作验证上述标准溶液）。

（4）重铬酸钾标准溶液与硫酸亚铁铵标准溶液的比值K。移取10.00mL重铬酸钾溶液［$c(1/6K_2Cr_2O_7)=0.04728mol/L$］置于250mL三角瓶中，加入100mL水，20mL盐酸，20mL（1+1）硫酸溶液、5mL（1+1）磷酸溶液、6滴二苯氨磺酸钠指示剂，用硫酸亚铁标准溶液滴定至溶液由紫色变为亮绿色即为终点。

（5）碘标准溶液（I_2）配成与硫代硫酸钠标准溶液1∶1。

比值（K）按下式计算：

$$K=\frac{V_1}{V_2}$$

式中 V_1——移取重铬酸钾标准溶液体积，mL；

V_2——滴定时消耗硫酸亚铁标准溶液体积，mL。

分析步骤

（1）称取小样时为0.1000g（精确至0.0001g独立进行两次测定，取其平均值）。置于250mL三角瓶中，慢慢加入10mL盐酸，5mL硝酸，低温（小于375℃）加热溶解至近干，如锑砷高须加入5mL饱和溴水，并蒸至近干。（特别要小心，关照好不能烧干，否则结果偏低）。加10mL盐酸，低温蒸发至近干，反复蒸发两次，取下冷却。加20mL盐酸，用少量水吹洗表面皿与杯壁，加热溶解盐类，再加100mL水摇匀再加入25.00~45.00mL重铬酸钾标准液（0.04728mol/L），放置30min以上。加20mL硫酸（1+1）、3mL磷酸（1+1）、冷却至室温。加6滴1%二苯氨磺酸钠指示剂，用硫酸亚铁标准溶液滴定至溶液由紫色变为清亮的微绿色为终点。

（2）称取大样时为1.0000g（精确至0.0001g，独立进行两次测定，取其平均值）。置于250mL三角瓶中，慢慢加入10mL盐酸，5mL硝酸，低温（小于375℃）加热溶解至近干，如锑砷高须加入5mL饱和溴水，并蒸至近干（特别要小心，关照好不能烧干，否则结果偏低）。加10mL盐酸，低温蒸发至近干，反复蒸发两次，取下冷却。加20mL盐酸，用少量水吹洗表面皿与杯壁，加热溶解盐类，冷后移入100mL容量瓶中，水稀至刻度、摇匀、取10mL入250mL锥瓶中，加15mL，加水90mL，再加入25.00~45.00mL重铬酸钾标准液（0.04728mol/L），放置30min以上。加20mL硫酸（1+1）、3mL磷酸（1+1）、冷却至室温。加6滴1%二苯氨磺酸钠指示剂，用硫酸亚铁标准溶液滴定至溶液由紫色变为清亮的微绿色为终点。

分析结果计算：

$$w(\mathrm{Te})=\frac{[(V_1-V_2K)]\times(T_{\mathrm{Te}}=3)}{M/1000}\times100\%$$

式中 V_1——加入重铬酸钾标准溶液的体积，mL；

V_2——滴定时消耗硫酸亚铁标准溶液体积，mL；

K——重铬酸钾标准溶液与硫酸亚铁标准溶液的比值；

M——称取试样质量，g。

硫代硫酸钠标准溶液对硒的滴定度按下式计算：

$$T=\frac{W}{V}$$

式中 T——硫代硫酸钠标准溶液对硒的滴定度，g/mL；

W——硒标准的重量，g；

V——滴定消耗硫代硫酸钠标准溶液的体积，mL。

［例］取硒标准液（0.5mg/mL）10mL，经化学处理后，消耗上述硫代硫酸钠标准溶液13.4mL，求滴定度：

$$T=\frac{0.5\times10}{13.40}=0.3731\mathrm{g/mL}$$

称样0.2021g经化学处理后，消耗上述硫代硫酸钠标准溶液6.60mL求含硒量（%）

$$w(\mathrm{Se}) = \frac{6.60 \times 0.3731}{0.2021/1000} \times 100\% = 1.22\%$$

注意事项

（1）在滴定完碲之后再加2~6g氟化氢铵，加硫代硫酸钠标准液与液中硒作用；然后用相应的碘标液反滴硫代硫酸钠（加淀粉指示剂）滴至蓝色出现。用碘标与硫代硫酸钠标液的比值，得出消耗硫代硫酸钠的毫升数，又根据硫代硫酸钠标准液对硒的滴定度，算出硒的质量分数。

注：最好比值为：10mL硫代硫酸钠标准溶液：10mL碘标准溶液=1∶1。

（2）若含铜的液体中测硒，先加入氯化铵，再加氨水，析出铜后，过滤除去铜，滤纸用热水洗干净，将滤纸放入原杯中加20mL盐酸低温溶解，然后再根据碲硒连测的操作，分解样品、滴定。

6.9 高含量钯的测定［EDTA（全量）反滴定法］

称样0.10g入锥形瓶中，加王水溶解完全后，加水约100mL煮沸，冷却后移入100mL容量瓶中稀至刻度，摇匀，取10mL入原锥瓶中，加EDTA标准溶液（$T_{\mathrm{EDTA}}=1.0801$）20mL摇匀，再加［（铅标2.072g/1000mL。$T_{\mathrm{EDTA}}=1.062$mg/mL）、加（铅标样99.99%）20mL］，加二甲酚橙指示剂2滴，加pH=5.8缓冲液50mL，再用EDTA标准液反滴铅标（要做空白、比值），滴至由微红色转为黄色为终点。

钯的质量分数=［消耗EDTA总体积（mL）－比值EDTA体积（mL）］［20mL铅标消耗的EDTA体积（mL）］×T_{EDTA}（1.0801）/称样量（g）。

6.10 原子吸收分光光度法测定精矿中的银

本法适应于含 10～200g/t 精矿中银的测定。根据精矿的不同类型直接采用酸分解或经氧化焙烧后加酸分解。然后在高氯酸-硫脲介质中，于波长 328.07nm 处，用空气-乙炔火焰原子吸收分光光度计测量银的吸光度，按标准曲线计算含银量

试剂配制

(1) 银标准液。(含银为 0.50mg/mL) 称取 99.99% 的纯银 0.5000g，入 100mL 烧杯中，加入硝酸 20mL 加热至完全溶解，并煮沸驱赶氮氧化物。取下冷却，用不含氯离子的水移入 1L 的棕色容量瓶中，加入硝酸 30mL，用不含氯离子的水稀释至刻度，摇匀、备用。此液含银为 0.50mg/mL。

(2) 银标准液。(含银为 50μg/mL) 取上述银液 (0.50mg/mL) 50mL 入 500mL 棕色容量瓶中，加硝酸 10mL，用不含氯离子的水稀释至刻度，摇匀、备用。

分析步骤

(1) 试样溶解。称取试样 0.50～1.000g。由于精矿原料不同，采用的溶样方法也不同。

1) 含银的铜精矿、铅精矿。将称好的样品入 250mL 烧杯中，加少许水润湿，加入硝酸 5mL 加热 3～5min，加入高氯酸 10mL，继续加热至高氯酸冒浓白烟并蒸发成稀糖浆状。取下冷却，再加入高氯酸 2mL 及少量水，加热使其溶解。

2) 含银锑精矿。将称好的样品入 250mL 聚四氟乙烯烧杯中，加少许水润湿，加入盐酸 10mL，盖上表面皿，低温加热 10min，加入氢氟酸 20mL、高氯酸 10mL，继续加热至高氯酸冒浓白烟。取下，待稍冷后，加入盐酸 10mL，蒸至冒白烟，再加入盐酸 10mL，并蒸发成稀糖浆状。取下冷却，加入高氯酸 2mL

及少量水，加热使其溶解后，加入 3mL 50% 酒石酸溶液。

3）含银硫精矿。将试样置于 35mL 焙烧皿中，置于高温炉内从低温上升至 600℃。焙烧 1h，取出冷却后移入 250mL 聚四氟乙烯烧杯中，加入盐酸 10mL，加热 10min，再加入氢氟酸 20mL、高氯酸 10mL 继续加热至高氯酸冒浓白烟。并蒸发成稀糖浆状。取下冷却，再加入高氯酸 2mL 及少量水，加热使其溶解。

（2）试样测定。向处理好的试液中加 5% 硫脲溶液 2mL，移入 50mL 容量瓶中，加水稀释至刻度摇匀，静置澄清。在原子吸收分光光度计波长 328.07nm 处，采用空气-乙炔火焰，以试样空白调零测量试样的吸光度，扣除背景值，从工作曲线上查到相应的银浓度。

（3）工作曲线绘制。

移取银标准溶液（50μg/mL）0.0mL、0.50mL、2.00mL、3.500mL、5.00mL、6.50mL 于一组 100mL 容量瓶中，各加入高氯酸 2mL、5% 硫脲 4mL，（锑精矿另加 50% 酒石酸 3mL）用水定容，摇匀，以试剂空白调零测其吸光度（锑精矿试剂空白另加 50% 酒石酸 3mL 调零测其吸光度）。以银浓度为横坐标，吸光度为纵坐标绘制工作曲线。

分析结果计算：

$$银的含量(g/t) = \frac{CV}{m}$$

式中 C——曲线上查到的试液中相当标准溶液银的质量浓度，μg/mL；

V——测定试样溶液的总体积，mL；

m——称取试样重量，g。

采用火焰原子吸收分光光度计测量法，试样的最高浓度与零浓度的吸光度，相对于最高浓度溶液吸光度的平均值不但存在变异系数，且试样的含银值也存在一定的误差。

6.11 铑的测定

6.11.1 铑的光度法测定

试料用过氧化钠、氢氧化钠熔融、水浸取，酸化。

用磷酸三丁酯-四氯化碳、氢碘酸、氯化亚锡分别萃取分离金、银、铂、钯、铱、铜、镍等。在盐酸介质中，Rh（Ⅱ）与氯化亚锡形成红色络合物，于分光光度计波长474nm处测量其吸光度以计算铑量。

本法适用于阳极泥、氯化渣、铜镍渣等冶金物料中 *x* ~ *xx* g/t铑量的测定。

主要试剂与仪器

（1）过氧化钠、氢氧化钠、氢碘酸、过氧化氢、醋酸乙酯、磷酸三丁酯、磷酸三丁酯（TBP）-四氯化碳（CCl_4）混合溶液（1+1)、盐酸溶液、氯化钠溶液、碘化钾溶液（550g/L)。

（2）氯化亚锡溶液（1mol/L)。22.7g氯化亚锡（$SnCl_2 \cdot 2H_2O$）溶于100mL盐酸溶液（4mol/L）中。

（3）氯化亚锡溶液（0.5mol/L)。11.3g氯化亚锡（$SnCl_2 \cdot 2H_2O$）溶于100mL盐酸溶液（4mol/L）中。

（4）铑标准储备液［1.00mg/mL，盐酸溶液（6mol/L)］。

（5）铑标准储备液［100μg/mL，和10μg/mL盐酸溶液(6mol/L)］。

（6）可见分光光度计。

分析步骤

（1）试样制备。称取0.2~2.0g试料于镍坩埚中，加5~8倍的过氧化钠，几粒氢氧化钠，置于马弗炉中700℃熔融10min，取出，稍冷，将镍坩埚置于400mL烧杯中，用水浸取，盐酸酸化。将试液转入250mL容量瓶中，用水稀至刻度，摇匀。

移取含铑量约100μg试液于100mL烧杯中，加1mL氯化钠溶液（10g/L），蒸至近干。加3mL盐酸，10滴过氧化氢［氧化铱（Ⅲ）为铱（Ⅳ）］，蒸至近干。用20mL盐酸溶液（6mol/L）将试液转入60mL分液漏斗中；加20mL的TBP溶剂，萃取1min（除去铱及部分金、铂），将水相移入另一60mL分液漏斗中；用少量盐酸溶液（6mol/L）洗涤有机相2次，洗液并入水相中，加0.3mL氢碘酸，摇匀，放置5min，加10~15mL的TBP－四氯化碳混合溶剂，萃取1min（除去金、银、铂、钯、铱、铜、镍等化学物），重复萃取3次。（每次将有机相放入容器中待回收贵金属）。加5mL四氯化碳洗涤水相，重复2次。将水相放入原烧杯中，滴加过氧化氢，蒸至湿盐状。重复几次直至除尽碘。用20mL盐酸溶液（3mol/L）将残渣转入60mL分液漏斗中，加1mL氯化亚锡溶液（1mol/L）、20mL醋酸乙酯，萃取1min（使铑的氯化亚锡络合物与镍及大量钠盐分离），用20mL水分5次从有机相中反萃出铑的氯化亚锡络合物，将水相放入原烧杯中，加5mL盐酸，蒸至湿盐状。

（2）测定。用5mL盐酸溶液（4mol/L）将残渣转入10mL容量瓶中，加3.5mL氯化亚锡溶液（1mol/L），用盐酸溶液（4mol/L）稀释至刻度摇匀。置于沸水浴中显色30min，取出，冷却。用2cm比色皿以试剂空白为参比。于分光光度计波长474nm处，测量吸光度，从工作曲线上查得铑量。

（3）工作曲线的绘制。分别移取0.00mL、0.10mL、0.20mL、0.40mL、0.60mL、0.80mL、1.00mL铑标准溶液（100μg/mL）于一组10mL容量瓶中，加1.0mL氯化钠溶液，以下按“操作步骤”测量吸光度。以铑量为横坐标，吸光度为纵坐标，绘制工作曲线。

分析结果计算

按下式计算铑的含量：

$$\text{铑的含量(g/L)} = \frac{m_1 V_0}{V_1 V_2}$$

式中 m_1——工作曲线上查得的铑量，μg；

V_1——试液的总体积，mL；

V_2——分取稀释液的体积，mL；

V_0——稀释液的总体积，mL。

注意事项

（1）测定铑的浓度不大于10μg时，采用碘化钾-氯化亚锡分光光度法。铑工作曲线的绘制：分别移取0mL、10mL、0.20mL、0.40mL、0.60mL、0.80mL、1.00mL铑标准溶液（10μg/mL）于10mL容量瓶中，加1.0mL氯化钠溶液（350g/L）、1mL盐酸、5mL碘化钾溶液、1mL氯化亚锡溶液（0.5mol/L），用水释至刻度，混匀。置于沸水浴中显色5min，取出，冷却。用3cm比色皿，以试剂空白为参比，于分光光度计波长510nm处测量吸光度，从工作曲线上查得铑量，试样中铑含量的测定按"铑工作曲线的绘制"测量吸光度。

（2）若试样中铱、铁的含量高时，加过氧化氢氧化铱（Ⅲ）及TBP萃取铱（Ⅳ）、铁（Ⅲ）的次数相应增加；直至有机相的黄色较浅。

（3）若试剂中铂、钯、铜等杂质的含量高时，氢碘酸的用量及TBP-四氯化碳混合溶剂萃取的次数相应增加。

6.11.2 铑的导数光度法测定

试料用王水溶解，于pH=4.5醋酸介质中，Rh（Ⅲ）与5-Br-PADAP-TBP-萘苯酮形成微晶萘离子对化合物，并经过二甲基甲酰胺溶解后，于分光光度计三阶导数波长652nm、620nm、591nm处测量其吸光度以计算铑量。

本法适用于冶金物料中*xx* ~ *xxx* g/t铑量的测定。

试剂与仪器

（1）二甲基甲酰胺（DMF），pH=4.5醋酸缓冲溶液，5-

Br－PADAP 乙醇溶液（0.1g/L），四苯基硼酸钠（TPB）溶液（10g/L），萘苯酮溶液（200g/L），以铊标准储备液（1.00mg/mL）配制铊标准储备液为 10μg/mL。

（2）多功能分光光度计。

分析步骤

（1）试液的制备。称取一定量的试料于 250mL 烧杯中，加 10mL 王水，低温加热溶解，反复加王水直至溶解完全，蒸至近干。加 3mL 盐酸，蒸至近干，重复 3 次。过滤试液于 100mL 容量瓶中，用水洗烧杯和残渣数次，用水稀释至刻度摇匀。

（2）测定。移取含铊量约 37.5μg 试液于 100mL 比色管中，加 2mL 的 5－Br－PADAP 乙醇溶液，用水稀释至 43～40mL 体积，pH＝4.5 醋酸缓冲溶液调节，于水浴中 90℃加热 1h，取出冷却。加 2mL 的 TPB 溶液，于搅动下加 2mL 萘苯酮溶液，过滤形成的离子对固体化合物，用 5mL 二甲基甲酰胺溶解固体化合物。用 1cm 比色皿，对应试剂空白为参比，于多功能分光光度计三阶导数波长 652nm、620nm、591nm 处测量其吸光度，以工作曲线上查得铊量。

（3）铊工作曲线的绘制。分别移取 0mL、1.0mL、2.0mL、3.0mL、3.50mL、3.75mL 铊标准溶液（10μg/mL）于 50mL 比色管中，加 2mL 的 5－Br－PADAP 乙醇溶液，用水稀释至 23～20mL 体积，pH＝4.5 醋酸缓冲溶液调节，于水浴中 90℃加热 1h，取出冷却。加 2mL 的 TPB 溶液，于搅动下加 2mL 萘苯酮溶液，过滤形成的离子固体化合物，用 5mL 二甲基甲酰胺溶解固体化合物。用 1cm 比色皿，对应试剂空白为参比，于多功能分光光度计三阶导数波长 652nm、620nm、591nm 处测量其吸光度以工作曲线上查得铊量。以铊量为横坐标，吸光度为纵坐标，绘制工作曲线。

分析结果计算。

按下式计算铊的含量：

$$铑的含量(g/L) = \frac{m_1 V_0}{V_1 V_2}$$

式中 m_1 ——工作曲线上查得的铑量，μg；

V_1 ——试液的总体积，mL；

V_2 ——分取稀释液的体积，mL；

V_0 ——稀释液的总体积，mL。

7 分光光度法测定矿石中的微量元素

7.1 偶氮氯膦Ⅰ分光光度法测定矿石中的微量铍

矿样用氢氧化钠置于马弗炉内熔融，试液加入络合剂有效地络合某些干扰离子，调节溶液酸度，加入 pH = 6 的缓冲溶液，偶氮氯膦Ⅰ与铍生成有色络合物，于波长 580nm 处测吸光度。

试剂与仪器

（1）铍标准溶液：配制铍含量为 10μg/mL 的溶液。

（2）偶氮氯膦Ⅰ：0.1% 水溶液。

（3）乙酸-乙酸钠缓冲液（pH =6）：用 pH 计调配。

（4）络合剂溶液：酒石酸 200g、丙三醇 100mL、三乙醇胺 100mL，用水稀至 1000mL。

（5）Ca - EDTA 溶液（0.1mol/L）：11.00g 氧化钙溶于少量乙酸中，74.00g EDTA 二钠盐溶于水中，两者混合，用水稀至 2000mL。

（6）氢氧化钠溶液（1mol/L）。

（7）分光光度计。

注：本章内容摘自 2008 年化学工业出版社出版的《常见元素化学分析方法》（黄运显、孙维贞编）一书。

分析步骤

称取矿样1.0000g于镍坩埚中，加入4～6g氢氧化钠，置于马弗炉内，从低温升至750℃，熔融15min（对难熔矿样可加入少许过氧化钠），冷后，加水并煮沸浸取（加入数滴乙醇除锰），稍冷，即移入100mL容量瓶内，用水稀至刻度摇匀，过滤，清液备用（防止大量氢氧化物沉淀对铍的吸附），分取溶液置于50mL容量瓶中（补加1mol/L氢氧化钠10mL左右），加入5mL Ca－EDTA溶液、5mL络合剂混合液、1滴对硝基酚指示剂，用盐酸（4mol/L）、氢氧化钠（1mol/L）调至溶液呈淡黄色，立即加入10mL缓冲液、6mL偶氮氯膦Ⅰ溶液，水稀至刻度，30min后，于波长580nm处，1cm比色皿，以试剂空白为参比液测其吸光度。

标准曲线的绘制

取铍标准溶液0.0mL、1.0mL、2.0mL、3.0mL、4.0mL、5.0mL置于50mL容量瓶中（补加1mol/L氢氧化钠溶液10mL），加入5mL Ca－EDTA溶液、5mL络合剂混合液、1滴对硝基酚指示剂，用盐酸（4mol/L）、氢氧化钠（1mol/L）调至溶液呈淡黄色，立即加入10mL缓冲液、6mL偶氮氯膦Ⅰ溶液，水稀至刻度，30min后，于波长580nm处，1cm比色皿，以试剂空白为参比液测其吸光度。绘制标准曲线。

注意事项

（1）矿样经碱熔过滤后，已沉淀除去铀、钍、钛等干扰元素，只有氟离子干扰严重，遇含氟矿样，须将铍溶液加硫酸酸化，蒸干除氟，铝的允许量随络合物放置时间延长而增大，放置30min允许含铝为2mg。

（2）当90μg铍时，下述离子（mg）不干扰测定：Mn（10），Mo、W、Cr、Pb、Cd、As（5），Sn（0.5），Zr、La、Nb、Ta、Bi、Sb（1），Sc（0.1），Cl^-、SO_4^{2-}（2000）

7.2 二硫代二安替比林甲烷分光光度法测定矿石中的铋

在硫酸介质中，铋与二硫代二安替比林甲烷（DTPM）形成的络阳离子能与 ClO_4^- 反应，生成红色的三元离子缔合物，可用 1，2-二氯乙烷萃取。在波长 540nm 处测定吸光度，在 5mL 1，2-二氯乙烷中含铋 0~60μg 服从比耳定律。本法有较好的选择性和重现性，适于测定矿石中 0.003%~0.1% 的铋。

试剂与仪器

（1）铋标准溶液：称取 0.5574g Bi_2O_3 溶于 5mL 硝酸，加水至 500mL，此液含铋为 1mg/mL。分取 10mL 放于 1000mL 容量瓶中，用 1% 硫酸稀至刻度，此液含铋为 10μg/mL。

（2）二硫代二安替比林甲烷（DTPM）（0.25%）：称取 0.25g DTPM 溶于乙酸（1+1）中，此液可保存一周。

（3）1，2-二氯乙烷。

（4）硫酸溶液（10mol/L）。

（5）抗坏血酸溶液（10%）。

（6）酒石酸溶液（25%）、硫脲溶液（10%）、六偏磷酸钠溶液（20%）、高氯酸溶液（4%）。

（7）分光光度计。

分析步骤

称取 0.5000g 矿样于 250mL 烧杯中，加水润湿并摇散样品，加入 15mL 盐酸，加热至剧烈作用后加硝酸 3~5mL，继续加热约 5min，加硫酸（1+1）5mL，蒸发至冒白烟 3min，冷却，加 30mL 水并加热，冷却后将溶液移入 50mL 容量瓶中，加水稀至刻度，待澄清后，取 5mL 清液于分液漏斗中，依次加入 10% 抗坏血酸 2mL、25% 酒石酸 1mL、10% 硫脲 2mL、20% 六偏磷酸钠 2mL、25% DTPM 2mL，1min 后加入 4% 高氯酸 1mL，每加一种试剂后均摇匀，准确加入1，2－二氯乙烷5mL，萃取1min，有机相放入1cm比色皿中在540nm波长处，以1，2－二氯乙烷为参比测量吸光度。

标准曲线的绘制

分取铋标准溶液（10μg/mL）0.0mL、0.5mL、1.0mL、1.5mL、2.0mL、2.5mL于分液漏斗中，加入5mol/L硫酸1mL、10%抗坏血酸2mL，以下按分析步骤显色测定吸光度，绘制标准曲线。

注意事项

（1）酸度在0.05～5mol/L硫酸中吸光度一致，酸度小些有利于隐蔽剂。

（2）加入ClO_4^-所成的缔合物萃取有机相后灵敏度有所提高。

（3）络合物的组成：Bi^{3+}与DTPM的组成为1∶2，由于$[Bi(DTPM)_2]^{3+}$和ClO_4^-的组成$[Bi(DTPM)_2]^{3+}$∶ClO_4^-＝1∶3，故离子缔合物的化学式应是$[Bi(DTPM)_2]^{3+}\cdot(ClO_4)_3^-$。

（4）为了消除Fe、Sn、Sb、Cu的干扰，用抗坏血酸、酒石酸、硫脲和六偏磷酸钠隐蔽。

（5）Fe^{3+}严重干扰测定，加入抗坏血酸将其还原可消除干扰，当加入六偏磷酸钠后，即使铁高达100mg也无影响，但是六偏磷酸钠在有机相带黄色。

（6）锡与DTPM生成黄色络合物，在测定条件下加入六偏磷酸钠后，锡的允许量从50μg增大到1mg。

（7）加硫脲隐蔽铜后其允许量从0.2mg增至1mg。

7.3 偶氮胂Ⅲ分光光度法测定矿石中的铬

方法要点

样品经过氧化钠熔融分解，用盐酸羟胺将铬（Ⅵ）还原，在 pH = 4 ~ 6 的弱酸性介质中，在加热的条件下，铬（Ⅲ）与偶氮胂Ⅲ（ASAⅢ）生成组成为 1∶1 的紫色络合物，用硝酸酸化，消除 ASAⅢ在此酸度下呈现的紫色，络合物紫色稳定不变，在波长 625nm 处，测定吸光度。

试剂与仪器

（1）铬标准溶液：称取 0.2829g 纯重铬酸钾溶于水中，移入 1000mL 容量瓶中，用水稀至刻度，摇匀，配成浓度为 100μg/mL 的铬标准溶液。用上述溶液配成含铬为 10μg/mL 的标准溶液。

（2）乙酸-乙酸铵缓冲溶液（pH = 5）：用 pH 计校正。

（3）氢氧化钠水溶液（10%）。

（4）盐酸羟胺水溶液（10%）。

（5）偶氮胂Ⅲ（ASAⅢ）：0.1% 水溶液。

（6）硝酸溶液（1 + 1）、过氧化钠、对硝基酚溶液（0.1%）。

（7）分光光度计。

分析步骤

称取矿样 0.1000 ~ 0.5000g 置于镍坩埚中，加 4g 过氧化钠搅匀。表面再盖一薄层，于已升温至 700℃ 的马弗炉内熔融至透明流体，取出冷却，把坩埚放入 200mL 烧杯中，用热水浸取，煮沸 1min，冷却，洗出坩埚，将溶液及沉淀移入 100mL 容量瓶并稀至刻度，摇匀，放置澄清，取清液 5 ~ 10mL 于 50mL 烧杯中（使铬含量在 5 ~ 50μg 范围内）。用水稀至 20mL 左右，加对硝基酚 1 滴，用盐酸（1 + 1）调至黄色消褪，加盐酸羟胺（10%）3mL，摇匀并放置 1min，加缓冲溶液 4mL，ASAⅢ（0.1%）5mL，加热煮沸 30s，冷却，加硝酸（1 + 1）4mL，用水移入 50mL 容量瓶并稀至刻度，于波长 625nm 处，用 1cm 比色皿，以试剂空白为参比测吸光度。

标准曲线的绘制

分别取铬标准溶液 0.0mL、1.0mL、2.0mL、3.0mL、4.0mL、5.0mL 置于 50mL 烧杯中，用水稀至约 20mL，加对硝基酚 1 滴，用氢氧化钠（10%）和盐酸（1+1）调至黄色恰好消褪，加盐酸羟胺（10%）3mL。摇匀并放置 1min，加缓冲溶液 4mL，ASA Ⅲ（0.1%）5mL，加热煮沸 30s，冷却，加硝酸(1+1)4mL，用水移入 50mL 容量瓶并稀至刻度，于波长 625nm 处，用 1cm 比色皿，以试剂空白为参比测吸光度。绘制标准曲线。

7.4 偶氮氯膦 mN 分光光度法测矿石中的稀土总量

方法要点

用偶氮氯膦 mN 为显色剂，在 pH 值为 1.8 的甲酸溶液中，铈的有色络合物最大吸收峰在 670nm。本法灵敏度较高，摩尔吸光系数为 $6.86\times10^4L\cdot mol^{-1}\cdot cm^{-1}$。酸度范围宽，操作简单，适用于一般矿石稀土总量的测定。

试剂与仪器

（1）1-苯基-3-甲基4-苯基-5-吡唑酮（PMBP）-乙酸丁酯溶液（0.01mol/L）：2.8g PMBP 溶于 1000mL 乙酸丁酯中，此溶液回收后可反复使用。

（2）稀土氧化物标准溶液：用稀土氧化物配制成含单个稀土氧化物浓度为 10μg/mL 的 2% 的硝酸溶液。

（3）混合铈、镱氧化物标准溶液：按 $CeO_2:Yb_2O_3=9:1$ 的比例配制，浓度为 10μg/mL 铈。

（4）过氧化钠、EDTA（5% 水溶液）。

（5）三乙醇胺：（1+1）水溶液。

（6）氯化镁溶液：10% 水溶液。

（7）过氧化氢。

（8）磺基水杨酸：20%水溶液。

（9）偶氮氯膦 mN（简称 mN）：0.05%溶液。

（10）抗坏血酸：5%水溶液。

（11）六亚甲基四胺-盐酸缓冲溶液（pH = 5.5）：用 pH 计调配。

（12）甲酸：5%水溶液。

（13）分光光度计。

分析步骤

称准0.1000～0.5000g 矿石样品于刚玉坩埚中，加4～6g 过氧化钠放于马弗炉内在700℃熔融后，冷却，放入盛有三乙醇胺（1+1）10mL、EDTA（5%）1mL 的烧杯中，用沸水浸取，加氯化镁溶液（10%）0.5～1mL 为载体，搅拌，静置片刻，过滤，以含数滴过氧化氢的热盐酸（6mol/L）溶解沉淀，稀释至100mL 容量瓶中，分取2～10mL 试液于盛有磺基水杨酸（20%）4mL 的分液漏斗中，加少许固体抗坏血酸、1 滴溴甲酚绿指示剂，用氨水（1+1）和盐酸（1+9）调至黄绿色，加 pH = 5.5 的六亚甲基四胺-盐酸缓冲溶液5mL，PMBP－乙酸丁酯20mL，萃取1min，分层后弃去水相，再加水萃取数秒钟，弃去水相，反萃洗2～3 次后，加甲酸（5%）20mL 萃取1min，分层后水相放入25mL 容量瓶中，加抗坏血酸（5%）0.5mL，偶氮氯膦 mN（0.05%）2mL，用水稀至刻度，摇匀，在波长670nm 处，1～2cm 比色皿，以试剂空白为参比，测吸光度。

标准曲线的绘制

吸取含 CeO_2 : Yb_2O_3 = 9 : 1 的标准溶液0.0mL、0.5mL、1.0mL、1.5mL、2.0mL、2.5mL 于盛有磺基水杨酸（20%）4mL 的分液漏斗中，加少许固体抗坏血酸、1 滴溴甲酚绿指示剂，用氨水（1+1）和盐酸（1+9）调至黄绿色，加 pH =

5.5的六亚甲基四胺-盐酸缓冲溶液5mL，PMBP-乙酸丁酯20mL，萃取1min，分层后弃去水相，再加水萃取数秒钟，弃去水相，反萃洗2~3次后，加甲酸（5%）20mL萃取1min，分层后水相放入25mL容量瓶中，加抗坏血酸（5%）0.5mL，偶氮氯膦mN（0.05%）2mL，用水稀至刻度，摇匀，在波长670nm处，1~2cm比色皿，以试剂空白为参比，测吸光度。绘制标准曲线。

7.5 罗丹明B-苯乙醚萃取分光光度法测定煤中镓

方法要点

将分析煤样灰化后，用混合酸（氢氟酸、硫酸和盐酸）分解，并加入6mol/L盐酸溶液。然后加入三氯化钛溶液，使铁（Ⅲ）、铊（Ⅲ）、锑（Ⅴ）等还原或低价以除去干扰。再加入罗丹明B溶液，使其与氯镓酸生成带色络合物，用苯乙醚萃取，进行光度测定。

试剂与仪器

（1）盐酸：含量36%~38%和6mol/L的溶液。

（2）氢氟酸（40%）。

（3）硫酸：含量95%~98%和（1+1）水溶液。

（4）三氯化钛溶液：20%的水溶液。

（5）0.5%罗丹明B溶液：称取0.5g化学纯罗丹明B溶于6mol/L盐酸中，用6mol/L的盐酸稀释到10.0mL。

（6）苯-乙醚混合溶剂：3份苯与1份乙醚混合。

（7）镓标准溶液：称取金属镓（纯度99.99%）0.1000g，放入6mol/L盐酸中，低温加热使其溶解，为了促进溶解，可放一根铂丝与镓接触，待完全溶解后，用6mol/L盐酸洗出铂丝，移入1000mL容量瓶中，并用6mol/L盐酸稀释至刻度，摇匀。该溶液含镓为100μg/mL。使用时稀释为

10μg/mL 和 1μg/mL。

或称取高纯三氧化二镓 0.1344g，置于烧杯中，加 6mol/L 盐酸 20mL，于水浴上加热至完全溶解后，取下冷却。用 6mol/L 盐酸洗入 1000mL 容量瓶中，用 6mol/L 盐酸稀释至刻度，摇匀。该溶液含镓为 100μg/mL。将上述溶液，用 6mol/L 盐酸配制浓度为 10μg/mL 和 1μg/mL 的镓标准溶液。

（8）分光光度计。

分析步骤

称取煤样 0.5000g 放入灰皿中并平铺，放入马弗炉中在 800℃灼烧 1.5h，取出冷却。将灰移入聚四氟乙烯小烧杯中并滴加少许蒸馏水润湿，加入硫酸（1+1）0.5mL、氢氟酸 10mL 和浓盐酸 3mL，在 200℃左右的电热板上蒸发至冒白烟止。取下，用 6mol/L 盐酸洗入 50mL 容量瓶中，冷却，用 6mol/L 盐酸稀释至刻度，摇匀。移取 10mL 试液，置于 25mL 带塞比色管中，滴加 15% 三氯化钛溶液，直到溶液出现稳定的紫色，再多加 0.5mL。放置 5min，加入 0.5% 罗丹明 B 溶液 2mL，摇匀，然后准确加入苯-乙醚（3+1）混合溶剂 6mL，萃取 1min，静置分层后，用干燥玻璃吸管小心地吸取有机层，放入厚度为 1cm 的比色皿中，在 560nm 处，以试剂空白溶液作参比，测定其吸光度，然后在标准曲线上查得镓量。

标准曲线的绘制

取含镓 0.00μg、1.00μg、2.00μg、3.00μg、4.00μg、5.00μg 的标准溶液，分别置于 25mL 带塞比色管中，用 6mol/L 盐酸稀释至 10mL，加入 155 三氯化钛溶液 0.5mL，摇匀。放置 5min，加入 0.5% 罗丹明 B 溶液 2mL，摇匀，然后准确加入苯-乙醚（3+1）混合溶剂 6mL，萃取 1min，静置分层后，用干燥玻璃吸管小心地吸取有机层，放入厚度为 1cm 的比色皿中，在 560nm 处，以试剂空白溶液作参比，测定其吸光度，然后绘制标准曲线。

7.6 乙基紫萃取分光光度法测定矿石中的微量汞

方法要点

碱性三苯甲烷类染料——乙基紫已广泛用于测定锑、铼、铊、硼、银、金、铂、碘、磷。本法应用乙基紫作显色剂，溴汞酸与乙基紫形成的缔合物易被苯、甲苯所萃取，可用来分光光度法测汞。共存元素30种离子对本法的影响以及它们可允许的量，除了Ag^{+}、Au^{3+}、Tl^{3+}、Pb^{2+}、W^{6+}等干扰较大外，其他离子的可允许量均在毫克以上，可用于分析岩石矿物中的微量汞，表明本法在选择性、灵敏度、稳定性及重现性等方面均获得较满意的结果。

试剂与仪器

(1) 乙基紫：配成0.015%水溶液。过滤后备用。

(2) 汞标准溶液：准确称取光谱纯二氯化汞0.6768g溶于水，在1000mL容量瓶中稀释至刻度，摇匀，此溶液含汞为0.5mg/mL。分取10mL，用水稀释于500mL容量瓶中，得标准溶液汞含量为10μg/mL。

(3) 铁粉、汞。

(4) 硫酸：0.1mol/L溶液。

(5) 溴化钠：0.1mol/L溶液。

(6) 分光光度计。

分析步骤

准确称取试样0.1000~0.5000g，经干燥的长颈小漏斗送入双球管中，加入还原铁粉1g，混匀，将管保持水平状态，于喷灯上先用微火缓缓加热1~2min，以驱去水分，升高温度继续灼烧2~3min，然后将相邻于底球的玻璃管于高温下软化，用镊子拉去底球，熔封管的末端，待玻璃管冷却后，加入浓硝酸

0.5mL，于水浴锅中加热煮沸30min，冷却，并将管内溶液移入50mL小烧杯中，用水洗涤玻璃管，冲洗液移入烧杯内，加入硫酸（1+3）1mL，于低温电热板上缓缓加热蒸发，直至硝酸蒸气完全消失，烧杯中的体积为1~2mL、将烧杯内溶液移入50mL容量瓶中，稀释至刻度，取此溶液1mL移入25mL比色管中，加入0.1mol/L硫酸2mL、0.1mol/L溴化钠1mL、水5mL、0.015%乙基紫1mL、苯10mL，摇荡1min，静置分层，将苯层转入离心试管中，离心沉降，倾入1cm比色皿中，以苯作参比，在波长594nm处测量吸光度。

标准曲线的绘制

分别吸取汞标准溶液0.0mL、0.2mL、1.0mL、1.5mL、2.0mL于一组25mL比色管中，加入0.1mol/L硫酸2mL、0.1mol/L溴化钠1mL，加水稀至9mL，加入0.015%乙基紫1mL，最后加入苯10mL，摇荡1min，将苯萃取液转入离心试管中，离心沉降2min，再将苯层移入1cm比色皿中，于波长594nm处测量吸光度，以纯苯为参比液。

注意事项

酸度在0.02mol/L硫酸介质中吸光度稳定。溴化钠在0.01~0.02mol/L内吸光度稳定。乙基紫在$1\times10^{-3}\%\sim2\times10^{-3}\%$范围内吸光度基本保持不变。溴汞酸-乙基紫缔合物在苯中至少在160min内吸光度无显著变化。

7.7 高碘酸钾催化分光光度法测定矿石中的微量铱

铱对高碘酸钾氧化铜的催化作用，在碱介质浓度为0.03mol/L，IO_4^-为0.01mol/L，Cu^{2+}为0.003mol/L时，在40℃，反应不超过20min时，可用该反应测定微量铱。

在250倍铱量的金、银、铂、钯，及125倍的铁、钴、镍、铅、锡、铬和铱量相当的锇、钌和铑，都不干扰测定，阴离子中主要是碘化物能引起较大的误差。方法较准确和简便。

试剂与仪器

(1) 高碘酸钾 (0.3mol/L): 用0.03mol/L的氢氧化钾溶液配制成。

(2) 氢氧化钾溶液 (0.2mol/L)。

(3) 氯化钠溶液 (1mol/L)。

(4) 盐酸、硝酸。

(5) 铱标准溶液: 称取0.2000g海绵铱 (纯度在99.99%以上) 置于烧杯中, 加王水10mL溶解, 加热蒸干, 加盐酸5mL赶硝酸, 蒸干后加水溶解, 加2mL盐酸, 使盐类全部溶解, 移入1000mL容量瓶中, 用蒸馏水稀释至刻度, 混匀, 此溶液含铱为200μg/mL。

移取1mL放入1000mL容量瓶中, 用水稀释至刻度, 混匀, 此溶液含铱为0.2μg/mL。

再移取10mL (0.2μg铱溶液) 放入100mL容量瓶中, 用水稀释至刻度, 混匀, 此溶液含铱为0.02μg/mL。

(6) 硫酸铜溶液 (0.01mol/L)。

(7) 分光光度计。

分析步骤

称取矿石试样1.0000g置于200mL烧杯中, 加王水30mL分解试样, 蒸发近1mL体积, 用水稀释至约40mL, 然后将不溶残渣滤除。将滤液收集于100mL容量瓶内, 用水稀至刻度, 分取10mL置于25mL烧杯中, 于低温下浓缩至2mL左右, 加1mol/L的氯化钠溶液3~4滴, 蒸发至干, 加盐酸 (1+1) 1mL, 蒸干, 加入水5mL溶解盐类, 移入25mL比色管中, 加4mL 0.2mol/L的氢氧化钠, 加0.3mol/L的高碘酸钾1mL, 用水稀至约23mL, 摇匀, 置于冷水浴中恒温10min, 加入0.01mol/L硫酸铜溶液1mL, 摇匀移入40℃的水浴中, 反应10min左右后取出, 在流水冷却后，用2cm 比色皿，于波长420nm 处，以试剂空白为参比，测量吸光度。

标准曲线的绘制

吸取含铱为 0.00μg、0.01μg、0.02μg、0.03μg、0.04μg、0.06μg 的铱标准溶液分别置于 25mL 比色管中，加入 4mL 0.2mol/L 的氢氧化钠。以下按分析步骤进行，测定吸光度，绘制标准曲线。

铱的百分含量按下式计算：

$$w(\mathrm{Ir}) = \frac{W}{G} \times 100\%$$

式中 W—— 试液的吸光度在标准曲线上查得的铱量；

g—— 分取的试样质量。

7.8 苯芴酮分光光度法测定矿石中的钼

矿样用过氧化钠于 650℃ 熔融，用热水浸取试液于比色管中，在盐酸介质中，用非离子表面活性剂聚氧化乙烯烷基酚（Trition X-100）作为钼与苯芴酮络合物的增溶剂，提高钼的灵敏度，于 520nm 处用 1cm 比色皿测量吸光度。

试剂与仪器

（1）盐酸羟胺：50% 水溶液。

（2）苯芴酮：0.03% 乙醇溶液，加少量盐酸（1+1）。

（3）钼标准溶液（2μg/mL）。

（4）乙醇。

（5）分光光度计。

（6）15% 磷酸水溶液。

（7）聚氧化乙烯烷基酚（Trition X-100）：1%（体积分数）水溶液。

分析步骤

称取矿样 0.5000g 置于刚玉坩埚中，加 4g 过氧化钠，于 650℃熔融至透明液体，冷却，用热水浸取并煮沸数分钟，倒入 100mL 容量瓶中，冷却后稀释至刻度，摇匀并放置澄清，吸清液 5mL 于 25mL 比色管中，加酚酞 1 滴，滴加浓盐酸至红色消失，溶液清亮，加 2mol/L 盐酸 2mL、15% 磷酸 1mL、50% 盐酸羟胺 3mL，加 1% Trition X-100 3mL、0.03% 苯芴酮 1mL、乙醇 1mL，稀释至刻度并摇匀，于 520nm 处用 1cm 比色皿测量吸光度，从标准曲线上查出钼量。

标准曲线的绘制

吸取钼标准溶液分别含钼 0.0μg、2.0μg、4.0μg、6.0μg、8.0μg、10.0μg 于 25mL 比色管中，加数滴氨水（1+1），以酚酞为指示剂，用盐酸（1+1）中和至无色，加 2mol/L 盐酸 2mL，15% 磷酸 1mL、50% 盐酸羟胺 3mL，加 1% Trition X-100 3mL、0.03% 苯芴酮 1mL、乙醇 1mL，稀释至刻度并摇匀，于 520nm 处用 1cm 比色皿测量吸光度，绘制标准曲线。

注意事项

最佳酸度为 25mL 体积中含有 2mol/L 盐酸 2mL，酸度较小时，苯芴酮可能析出。

7.9 PAN 分光光度法测定矿石中的微量镍

矿石样品经硝酸、氢氟酸分解，调节 pH = 3.5 时加显色剂 PAN［1-2（2-吡啶偶氮）2-萘酚］，用苯萃取，在 585nm 处，用 0.5cm 比色皿，以试剂空白为参比测吸光度。

试剂与仪器

（1）镍标准溶液：称取纯镍 0.5000g，用 15mL 硝酸加热至完全溶解，转入1000mL容量瓶中，加水至刻度，摇匀，此溶液含镍为500μg/mL。使用时分取此溶液用水稀释至浓度为2μg/mL。

（2）EDTA溶液（0.01mol/L）。

（3）柠檬酸溶液（5%）。

（4）氟化铵溶液（50%）。

（5）盐酸-乙酸溶液：17mL浓盐酸和12mL冰乙酸混合，加水至1000mL。

（6）PAN（0.1%）：称0.1g溶于100mL甲醇中。

（7）乙酸-乙酸钠缓冲溶液：1mol/L乙酸溶液，以1mol/L乙酸钠溶液调节至pH=3.5（用酸度计测量）。

（8）苯。

（9）分光光度计。

分析步骤

准确称样0.1000~0.2000g（使镍不超过10μg）置于聚四氟乙烯烧杯中，加硝酸、氢氟酸各5mL，加热至溶液体积为2~3mL，加水10mL，煮沸，滤入50mL烧杯中，加氟化铵溶液2mL、硝酸钾0.5g、柠檬酸溶液2mL，加水至体积为20mL，煮沸后，加0.1%对硝基酚1滴，以氨水（1+1）和硝酸（1+1）调节至溶液黄色刚好消失，加乙酸-乙酸钠缓冲液5mL、PAN溶液2mL，摇匀，在沸水浴中放置3~4min，冷却，转入60mL分液漏斗中，加水至体积不大于40mL，加苯10mL，萃取3min，分层后弃去水相，加盐酸-乙酸溶液和0.01mol/L EDTA各10mL（两者混合时pH值约为1.2），萃洗2min，分层后弃去水相，有机相在离心试管中离心1min，在波长585nm处，用0.5cm比色皿，以试剂空白为参比液测量吸光度。

标准曲线的绘制

分别吸取镍标准溶液0.0mL、1.0mL、2.0mL、3.0mL、

4.0mL、5.0mL 于 50mL 烧杯中，加水约 15mL，加 0.1% 对硝基酚 1 滴，用氨水（1+1）和硝酸（1+1）调节至溶液黄色刚消失，加 pH = 3.5 缓冲液 5mL，PAN 溶液 2mL，摇匀，在沸水浴中放置 3～4min，冷却，转入 60mL 分液漏斗中，加水至体积不大于 40mL，加苯 10mL，萃取 3min，分层后弃去水相，加盐酸-乙酸溶液和 0.01mol/L EDTA 各 10mL（两者混合时 pH 值约为 1.2），萃洗 2min，分层后弃去水相，有机相在离心试管中离心 1min，在波长 585nm 处，用 0.5cm 比色皿，以试剂空白为参比液测量吸光度，并绘制标准曲线。

注意事项

（1）加 PAN 前，于水相中加入 50% 氟化铵 2mL、硝酸钾 0.5g（以增强 F^- 对铁的络合能力）和 5% 柠檬酸 2mL 作掩蔽剂，掩蔽大部分共存离子。

（2）含铜、钴的有机相，用 10mL 盐酸-乙酸溶液和 10mL 0.01mol/L EDTA 溶液，用 pH = 1.2 的 EDTA 萃洗消除干扰。

（3）5% 柠檬酸溶液加入量超过 5mL 时，结果偏低。

7.10 3，5 - 2Br - PADAT - C_2H_5OH 分光光度法测定矿石中的钯

在水溶性季铵盐-氯化十四烷基二甲基苄基铵（ZePh）存在下萃取钯，使微量的钯与大量金属元素分离，分离效果好，萃取效率高。

在 0.1～0.6mol/L HCl 范围内钯与 5 -［（3，5 -二溴-2 -吡啶）偶氮］-2，4 -二氨基甲苯（简称 3.5-2Br-PADAT）及乙醇生成稳定的紫色络合物，在波长 600nm 处用 2cm 比色皿，以试剂空白作参比测量吸光度。

试剂与仪器

（1）0.4mol/L 盐酸-乙醇溶液：500mL 无水乙醇溶液中加入

盐酸 17mL。

（2）ZePh 溶液（2.5%）：称取 25g ZePh 溶于 1000mL 水中。

（3）3,5-2Br-PADAT 溶液（0.03%）：称取 3,5-2Br-PADAT 0.03g 溶于乙醇 100mL 中。

（4）钯标准溶液：配成含钯 2μg/mL 的 2mol/L 盐酸溶液。

（5）盐酸、过氧化氢。

（6）分光光度计。

分析步骤

称取 1.000～20.00g 矿石样于瓷蒸发皿中，在 700℃焙烧 1h，冷后移入 250mL 烧杯中，加盐酸 50mL，过氧化氢 10mL 分两次加入，搅匀，盖表面皿，冷溶 1h，再煮沸 30min，吹洗表面皿，蒸至体积约 10mL（若钯含量低，需取全量分析，则蒸至黏稠状），加 20～40mL 沸水，微沸 1min，趁热用布氏漏斗双层滤纸抽滤（残渣不多，可用玻璃漏斗单层滤纸直接过滤至容量瓶或分液漏斗中），以热的 1% 盐酸洗涤，再以热水洗涤，滤液转入 100mL 容量瓶中，用水稀释至刻度，摇匀，分取部分试液，置于 125mL 分液漏斗中，加 2.5% ZePh 溶液 10mL，加入 1，2－二氧乙烷 10mL 振荡 1min，分层后，将有机相移入 60mL 分液漏斗中，加入 0.2mol/L 盐酸溶液 25mL，振荡洗涤 30s（若试样中含 Cu^{2+} 低于 200mg，有机相也可以不用 0.2mol/L 盐酸溶液洗涤，但在显色完成后，加入 5% EDTA 溶液 1mL 掩蔽 Cu^{2+}），分层后，有机相移入 25mL 小烧杯中，加入 20% 氯化钠溶液 3 滴，置沸水浴上加热蒸干，加 0.4mol/L 盐酸溶液约 2mL 溶解（水浴上加热片刻），用 0.4mol/L 盐酸洗入 25mL 比色管中，加入 0.03% 3,5-2Br-PADAT 溶液 1mL，摇匀，放入 70～80℃水浴中加热 5min，冷水中冷却至室温，加入 0.4mol/L 盐酸-乙醇溶液 12mL，用 0.4mol/L 盐酸溶液稀释至刻度，摇匀，在 600nm 处用 2cm 比色皿，以试剂空白作参比测量吸光度。

标准曲线的绘制

准确吸取 0.0mL、1.0mL、2.0mL、3.0mL、4.0mL、5.0mL 的钯标准溶液，置于 125mL 分液漏斗中，加入盐酸（1+2）2.5mL、2.5% ZePh 溶液 10mL，用水稀释至 50mL，加入 1，2-二氯乙烷 10mL，振荡 1min，分层后，将有机相放入 25mL 小烧杯中，加入 20% 氯化钠溶液 3 滴，置沸水浴上加热蒸干，加入 0.4mol/L 盐酸溶液约 2mL 溶解（水浴上加热片刻），用 0.4mol/L 盐酸洗入 25mL 比色管中，加入 0.03% 3,5-2Br-PADAT 溶液 1mL，摇匀，放入 70~80℃ 水浴中加热 5min，冷水中冷却至室温，加入 0.4mol/L 盐酸-乙醇溶液 12mL，用 0.4mol/L 盐酸溶液稀释至刻度，摇匀，在 600nm 处用 2cm 比色皿，以试剂空白作参比测量吸光度、绘制标准曲线。

7.11 DDO 分光光度法测定矿石中的微量铂

矿石中铂用双十二烷基二硫代乙二酰胺（DDO）显色，在 520nm 处测定铂，钯在 40μg 以下不干扰铂的测定。

铂试液中铜、铅、钴、镍、铁、银等分别高达 10mg 均不干扰测定，上述元素皆与 DDO 无反应或不被萃取。

试剂与仪器

（1）铂标准溶液：用纯铂配制成 8mol/L 盐酸溶液，此溶液含铂为 10μg/mL。

（2）石油醚-氯仿混合溶液（3+1）。

（3）双十二烷基二硫代乙二酰胺（DDO）：配制 0.2% DDO 丙酮溶液。

（4）氯化亚锡溶液（5%）。

（5）分光光度计。

分析步骤

称取矿样10.0~20.0g用常规法分离富集后，将铂试液制成8mol/L盐酸溶液，然后分取试液置于25mL比色管中，以8mol/L盐酸补足至10mL，加入石油醚-氯仿（3+1）10mL、0.2%DDO丙酮溶液2mL、50%氯化亚锡溶液0.5mL，立即萃取1min，分层后吸取有机相用1cm比色皿，在波长520nm处测其吸光度。

标准曲线的绘制

分别移取铂标准溶液0.0mL、2.0mL、4.0mL、6.0mL、8.0mL，置于25mL比色管中，以8mol/L盐酸补足至10mL，加入石油醚-氯仿（3+1）10mL、0.2%DDO丙酮溶液2mL、50%氯化亚锡溶液0.5mL，立即萃取1min，分层后吸取有机相用1cm比色皿，在波长520nm处测其吸光度，绘制标准曲线。

7.12 2，3二氨基萘分光光度法测定金属碲中的微量硒

金属碲用盐酸、硝酸溶解，以EDTA-2Na为掩蔽剂，用柠檬酸铵络合碲，用盐酸和氨水调pH=1，用2，3-二氨基萘（DAN）显色，于波长490nm处测吸光度，当含量为0.002%时变异系数为4.1%。

试剂与仪器

（1）2，3-二氨基萘溶液（0.1%）：称取0.1000g 2，3-二氨基萘溶于50mL 0.1mol/L盐酸溶液中，在沸水浴中加热5min，充分搅拌后加5mL 0.1mol/L盐酸溶液，用慢速定量滤纸过滤入茶色瓶中，有效期为一周。

（2）硒标准溶液（10μg/mL）。

（3）柠檬酸铵溶液（50%）。

（4）EDTA-2Na溶液（1%）。

（5）分光光度计。

分析步骤

称取样品1.0000g置于100mL烧杯中，加10mL盐酸、4mL硝酸，低温溶解，并蒸发至稠状，取下，加5mL盐酸，低温溶解盐类，冷却后加10mL 50%柠檬酸铵溶液、2mL 1%EDTA-2Na溶液，用盐酸和氨水调pH=1，加5mL 0.1% 2,3-二氨基萘溶液，摇匀，置入近沸水浴中，加热5min，流水冷却，用水稀释至刻度，摇匀，用3cm比色皿，以试剂空白为参比，于490nm处测吸光度。

标准曲线的绘制

移取0.0mL、1.0mL、2.0mL、3.0mL、4.0mL、5.0mL硒标准溶液置于50mL比色管中，加5mL 50%柠檬酸铵溶液、2mL 1%EDTA-2Na溶液，用水稀至30mL，用盐酸和氨水调pH=1，加5mL 0.1% 2,3-二氨基萘溶液，摇匀，置入近沸水浴中，加热5min，流水冷却，用水稀释至刻度，摇匀，用3cm比色皿，以试剂空白为参比，于490nm处测吸光度。绘制标准曲线。

注意事项

（1）柠檬酸铵量必须足以络合碲，用5g柠檬酸铵络合1g碲。

（2）硒与2，3-二氨基萘加热才能加速完成反应，但加热时间过长，硒含量高时会使吸光度降低，显炽色后时间过长，硒量高时吸光度也会降低。

（3）显色酸度pH值为0.6~2.5合适。

（4）其他元素的影响：铁、铜对测定硒有干扰，用EDTA-2Na时，则铁、铜均可被掩蔽。

7.13 分光光度法测定矿石中的微量硒

当溴酸在0.52mol/L，高氯酸在7mol/L或硫酸在7.2mol/L

时，甲苯能定量萃取微克级的硒，可与其他离子达到分离的目的。大量铁铜的干扰可加入磷酸掩蔽，萃取到甲苯中的硒可用水反萃取后用硒试剂显色，方法简便、快速。用于岩石矿物中微量硒的测定。

试剂与仪器

(1) 高氯酸：11.6mol/L 溶液。

(2) 氢溴酸、甲苯、间甲酚紫、氯化铵、硫酸、0.1mol/L EDTA 溶液。

(3) 氨水溶液（1+1）。

(4) 甲酸溶液（1+9）。

(5) 硒试剂（3，3′-二氨基联苯胺）：0.5% 溶液。

(6) 硒标准溶液：分别配制为 10μg/mL 和 2μg/mL 的硒标准溶液。

(7) 分光光度计。

分析步骤

称取 0.5000g 矿样，用硝酸-高氯酸或硝酸-硫酸溶矿后，蒸干冒烟两次，以水提取，移入 25mL 比色管中，控制最终酸度为高氯酸 7mol/L 或硫酸 7.2mol/L，澄清后，吸取清液 10mL 于 60mL 分液漏斗中，加入 0.6mL 氢溴酸、3mL 磷酸，摇匀，加入 10mL 甲苯，振摇 1min，放置澄清，弃去水相，有机相中加入 10mL 水，振摇 1min，待水相澄清后，将水相移入 50mL 烧杯，用少量水吹洗分液漏斗，水相合并于烧杯中，加入 2mL 0.1mol/L EDTA 和 1 滴间甲酚紫（经氢溴酸-硫酸体系反萃取的水相需加 2g 氯化铵）。用氨水（1+1）调节溶液开始呈黄色（pH = 3)，加入甲酸（1+9）和 0.5% 硒试剂（3，3′-二氨基联苯胺）各 2mL，放置 2h 或微沸 30s 后，用氨水（1+1）调至溶液呈紫色（pH = 8)，将溶液转入原分液漏斗中，并用水吹洗烧杯两次，振摇 1min，静置澄清，弃去水相，有机相中加入少量无水硫酸钠，振摇至溶液清亮，于波长420nm处，2cm比色皿，以甲苯作参比，测定吸光度。

标准曲线的绘制

分取硒标准溶液0.0mL、2.5mL、5.0mL、7.5mL、10.0mL、12.5mL于60mL分液漏斗中，加入高氯酸（11.6mol/L）6mL和氢溴酸0.6mL，以水稀至10mL，摇匀，加入甲苯10mL，振摇1min，放置澄清，弃去水相，有机相中加入10mL水。振摇1min，待水相澄清后，将水相移入50mL烧杯中，用少量水吹洗分液漏斗，水相合并于烧杯中，加入2mL 0.1mol/L EDTA和1滴间甲酚紫（经氢溴酸-硫酸体系反萃取的水相需加2g氯化铵）。用氨水（1+1）调节溶液开始呈黄色（pH=3），加入甲酸(1+9)和0.5%硒试剂（3，3′-二氨基联苯胺）各2mL，放置2h或微沸30s后，用氨水（1+1）调至溶液呈紫色（pH=8），将溶液转入原分液漏斗中，并用水吹洗烧杯两次，振摇1min，静置澄清，弃去水相，有机相中加入少量无水硫酸钠，振摇至溶液清亮，于波长420nm处，2cm比色皿，以甲苯作参比，测定吸光度。绘制标准曲线。

注意事项

（1）标准曲线当含0~5μg硒时，经甲苯萃取显色有明显偏低，当加入5mg铁（Ⅲ）即可校正硒的偏低。

（2）当铁、铜和氢溴酸分别生成黄色和棕红色络合物，使硒的萃取率严重偏低，加入磷酸后，络合物颜色变浅，并不影响萃取，加入3mL磷酸即可消除100mg铁Ⅲ和50mg铜（Ⅱ）对20μg硒萃取的影响。硝酸根使结果偏低，大量锑、锡存在时，也被甲苯萃取，在用水反萃取时水解，影响测定，100mg砷对氢溴酸高氯酸介质中萃取硒无影响，但在氢溴酸-硫酸介质中砷的允许量只有1.6mg。

7.14　半二甲酚橙分光光度法测定矿石中的钍

在 pH 值为 1.5 ~ 4 时，有溴化十六烷基三甲基铵存在下，钍与半二甲酚橙形成深红色的三元络合物，使显色反应的灵敏度大有提高。于 550nm 处测量吸光度。

试剂与仪器

（1）钍标准溶液：将光谱纯 ThO_2 配制成浓度为 10μg/mL 的钍标准溶液。

（2）一氯乙酸缓冲溶液（pH-2.5）。

（3）溴化十六烷基三甲基铵（CTMAB）：1% 的溶液。

（4）半二甲酚橙：0.05% 的溶液。

（5）2，4-二硝基苯酚指示剂。

（6）分光光度计。

分析步骤

称取矿样 0.2000 ~ 1.000g（视含钍量而定）于 50mL 高型烧杯中，加 5 ~ 7g 混合铵盐（按氟化铵：硝酸铵：氯化铵：硫酸铵 = 3：1：1：0.5 比例混匀，烘干）。置于电热板上低温熔化后，高温熔解至白烟基本冒完。加 5mL 盐酸蒸至近干，用 10mL 1mol/L 盐酸提取钍，然后转移到 50mL 容量瓶中，用水稀至刻度，摇匀，放置澄清后，吸取 5mL 清液于 25mL 容量瓶中，加 5% 抗坏血酸、5% 硫脲各 1mL，加 2，4-二硝基苯酚指示剂 1 滴，用 1mol/L NaOH 调至溶液黄色消失，加入 2mL pH = 2.5 的一氯乙酸缓冲溶液，加 1mL 溴化十六烷基三甲基铵溶液、3.5mL 0.05% 半二甲酚橙溶液，用水稀至刻度，摇匀。以试剂空白为参比，用 3cm 比色皿，于 550nm 处，在分光光度计上测量吸光度。

标准曲线的绘制

分别准确吸取钍标准溶液 0.0mL、0.2mL、0.4mL、0.6mL、

0.8mL、1.0mL 于25mL 容量瓶中，加10mL 水，加1 滴2，4－二硝基苯酚指示剂，用 1mol/L NaOH 调至溶液黄色消失，加入 2mL pH =2.5 的一氯乙酸缓冲溶液、1mL CTMAB 溶液、3.5mL 0.05% 半二甲酚橙溶液，用水稀至刻度，摇匀，以试剂空白为参比，用3cm 比色皿，于550nm 处，测量吸光度，绘制标准曲线。

注意事项

（1）钍与半二甲酚橙形成红色的络合物，最大吸收在 535nm 处，但在 CTMAB 存在下，形成钍－半二甲酚橙－ CTMAB 深红色的三元络合物，其灵敏度大有增加，最大吸收波长由 535nm 移到 550nm。

（2）钍－半二甲酚橙 CTMAB 三元络合物形成的最佳酸度为 pH =1.5 ~4，故选用 pH =2.5。

（3）加入抗坏血酸可以消除 Fe^{3+}、Ce^{3+} 的干扰，对吸光度无影响。

（4）加入硫脲能够消除 Cu^{2+}、Pb^{2+} 的干扰，硫脲的存在不影响测定。

7.15 分光光度法及容量法测定矿石中的铀

铀矿常以铀酰离子（UO_2^{2+}），此种矿样在分析时使用硫酸氢钠熔融，使铀成为可溶性的盐而以稀硝酸提取，其熔融时反应为：

$$UO_2^{2+} + SO_4^{2-} \longrightarrow UO_2SO_4$$

$$UO_2^{2+} + S_2O_7^{2-} \longrightarrow UO_2SO_4 + SO_3 \uparrow$$

以稀硝酸提取反应为：

$$UO_2SO_4 + 2HNO_3 \longrightarrow UO_2(NO_3)_4 + H_2SO_4$$

加入碳酸钠以中和酸液，而铀仍存在于溶液中，而由小部分铀与碳酸钠的碱性溶液生成黄色的碳酸铀酰钠沉淀：

$$UO_2(NO_3)_2 + 3Na_2CO_3 \longrightarrow Na_4[UO_2(CO_3)_3] + 2NaNO_3$$

因为有碳酸钠存在时，氨不能使铀沉淀，必须事先将铀的碳酸铀酰钠与硝酸作用，成为硝酸铀酰，在酸性溶液中煮沸，充分逐去 CO_2，以免妨碍氨与铀盐的作用。加入硝酸煮沸时，则产生如下反应：

$$Na_4[UO_2(CO_3)_3] + 6HNO_3 \longrightarrow$$
$$UO_2(NO_3)_2 + 4NaNO_3 + 3H_2O + 3CO_2\uparrow$$

然后加入氨水中和酸性溶液，则生成黄色无定形的铀酸铵沉淀：

$$2UO_2(NO_3)_2 + 6NH_4OH \longrightarrow (NH_4)_2U_2O_7\downarrow + 3H_2O + 4NH_4NO_3$$

黄色的铀酸铵沉淀，可加入过量的过氧化钠溶解，先是铀酸铵与过氧化钠作用，生成黄色的过铀酸钠 $Na_2UO_5 \cdot 5H_2O$ 沉淀，但随即溶于过量试剂中而成过铀酸钠 Na_2UO_5：

$$(NH_4)_2U_2O_7 + 2Na_2O_2 + H_2O \longrightarrow 2Na_2UO_5 + 2NH_4OH$$

加入过氧化钠的目的，主要使其他杂质成氢氧化物沉淀（钍及稀土金属），过滤除去。

过铀酸钠存在于碱性滤液中，加入硝酸中和时，则生成硝酸铀酰，同时放出氧气。再于酸性溶液中加入氢氧化铵以沉淀铀，生成黄色无定形的铀酸铵沉淀。铀酸铵能溶于碱金属碳酸盐溶液中，成为复合盐 $(NH_4)_4[UO_2(CO_3)_3]$，此复合盐存在于溶液中，过滤除去干扰元素。

比色时，控制一定的 pH 值加入亚铁氰化钾与铀盐生成棕色沉淀，在稀溶液中为棕红色，是生成亚铁氰化铀酰：

$$2UO_2^{2+} + Fe(CN)_6^{4-} \longrightarrow (UO_2)_2[Fe(CN)_6]\downarrow$$

此沉淀溶于大量酸中，所以要严格控制酸度。

滴定时，加入硫酸中和碱性碳酸盐溶液。以充分破坏碳酸盐而使铀转为硫酸铀酰。在硫酸溶液中加入锌以还原硫酸铀酰为硫酸亚铀。

$$UO_2SO_4 + Zn + 2H_2SO_4 \longrightarrow U(SO_4)_2 + ZnSO_4 + 2H_2O$$

然后用高锰酸钾标准溶液滴定，由海绿色渐变为黄色，当到达终点时黄的溶液立即呈现不褪的高锰酸钾的紫红色为终点。滴定反应为：

$$5U(SO_4)_2 + 2KMnO_4 + 2H_2O \longrightarrow$$
$$5UO_2SO_4 + K_2SO_4 + 2MnSO_4 + 2H_2SO_4$$

如大量铀存在时，滴定后，溶液的颜色为黄紫色。

试剂

（1）硫酸氢钾、碳酸钠、过氧化钠。

（2）稀硝酸溶液：5%、(1+1)。

（3）盐酸溶液（1+1）、碳酸铵。

（4）氨水（1+1）、5%亚铁氰化钾、硫酸（1+1）。

（5）铀标准溶液：称0.2109g硝酸铀酰 $UO_2(NO_3)_2 \cdot 6H_2O$ 溶于水中，加数滴硝酸酸化，稀释到1000mL，摇匀。此溶液含铀为0.01mg/mL。

（6）锌：称1.1000g $HgCl_2$ 溶于100mL浓盐酸中，然后称取250g锌屑或20目锌粒用水浸没，将 $HgCl_2$ 酸液倾入混合，摇荡2min，倒出酸液，用水洗净，待用。

（7）高锰酸钾标准溶液：0.1mol/L的溶液。

分析步骤

称取经研细的矿样10.0000g，小心移入内盛约10g已熔逐去水分的 $KHSO_4$ 的瓷坩埚中，然后加热熔融，使矿样完全分解，冷却，将瓷坩埚置入内盛有约150mL 5%硝酸的300mL烧杯中，加热完全溶解，以水洗净坩埚，取出，溶液则逐步加入粉状碳酸钠，使酸性溶液完全被中和，无气泡发生为止，再多加3.5g，煮沸20min，过滤，用热水洗3～4次。如沉淀呈黄色，用硝酸（1+1）将滤纸上的沉淀溶解于原烧杯中，再用 Na_2CO_3 中和，沉淀一次，过滤，用热水洗3～4次。将前后两次滤液合并，用硝酸（1+1）中和，以石蕊试纸作指示并加微过量，煮沸，赶走二氧化碳，冷至约有60～70℃，加过量氨水以沉淀铀；煮沸，静置5min后，铀沉淀下沉后，即可过滤，不用洗涤，用热水将沉淀洗于原烧杯中，洗液约30～40mL，加入5g过氧化钠，煮沸

5min，以30mL水稀释，冷却，在原滤纸上过滤，用热水洗几次，残渣弃去，滤液用硝酸（1+1）中和，使呈微酸性，煮沸，加入氢氧化铵（1+1）中和，并加过量沉淀铀，过滤，弃去滤液，用热水将铀沉淀洗于原烧杯中，洗液约10~20mL，加5g $(NH_4)_2CO_3$，在滤纸上撒加约2g碳酸铵，烧杯加热至黄色沉淀溶解，在原滤纸上过滤，用1%碳酸铵洗4~5次。滤纸上残渣弃去，滤液加热逐去大部分碳酸铵，即可按下列方法进行分析。

（1）比色法：将上述溶液用硝酸（1+1）中和至微酸性，加热除去二氧化碳，冷却，用氨水调节酸度为中性，并加硝酸（1+1）2滴，将溶液移入100mL容量瓶中，用水稀释对刻度，摇匀。然后移取10mL，置入50mL刻度比色管中，另以同样比色管分别各加入铀标准溶液0.0mL、0.2mL、0.5mL、0.8mL、1.1mL、1.5mL、2.0mL，用硝酸酸化的水（pH值为2~3）稀释至10mL，然后于试液及标准溶液比色管中分别加入5mL 5%亚铁氰化钾，用硝酸酸化的水稀释至刻度，摇匀，放置10min后目视比色。

计算：

$$w(\mathrm{U})=\frac{TV}{G}\times 100\%$$

式中 T——1mL标准溶液含铀的质量，g；

V——比色时相当标准溶液的体积，mL；

G——比色时分取出试样的质量，g。

（2）容量法：将上述溶液冷却，滴入硫酸（1+1）至无气泡产生，并过量加入10mL硫酸（1+1），加热蒸发至冒浓白烟，冷却，以少许水洗净表面皿及烧杯壁，再加热蒸发至冒浓白烟。冷却，加入90mL水稀释，加入约5g锌于溶液中还原1h，至溶液颜色呈绿蓝色不再加深为止，过滤除去锌，用水洗3~4次。然后用0.1mol/L的高锰酸钾标准液滴定时的溶液颜色转变为海绿色渐变为黄绿色，继而转为微绿黄色，当到达终点时黄色的溶液立即呈现不褪的高锰酸钾紫红色即为终点。如大量铀存在时，滴定后，溶液的颜色为黄紫色。

计算：

$$w(\mathrm{U})=\frac{VN\times 0.119}{G}\times 100\%$$

式中 V——消耗高锰酸钾标准溶液的体积，mL；

N——高锰酸钾标准溶液的浓度，mol/L；

G——试样的质量，g；

0.119——铀的毫摩尔质量，g/mmol。

注意事项

(1) 在比色时，必须在微酸性溶液中进行。如果酸度几乎是中性，则显色不一致，如溶液显微碱性，则不显色；若酸度过高，则显色不稳定，必须控制酸度。

(2) 在硫酸溶液中加入锌还原硫酸铀酰常被还原为更低价的硫酸亚铀：

$$2UO_2SO_4+4Zn+4H_2SO_4 \longrightarrow U_2(SO_4)_2+4ZnSO_4+4H_2O$$

或更低价的硫酸亚铀：

$$UO_2SO_4+2Zn+2H_2SO_4 \longrightarrow USO_4+2ZnSO_4+2H_2O$$

7.16 锌试剂分光光度法测定矿石中的钒

在 pH = 4.8 乙酸-乙酸钠缓冲溶液及 Triton X-100 存在下，钒与锌试剂（Zincon）形成1∶2 绿色络合物，在波长 690nm 处，以 1cm 比色皿对试剂空白测量吸光度。当有钙及二氨基环己烷四乙酸（DCTA）存在时，绝大部分其他离子均不干扰钒的测定，本法有较高的选择性，可用于矿石中钒的测定。

试剂与仪器

(1) 锌试剂（Zincon）溶液（0.002mol/L）：称取 0.6500g 锌试剂，加 1mol/L 氢氧化钠 10mL，使之溶解，移入 500mL 容量瓶中，用水稀至刻度，摇匀。

（2）Triton X-100：10%。

（3）锌试剂 Triton X-100 混合显色液：100mL 0.002mol/L 锌试剂溶液中加 10% Triton X-100 5mL。

（4）钙－DCTA 溶液：称取 17.3g 二氨基环己烷四乙酸（DCTA），置于900mL 水中，在加热下滴加 10% 氢氧化钠直至溶解完全，然后加氯化钙 6.66g，溶解后用 pH 计指示，滴加 0.1mol/L 盐酸调节溶液的 pH 值至 4.8。于容量瓶中用水稀至 1000mL，摇匀。此溶液含 0.05mol/L DCTA-0.06mol/L 氯化钙。

（5）钒标准溶液：称取 0.8926g 光谱纯五氧化二钒，用 10% 氢氧化钠溶解，移入 1000mL 容量瓶中，加水至刻度，摇匀。此溶液含钒为 1000μg/mL，使用时取此溶液用水稀至 10μg/mL。

（6）乙酸－乙酸钠缓冲溶液（pH＝4.8）：称取 30g 无水乙酸钠，加水溶解，加入冰乙酸 16mL，用水稀至 500mL。

（7）过氧化钠。

（8）分光光度计。

分析步骤

称取矿样 0.2000g 置于刚玉坩埚中，加过氧化钠 2g，混匀，表面再覆盖过氧化钠 1g，加坩埚盖后在 650℃ 熔融 15min，冷却取出，用 30mL 热水提取熔块，用热水洗净坩埚。于提取液中加乙醇 2mL，小心加热煮沸 3min 除尽过氧化氢，冷却，将提取液和残渣一同移入 100mL 容量瓶中，用水稀至刻度，摇匀，吸取上层清液或干滤液 5mL 转入 25mL 容量瓶中，加 0.1% 酚酞乙醇溶液 1 滴，用硫酸（1＋4）中和至溶液刚呈无色透明，加 pH＝4.8 缓冲溶液 2mL、钙－DCTA 溶液 2mL、混合显色液 5mL，用水稀至刻度，摇匀，放置 30min 后（必要时可用热水加温显色速度快），以试剂空白作参比，用 1cm 比色皿，在 690nm 处测吸光度。

标准曲线的绘制

在6个25mL容量瓶中，分别加入钒标准溶液0.0mL、2.0mL、4.0mL、6.0mL、8.0mL、10.0mL，加0.1%酚酞乙醇液1滴，用硫酸（1+4）中和至溶液刚呈无色透明，加pH=4.8缓冲溶液2mL、钙-DCTA溶液2mL、混合显色液5mL，用水稀至刻度，摇匀，放置30min后（必要时可用热水加温显色速度快），以试剂空白作参比，用1cm比色皿，在690nm处测其吸光度。并绘制标准曲线。

8 选矿辅助物料测定

8.1 磷酸三钠的测定

试样用甲基橙作指示剂以盐酸滴定，主要反应式

$$Na_3PO_4 + 2HCl \xlongequal{\quad} NaH_2PO_4 + 2NaCl$$

试剂配制

（1）盐酸标准溶液（0.5mol/L）；

（2）甲基橙指示剂（0.1%）。

分析步骤

称取试样约 1.000g，于 120℃ 烘至恒重加水 50mL 溶解于 250mL 锥形瓶中加氯化钠 5g，溶解后冷至室温加甲基橙 2 滴以盐酸标准溶液滴至微红色。

分析结果计算：

$$w(Na_3PO_4) = \frac{Vc\,(HCl)f}{1000m} \times 100\%$$

式中 V——滴定消耗盐酸标准滴定溶液的体积，mL；

m——试料的质量，g；

c（HCl）——盐酸标准溶液浓度，c(HCl) = 0.5mol/L；

f——f = 0.08197，1mL 1mol /L 盐酸标准溶液相当于磷酸三钠的克数。

允许差：±0.35%。

8.2 硫酸铜的测定

在酸性溶液中，以磷酸掩蔽铁，以碘化钾还原二价铜，同时析出碘。以淀粉作指示剂，用硫代硫酸钠标准溶液滴定。

主要反应式：

$$2CuSO_4 + 4KI = Cu_2I_2 + 2K_2SO_4 + I_2$$

$$2Na_2S_2O_3 + I_2 = Na_2S_4O_6 + 2NaI$$

试剂配制

磷酸、碘化钾、淀粉溶液（1%）、硫代硫酸钠标准溶液（0.1mol/L）、硫氰酸钾溶液（10%）。

分析步骤

称准试样 1.000g 于 500mL 磨口具塞锥形瓶中加 50mL 水溶解，加磷酸 5mL 摇匀后加碘化钾 2g，塞好瓶塞，置暗处 15min 后取出，以水洗涤瓶塞，加水 150mL，立即以硫代硫酸钠标准溶液滴定至淡黄色，加淀粉 2mL 继续滴定至蓝色消失，加入硫氰酸钾溶液 10mL，再滴定到蓝色消失为终点。

分析结果计算：

$$w(CuSO_4 \cdot 5H_2O) = \frac{Vc(Na_2S_2O_3)f}{1000m} \times 100\%$$

式中 V——滴定消耗硫代硫酸钠标准溶液的体积，mL；

m——试料的质量，g；

$c(Na_2S_2O_3)$——硫代硫酸钠标准溶液浓度，0.1mol/L；

f——$f=0.2497$，1mL 1mol/L 硫代硫酸钠标准溶液相当于硫酸铜的克数。

允许差：±0.35%。

8.3 硫酸锌的测定

在硫酸溶液中，加硫酸铵控制酸度，以二苯胺作指示剂，用亚铁氰化钾标准溶液滴定。

主要反应式：

$$3Zn(NO_3)_2 + 2K_4Fe(CN)_6 \xlongequal{\quad} K_2Zn_3[Fe(CN)_6]_2 + 6KNO_3$$

试剂配制

硫酸（1+1）、浓氨水、二苯胺硫酸溶液（1%）、硫酸铵饱和溶液（约 43%）、亚铁氰化钾标准溶液（相当于锌 0.005g/mL）。

分析步骤

称标准试样 7.000g 于 500mL 烧杯中，加硫酸 2mL 摇匀；移入 250mL 容量瓶中，静止澄清后取 25mL 移入 500mL 锥形瓶中，加硫酸 10，加硫酸铵饱和溶液 10mL，水 85mL，加热 90℃以上，加二苯胺 5 滴，用亚铁氰化钾标准溶液滴至蓝色变紫，继续滴定使紫色变为鸭蛋青色为终点。

分析结果计算：

$$w(ZnSO_4 \cdot 7H_2O) = \frac{V \times f \times 4.38}{m} \times 100\%$$

式中 V——滴定消耗亚铁氰化钾标准溶液的体积，mL；

m——试料的质量，g；

f——亚铁氰化钾标准溶液浓度 1mL 相当于锌的克数，g；

4.38——锌换算成硫酸锌（7 个结晶水）克数，g。

允许差：±0.35%。

8.4 氢氧化钠的测定

先以氯化钡沉淀试样中的碳酸盐，然后用酚酞作指示剂，以酸标准溶液滴定。

试剂配制

氯化钡溶液（10%）、酚酞乙醇溶液（1%）、盐酸标准溶液（0.1mol/L）。

分析步骤

快速、准确称样 50.000g，用水 100mL 溶于 250mL 锥形瓶中，加 10% 氯化钡溶液 10mL；酚酞溶液 3 滴，以盐酸标准溶液滴定至试液红色慢慢褪去为终点。

分析结果计算：

$$w(\mathrm{NaOH}) = \frac{Vc(\mathrm{HCl})f}{1000m} \times 100\%$$

式中 V——滴定消耗盐酸标准溶液的体积，mL；

$c(\mathrm{HCl})$——盐酸标准溶液浓度，0.1mol/L；

m——试料的质量，g；

f——$f=0.04$，1mL 1mol/L 盐酸标准溶液相当于氢氧化钠的克数，g。

允许差：±0.50%。

8.5 工业用碳酸钠——总碱的测定

以溴甲酚绿—甲基红混合液指示剂，用盐酸标准溶液滴定，由蓝绿色转变为暗红色；加热 2min 后该液又转蓝绿色再滴为暗红色，即为终点，计算其总碱量。

试剂及仪器

（1）盐酸标准滴定溶液的实际浓度为：0.1000moL/L；

取优级纯盐酸 8.5mL，用水稀释至 1000mL，摇匀。

（2）溴甲酚绿、甲基红混合指示剂。取0.15g溴甲酚绿溶于50mL乙醇溶液中，再与0.1g甲基红乙醇液50mL混合。

（3）称量瓶：30mm×25mm；或瓷坩埚容量为30mL。

分析步骤

称取试样约1.5g，置于已恒重的称量瓶或瓷坩埚中，移入烘箱或高温炉内，在250~270℃干燥至恒重，精确至0.0001g，将试料倒入锥形瓶中，再准确称取称量瓶或瓷坩埚的质量。两次称量之差为试料的质量（记下试料重量）。用50mL水溶解试料，加10滴溴甲酚绿—甲基红混合指示液，用盐酸标准溶液滴定至试验溶液由蓝绿色变为暗红色。煮沸2min，冷却后继续滴定至暗红色。

同时做空白试验。

分析结果计算：

以质量百分数表示的总碱量（以Na_2CO_3计），按下式计算：

$$w(Na_2CO_3)=\frac{(V_2-V_1)f}{m}\times100\%$$

式中 V_2——滴定消耗盐酸标准滴定溶液的体积，mL；

V_1——空白试验消耗盐酸标准滴定溶液的体积，mL；

m——试料的质量，g；

f——与1.00mL盐酸标准滴定溶液［$c(HCl)=1.000mol/L$］相当的以克表示的碳酸钠的质量。

允许差：取平行测定结果的算术平均值为测定结果，平行测定结果的绝对差值不大于0.2%。

8.6 硫化钠的测定

在试样中加入过量的碘，氧化硫化钠和硫酸钠，并以硫代硫酸钠滴定过量的碘。以总的消耗碘量中减去消耗碘的量，即为硫化钠消耗碘的量。

主要反应：　$Na_2S+I_2 = 2NaI+S\downarrow$

试剂配制

醋酸锌或硫酸锌溶液10%。

冰乙酸溶液20%。

淀粉溶液（0.5%）。

甘油（分析纯）。

碘标准溶液（0.1mol/L）。

硫代硫酸钠标准溶液（0.1mol/L）。

分析步骤

称取样品10.0000g于烧杯中，用水洗入500mL容量瓶，水稀释至刻度，摇匀。在500mL锥形瓶中加水200mL，准确放入碘标准溶液（0.1mol/L）50mL，再加入冰乙酸溶液（20%）20mL，在不断摇动下，用滴定管慢慢滴入稀释好的试液20mL。过量的碘用硫代硫酸钠标准溶液（0.1mol/L）滴定至微黄色，加淀粉溶液2mL，并继续滴至试液的蓝色消失为止。

另用吸管吸取稀释好的试液100mL于250mL容量瓶中，加入醋酸锌或硫酸锌溶液（10%）40mL、甘油5mL，加水稀至刻度摇匀，并干过滤于250mL烧杯中。将前面两次的滤液弃去，用吸管吸取滤液50mL于250mL锥形瓶中，加淀粉溶液2mL并继续滴至试液的蓝色消失为止。

分析结果计算：

$$w(\mathrm{Na_2S}) = \frac{[(V_1 - V_3)\,c(\mathrm{I_2}) - V_2 \cdot c(\mathrm{Na_2S_2O_3})]\,f}{m} \times 100\%$$

式中 V_1——第一次放入碘标准溶液的体积，mL；

V_2——滴定第一次余下的碘标准溶液消耗硫代硫酸钠标准溶液的体积，mL；

V_3——分离硫化钠后溶液中亚硫酸钠消耗碘标准溶液的体积，mL；

$c(I_2)$——碘标准溶液的浓度，mol/L；

$c(Na_2S_2O_3)$——硫代硫酸钠标准溶液的浓度，mol/L；

m——试样的质量，g；

f——$f=0.03903$，1mL 1mol/L 碘标准溶液相当于硫化钠的克数，g。

8.7 煤和焦炭分析

煤和焦炭的分析有水分（W）、挥发物（V）、固定碳（C）、发热量（Q）、灰分（A）及含硫量（S）。都是以含水分的自然样为计算基础（即送检样品）。灰分分析一般常规化验二氧化硅，氧化铁及氧化钙。

（1）水分测定。称取试样 1.000g，置于已灼烧至恒量的瓷坩埚中，将坩埚放入已升温至 102～105℃的恒温干燥箱中。恒温干燥 1h，取出放入干燥器中，冷却至室温，称量。

计算：

$$W(\%)=[(g_1-g_2)/g]\times 100\%$$

式中 g_1——瓷坩埚与试样重量，g；

g_2——经干燥后瓷坩埚与煤样重，g；

g——试样重，g。

（2）挥发物测定。测定水分后，坩埚（连同干燥物）加盖坩埚盖，置于已升温至 850℃ ±20℃的高温马弗炉中，灼烧 7min（煤样）或 3min（焦炭样）。取出坩埚（坩埚盖不能打开），在空气中稍冷后放入干燥器中，冷却至室温，取去坩埚盖称量。

计算：

$$V(\%)=[(g_2-g_3)/g]\times 100\%$$

式中 g_3——经 850℃灼烧后坩埚及煤的质量，g。

（3）灰分的测定。测定挥发物后的坩埚连同煤样（去坩埚盖）置高温马弗炉中，于 800℃灼烧 1.5～2h（没有黑色，炭全部燃烧完全）。取出，稍冷，放入干燥器中冷却至室温，称量。

计算：

$$A(\%) = [(g_4 - g_0)/g] \times 100\%$$

式中 g_4——灼烧后坩埚及残渣的质量，g；

g_0——空坩埚重，g。

（4）固定碳测定。按下式计算固定碳：

$$C(\%) = 100\% - (W\% + V\% + A\%)$$

如果送来检验的样品是已测定水分的干燥样品，则固定碳计算如下：

$$C(\%) = 100\% - (V\% + A\%)$$

（5）发热量测定。按下式计算发热量（经验公式）：

$$Q(\text{大卡/公斤}) = 87.4(C + V)$$

式中 C——固定碳百分含量，%；

V——挥发物百分含量，%。

注：（1）平均低位发热量（达标）

原煤：20934kJ/kg；焦炭：28470kJ/kg。

（2）煤的计算与焦炭相同。

（3）1 大卡 = 1 千卡 = 4.182kJ。

计算举例：外购焦炭　取样 0.5210g（记为 g）

g_0——坩埚重量 = 21.2843g；

g_1——坩埚与样重 = 21.8053g；

g_2——经 100℃ 干燥后坩埚与样重几乎与 g_1 相同，说明没水分；

g_3——经 850℃ 灼烧后坩埚与样重 = 21.7897g；

g_4——灼烧后坩埚及残渣重 = 21.3985g。

根据公式：

挥发物 $V\% = [(g_2 - g_3)/g] \times 100$

$= 21.8053 - 21.7897/0.5210 \times 100 = 3\%$

灰分：$A\% = [(g_4 - g_0)/g] \times 100$

$= 21.3985 - 21.2843/0.5210 \times 100$

$= 21.92\%$

固定碳：

$$C\% = 100\% - (V\% + A\%) = 100 - (3 + 21.92) = 75.08\%$$

发热量 $Q = 87.4 \times (75.08 + 3) = 6824.192$ 大卡/千克

$6824.192 \times 4.182 = 28538.77$kJ/kg

国标平均低位焦炭发热量为：28470kJ/kg

所以本次焦炭大于规定值，为达标。

9 废旧金银原料的回收

含金银（包括铂族元素）废旧原料包括生产此类产品的边角料、废旧料如镀金银的材料、电镀液、X 光胶片、电影胶片、电视胶片、照相胶片、定影液、含金王水腐蚀液、废碘腐蚀液、合金加工厂损毁的废物件、集成电路板、印刷线路板、引线、元器件、含金银废渣、石化用过的催化剂、废乳胶、废棉、下脚料、泥金金字牌匾、对联、神龛、描金陶瓷、器具、玩具、织金戏剧服装、服饰、银电池、蓄电池、牙科材料、首饰、货币、金笔加工厂的边角料和粉灰、寺庙等古建筑拆除的含金银垃圾、有色金属冶炼厂合金渣、废坩埚、冶金炉拆块等，都可再生回收。

液态物料通常采用置换法、沉淀法、电解法使其转化为固体物料，也可用活性炭或离子交换树脂进行吸附回收。固体原料的先期处理，通常采用火法冶炼或湿法浸出。

火法冶炼适宜处理金银的合金、电子元件、集成电路、印刷电路板、引线、催化剂、灰渣等，对有些原料可采用火法熔炼—挥化法，经收尘系统从烟尘回收。银可采用还原熔炼法回收。也可采用火法—氯化法，使银生成氯化银浮于熔渣表面，经分离后再采用还原法回收。

湿法浸出多采用酸、碱或王水浸出法。对于镀金银的废件可采用酸腐蚀液将表面金银镀层剥蚀脱落，其金属部件如无毛病还可用于电镀与化学镀加工，硅质点金的电子元器件可采用硅腐蚀剂除硅后将金粒收集。有的可用氰化钠、硫脲或卤化物使其溶解生成金、银铬合物，再从中回收。对于粉粒金银器件还可采用机械刷洗法。

电解法。处理大于70%左右的金银或金属。含铜大于70%的金银铜合金，在硫酸铜和硫酸的电解液中采用铜电解工艺。于阴极沉积出电解铜。金银因含量高低不同，或以骨架形态留于阳极上，或者碎裂进入阳极泥中。

王水溶解法。适用于金银很低的合金。溶解后过滤，从滤出的氯化银渣中回收银。向滤液中加入亚铁液，或冲入二氧化硫使金还原，沉淀回收。

金铂合金经王水溶解，滴加盐酸慢慢加热赶硝至呈糖浆状，再加蒸馏水稀释，加饱和氯化铵液使铂生成氯铂酸铵沉淀，过滤煅烧以粗海绵铂形式回收。向滤液中加入亚铁液，或冲入二氧化硫还原沉淀回收金。

金钯银合金加稀硝酸（$V_{酸}$: $V_{水}=2:1$）处理后，从不溶渣中回收金。滤液加盐酸回收银。余液中的钯呈 $Pd(NO_3)_2$ 状态，加氨水络合后用盐酸酸化，再加甲醛使钯还原呈粉状回收。

金钯硼铋合金用稀王水（$V_{酸}$: $V_{水}=3:1$）加热溶解后，先从溶液中还原回收金，然后缓慢加热蒸发赶硝至干涸。冷却后滴加少许盐酸润湿，再加水加热浸出钯。之后过滤，滤液中加入氯化铵使钯生成氯钯酸铵沉淀，沉淀物再过滤后进行煅烧以回收粗海绵钯。

金硼镓、金锑、金锑砷铋合金，用稀王水（酸：水=3：1～1：3）煮沸溶解后过滤，经向溶液中加亚铁等步骤还原金。

过氧化钠熔融法。金铱合金中的铱为难溶金属，可将其与过氧化钠（或同时加入氢氧化钠）一起在600～750℃不断搅拌下加热60～90℃至熔融后，将其倾于钢板上铸成薄片，再用冷水浸淬。向萃取渣中注入盐酸加热溶解铱的钠盐，过滤，向滤液中通入氯气使铱氧化成4价，再加入饱和氯化铵液使铱呈氯铱酸铵沉淀，经煅烧后以粗海绵铱回收。除铱的不溶渣加王水溶解、过滤，并用亚铁等还原沉淀金。

9.1 从镀金、镀银器件中回收金银

（1）硝酸浸蚀法。镀金、镀银废件可在常温下用稀硝酸

(酸：水=1：(2~3)) 浸蚀法退银。其腐蚀废件不能再利用，退银时间长短也不好掌握。表面镀层的金、银酥松脱落成金粉回收。

(2) 氰化钠浸蚀法。采用 NaCN 或 (KCN) 75~200g/L 的浓溶液，加热至85℃或以上进行退金处理，金生成 $NaAu(CN_2)$ 进入溶液。氰化液中通常加入防（仿）染盐（间硝基苯甲酸钠）或其他缓蚀剂，以保护基体材料免受浸蚀。进入溶液中金一般加锌粉置换回收。

(3) 碘浸蚀法。镀金废件先用丙酮清洗，再于室温下加入碘浸蚀液退金 1~1.5h，碘浸蚀液为：碘化钾：碘片 =1：2.1 的水溶液。并添加催化剂 KIO_3 0.5g/L。退金过程中本材料不受损坏，可再次用于镀金。进入溶液的碘化金，若采用电积法回收，可采用不溶阳极在槽电压 2V 的条件下电解 40~60min，溶液中的金即可完全脱尽。脱金过程中的负碘离子会在阳极上氧化为碘分子，提金后可再次用于退金。

(4) 电解法。此法退金、银一般使用含氰的镀金或镀银的废电镀液。由于退金银的器件细小，阳极通常采用插入电极的聚丙烯提蓝，阴极用不锈钢板。电解液使用添加有柠檬酸、柠檬酸铵、酒石酸钠的镀金废液，或加锌粉置换银后的镀银废液。也可用自行配制的含 CN^- 2~3g/L，或以上的电解液。在槽电压 0.9~1.3V，电流密度 1.0~1.5A/dm^2 条件下，可获得满意的退金效果。基体材料不会损坏，可供再电镀用。

9.2 从镀金、镀银液中回收金银

含金废液主要有电镀、化学镀金废液和各种来源的含金氰化液、氯化液、王水等，根据含金量而定方法。

从高含量的液中回收金；氰化液通常采用锌粉、锌屑、锌块置换法。

氯化液多采用铜丝、铜屑置换法。王水液则采用硫酸亚铁、氯化亚铁的水溶液或通入 SO_2 使金还原沉淀。

从少量、微量金的废液、洗水中回收金，多采用活性炭或离子交换树脂吸附回收金。也可用硼氢化钠（$NaBH_4$）还原法与溶剂萃取法。

9.3 从感光材料生产厂的废乳剂中回收金银

生产胶片、胶卷、相纸等感光材料工厂中的废乳剂，其含的银以溴化银为主，回收银是先向含每千克废乳液的水溶液中加氢氧化钠 15g，加热至 85℃左右以破坏其中的明胶。再加入硫代硫酸钠 1.5g，继续保持在 85℃下使银的卤化物转化为硫代硫酸钠银。最后加入硼氢化钠 0.9g，使银还原为银粉后，过滤或洗涤干燥。

9.4 从镀银镜片、热水瓶胆碎片中回收金银

镜片上的银是硝酸银加葡萄糖或甲醛还原的致密金属银层，从其碎片中回收银可以采用硝酸氧化法。即将水洗净的碎片置于稀硝酸（酸∶水＝1∶(4～6)），溶液中浸出，进入溶液中的银生成氯化银沉淀，再放入酸性液中加铁或铝片（屑）还原成银粒。

热水瓶胆上的银是喷镀的氯化银层。也可采用稀硝酸液浸洗下来，再放入酸性液中加铁或铝片（屑）还原成银粒。

9.5 从电镀银废液中，或其他含银废液中回收金银

可采用食盐液使银生成 AgCl 沉淀，将此液于酸性溶液中加金属铁或锌还原成金属银。也可直接用锌粉置换还原成粗银粉回收。

电镀银液中通常含有氰，回收中只有用食盐沉淀。不能用盐酸，这样会产生有毒气体氰化氢（HCN）。

9.6 硫化银的还原

其通常采用硝酸氧化法或铁、铝置换法。

（1）硝酸氧化法。干的硫化银先加水润湿再加稀硝酸（酸：

水＝1：（2～3））溶解，过滤除去硫化银氧化分解时产生的单体硫，向滤液中加入稀盐酸使硝酸银转化为氯化银沉淀，抽出上层清液，再加热至沸，使氯化银凝聚成块状过滤，用热水洗涤。洗净的氯化银加氨水溶解转化为碱性的银氨络盐后，再加水合肼还原呈银粉回收。

（2）铁、铝置换法。可使用铁屑或铁片置换出银，两者方法相同，不同的是材料消耗量不同。产出银粉纯度也不同。

采用纯净的薄铁片定量置换法，是向含硫化银的水中按100g 硫化银加入浓硫酸 250mL、纯净薄铝片，于通风柜中加热至沸腾（注意：有硫化氢放出）。再移至石棉垫板上继续加热还原 1h。待银完全还原呈银粉后停止加热。倾去上清液，加水洗涤，并取出残余的铁片，水吹洗，过滤，用蒸馏水洗去无氯离子后干燥。

采用铁屑置换法是先将铁屑洗去油污，置于含有硫酸的酸性硫化银浆中于室温下进行较长时间的置换。铁屑的加入量至少是理论需要量的 2 倍，特别是氧化生锈了的铁屑是不参加反应的。

铝置换反应可使用铝粉或铝箔。它是将硫化银加入含氢氧化钠的水溶液中使其分散成矿浆，然后加铝使银在碱性条件下还原。铝的理论消耗量为 Ag_2S 的 0.75～1.2 倍。

9.7 氯化银还原

其通常采用火法熔炼还原法和湿法置换还原法。

（1）火法熔炼。氯化银加碳酸钠、铁屑混合，在炉温 1050～1150℃进行还原熔炼。在还原剂的作用下，氯化银还原成金属。但氯化银熔融后会与渣一起浮于液面，很难判断它的终点；而可能使银大量损失于炉渣中。若使用的铁屑因氧化生锈而失去还原作用。或铁屑的加入量不足，氯化银不能完全还原，也会使银损失于炉渣中。

（2）湿法置换还原法。多采用铁置换法。它是将氯化银加水浆化，加入少量盐酸或硫酸使溶液酸化后，再加入洗净的铁屑或铁片，在常温或加热条件下浸置。银即还原成灰黑色粉末。再将此粉洗净、干燥。加入碳酸钠铁屑。置于1100℃左右的坩埚炉内熔炼成银锭。此法银的损失少，还可获得较纯净的金属银。

9.8 硫氰酸盐法

采用硫氰酸铵和硫氰酸钠浸出金。由于硫氰酸钠是焦化厂的副产品，价廉易得，且作业时不会释出氨。

硫氰酸盐浸出金，是由于它能在常温下离解为 SCN^- 而与 Au^+、Ag^+ 生成稳定的络合物。在强酸性液（pH = 1 ~ 2）中，添加氧化剂（MnO_2）能使载金硫矿物（黄铁矿等）分解释放出单体金。可加快金银的溶解速度，提高浸出率。

郑州大学化学系对某金矿的浮选硫金精矿分别进行了小试（1t）、中试采用含量 64 ~ 72.85g/t 的精矿共进行了 9 批，浸出作业采用含 NaSCN 4% ~ 5% 的溶液，固液比 = 1：2 加软锰矿（含 MnO_2 35.98%）50kg，用硫酸调酸度，并保证作业过程中 pH = 1 ~ 2，经搅拌浸出 4h 后，加碳酸氢钠调整 pH = 4 ~ 5 过滤及洗涤，浸出液中的金采用锌粉置换回收。

试验表明：金的浸出率平均达 92.74%，平均每吨精矿消耗硫氰酸钠 5.60kg。

9.9 硫代硫酸盐获金法

硫代硫酸盐获金法是由苏联卡可夫斯基 1957 年研制，此后，福沃德用氨浸出含镍、钴、铜的硫化矿时，硫在氨的作用下能氧化生成 $S_2O_3^{2-}$，它为氨浸出硫化矿中金提供了依据。1972 年梅津良发表论文用硫代硫酸铵从纯金板上浸出金的报告。证明在碱性液中通入氧，金银能与硫代硫酸盐反应生成稳定的硫代硫酸金阴离子。

$$2Au + 4S_2O_3^{2-} + H_2O + 1/2O_2 \longrightarrow 2Au(S_2O_3)_3^{2-} + 2OH^-$$

由于是在碱性液条件下进行的，可减少杂质，（尤其含铁硫化物）的溶出，且反应过程中铜具有催化作用，若缺少

$Cu(NH_3)_4^{2-}$，上述反应则不可进行。

1979年G. S贝雷佐夫斯基使用含金银的硫化铜（铜量25.03%）精矿经氧化浸出97%铜后的浸出渣，在溶液含NH_3 0.5mol、Na_2SO_3 0.44mol、$CuSO_4$ 0.04mol、氧压 1atm（101325Pa）、搅拌速度200r/min、液温40～60℃条件下浸出2～4h、金的浸出率为93%、银的浸出率也达85%。

新疆伊宁试验站1987年建立了用当地产的硫化硫酸钠日处理50t硫金精矿工厂，金的浸出率达92%。

石硫合剂法（LSSS也是一种硫化物，原料是石灰或消石灰）主要成分：CaS_5、CaS_2O_3，可采用火法制得，也可加入水加热用湿法制成，其溶解金银原理是由于在催化剂的作用下其中CaS_2O_3能溶解金：

$$2Au + 4S_2O_3^{2-} + H_2O + 1/2O_2 \longrightarrow 2Au(S_2O_3)_2^{3-} + 2OH$$

西安建筑科技大学用LSSS对含金60g/t、银112g/t、铜3.7g/t等的硫金精矿进行浸出，由于精矿中含有较多的铜，在铜的催化氧化作用下，无论是否另加氧化剂，LSSS都能溶解金银。若向矿浆中另外添加铜氨盐、或氨水、或硫代硫酸钠，都能提高金银的浸出率。其固液比=1∶3，液温40℃、加入精矿30g、LSSS 90mL、配入氨水（$NH_3 \cdot H_2O$）0.55mol，经搅拌浸出10h，金银浸出率达90%。

9.10 卤化物法

卤族元素包括：氟、氯、溴、碘，化学性质活泼、具有较强的氧化作用和络合能力。能直接与多种金属元素化合生成络盐。通常用的卤化物，除氯气、溴气外，氯化钠、溴化钠、氯化铵都是络合剂。

盐酸、氯气、食盐的湿法和火法冶金是一项成熟工艺。苏联曾报道过氯化钠150～300g/t、$Ca(OCl)_2$ 2.5～3g/t的混合溶液，在最佳条件下可使矿石中90%的金、银进入浸出液中。此法不需耐酸设备，也不需供氯气。

西德介绍过：Br_2 \ $NaCl$($NaOH$ \ $NaBr$ \ NH_4Cl) 的混合剂，当使用含 $Br_2$1%（体积分数）和 10% NaCl（质量分数）的 pH 值为 3.4 溶液，于室温 17℃下溶解表面积 100cm^2 的金片时，金的溶解速度达 256mg/（cm^2·h)。约相当于王水溶金速度的 5 倍。将此溶剂用于浸出含金 9.8g/t 矿石中的金时，使用样品重 2 倍的 0.4% Br_2（体积分数）和 10% NaCl（质量分数）试液，在室温 16℃下振荡 30min，金的浸出率达 96%。

进行氧化矿样金的浸出时，一组矿样经磨碎并通过 75 目（0.182mm）筛，另一组未磨碎。使用 0.4% Br_2（体积分数）和 0.4% NaCl（质量分数）pH＝7.4 的溶液，在室温 16℃下，40r/min 的摇瓶机上旋转 60min，两组矿样金的浸出率都达 100%。

当用金牛山含碳硫化精矿金的浸出试验时，取矿样 10g 置于瓷皿中放入 600～650℃炉中氧化焙烧 1h 后，装入溶样瓶中加入氯化钠 1g，溴水（Br_2）10mL，加盖静置 12h，金的浸出率达 99%，不经焙烧去硫不能浸出金。

9.11 溶液氯化法浸出金

对硫化矿的重选金精矿焙砂：先将精矿于 800℃进行氧化焙烧后，在含盐酸的溶液中通入氯气浸出，金的浸出率达 99%，固液分离后，向溶液中充入二氧化硫使金还原，沉淀的金经氯化铵洗涤后，得到的金粉含金纯度达 99.9%。

9.12 氯化焙烧挥发法

金从硫化矿选出金精矿多是含银的，有些金精矿中还有大量的铜、铅、锌等金属，采用高温氯化焙烧挥发法不但能提高难处理金精矿的回收，还可从中综合回收银、铜、铅、锌等金属。其先对精矿先加入占精矿重 10%～15% 的氯化钠（或 5%～10% 二氯化钙）并加水于圆盆制粒机中制成球，经 150～200℃烘干，筛出粉末，再于竖式炉中进行氯化焙烧（不制球就改用管状炉焙烧），进行不完全焙烧（残留 3%～5% 的硫，目的是在焙烧过程中产生一部分起氧化催化剂作用的 S_2Cl_2）这样精矿就能在较低温度（700～1000℃）下氯化焙烧，若精矿不含硫，氯化焙烧温度须控制在1150℃以上。经氯化挥发产出烟尘可采用多种方法处理，其中稀硝酸浸出分步沉淀是很实用的，此法将烟尘用20g/L的稀硫酸在液温20℃左右浸出1～2h，然后过滤分离金-铅渣，加水洗涤。浸出液和洗液合并，以下方法分步沉淀回收其中的有用金属。

（1）向溶液中充入蒸汽直接加热，并加入废黄铜或紫铜屑进行置换，使硫酸银还原成粗银粉沉淀。或向滤液中加入食盐，在搅拌下使硫酸银转化为氯化银沉淀。

（2）向溶液中加入氯化钙，搅拌0.5～1h使硫生成硫酸钙沉淀。

（3）加入石灰溶液使pH值达到4.5～5，搅拌2～3h使铜生成氢氧化铜沉淀。

（4）加入石灰溶液使pH值达到10，搅拌2～3h使锌生成氢氧化锌沉淀。

金-铅渣先加碳酸钠在液温70～90℃、固液比=1∶4的搅拌条件下浸煮4h，使铅转化为碳酸铅。碳酸钠加入量视渣中的含量而定，一般为理论值的105%～110%，只要碳酸钠加入量足够，铅的转化率可达99%以上。浸煮渣过滤并水洗至中性，再于室温搅拌下缓慢加入3mol/L的稀硝酸，直至反应减慢且无二氧化碳气泡放出后，测定溶液中pH值达0.5以下为止。此时渣中碳酸铅全部溶解成硝酸铅进入溶液。过滤分金后，在搅拌下加入稀硫酸使溶液的碳酸铅生成硫酸铅沉淀。除铅后的金渣可根据原料数量多少，选用常规的工艺提纯金。

9.13 火法氯化法

向容量500kg感应电炉坩埚的熔融金属中通入氯气，使银、铜及其他杂质金属氯法造渣上浮，产出含金纯度不小于99.6%的金锭。若要再纯，就得用电解法。

10 安全生产与安全救护

10.1 化验室安全常识

分析化学实验室需要接触各类化学试剂、玻璃器皿以及水电设备，而很多试剂都具有腐蚀性或毒害性；还有一些试剂易燃、易爆；为确保人身安全、设备安全；化验室人员应严格遵守下列规则：

（1）室内禁止饮食、严禁吸烟；不能用化验器皿盛装或处理食物。离开化验室之前用肥皂洗手。

（2）进入化验室应穿工作服，女分析员长头发应扎好或戴工作帽。

（3）所有试剂、试样应贴有标签，并保证标签与内容相符。标明试剂名称、浓度、日期、时间、试样来源地点。

（4）化验室除抽风机带有噪声外，应保持安静。

（5）废纸废物、玻璃碎片等废物投入垃圾筒内，统一处理。

（6）废酸废碱经塑料管道流入预处理池内。

（7）化验后的废纸浆也要倒入回收桶，以免堵塞下水道。

（8）化验后的有价元素如金、银、铜、钯等废液，应分别倒入回收桶内。

（9）洒落在台面上的试剂要随时清理干净，用完各器皿清洗干净、摆放整齐。

（10）下班前，清扫台面、地上卫生，关闭水、电、门窗。

（11）操作挥发性的浓酸（盐酸、硫酸、硝酸、高氯酸、氢氟酸）、浓碱（氨水）和有毒害及有腐蚀性气体（硫化氢、氯气、溴水、二氧化氮、氯化氢、氟化氢、氰化物、二氧化硫、氨）应戴防护眼镜、皮手套，并在通风柜里操作！

（12）对于使用挥发性和易燃物质的实验，应远离火源，并在通风柜内进行。易燃溶剂加热时，采用水浴或沙浴，并避免用明火。灼热的物体不得直接放置在台面上。

（13）在使用强酸、强碱、强氧化剂、溴、磷、钠、钾、冰醋酸等，应注意保护、防止腐蚀烧伤皮肤、严防溅入口、眼。

（14）配制稀释浓硫酸时，必须在烧杯等耐热容器中进行，先加入一定体积的水；同时耐热容器放入另一个盛满冷却水的盆中，然后将浓硫酸在不断搅拌下缓缓注入耐热容器水中，温度过高时应冷却降温后再继续加入。

配制氢氧化钠、氢氧化钾等浓碱溶液时，也必须在耐热容器中溶解；如需将浓酸浓碱中和，应先各自进行稀释再中和。

（15）不允许任意混合化学药品，以免发生事故。

（16）使用有毒试剂：重铬酸钾、氰化物、砷化物、铍化合物、汞盐、镉盐和铅盐时；必须特别小心，并采用适当的防护措施。其废物也应当采取适当方法处理。不能随便排入下水道。

（17）装过有毒、强腐蚀性的、易燃、易爆物质的器皿，应由操作者亲自处理并清洗干净。

（18）使用分析天平、分光光度计、乙炔气瓶、氧气瓶、氢气瓶、酸度计、光谱仪、色谱仪等精密设备、仪器时，应严格遵守操作规程。

（19）将玻璃棒、玻璃管、温度计插入或拔出胶塞、胶管时应垫上垫布包好，用手慢慢操作，切不可强行操作以免伤手。

（20）试剂瓶的磨口黏固打不开时，可将瓶塞用塑料棒或木柄沿边缘轻轻磕碰，使其松动。或用电热吹风稍许加热瓶颈部分，使外部受热膨胀而与内层脱离。也可在黏固的缝隙间滴加几滴渗透力强的液体（乙醚、乙酯、石油醚、煤油、水、稀盐酸、渗透剂或用热水浸泡）使内外层互相脱离。禁用重物敲击，以免破损。

（21）实验室内应备有急救药箱，备有物品：消毒纱布、消毒药棉、消毒绷带、止血带、红药水、紫药水、碘酒、创可贴、烫伤油膏、乙酸（3% ~4%水溶液）、碳酸氢钠（2%水溶液）、硼酸饱和液、75%乙醇、消毒镊子、消毒剪刀。

（22）按试验室特点、装备必要的灭火器材：

灭火器材类型	特性要求	适用对象
消火栓	为保证管道内水压，不得与生产用水共用同一管线；消火栓位置一般设在走廊和楼梯口	适用于一般木材及各种纤维的灭火以及可溶的或半可溶于水的可燃气体的灭火
砂　土	隔绝空气而灭火，砂土要保持干燥	用于不能用水灭火的灭火物
石棉毯	隔绝空气而灭火	用于扑灭人身上的灭火
二氧化碳泡沫灭火器	主要成分为硫酸铝，碳酸氢钠、皂粉等，经与酸作用生成二氧化碳的泡沫盖于燃烧物上隔绝空气而灭火	适用于油类及高级仪表的灭火
干式二氧化碳灭火器	用二氧化碳压缩干粉（碳酸氢钠及适量滑润剂防潮剂等）喷于燃烧物上而灭火	适用于油类、可燃气体、电器设备、精密仪器等的灭火
“1211”灭火器	“1211”即2氟1氯1溴甲烷，是一种阻止剂，能加速灭火作用，不导电，毒性比四氯化碳小，灭火效果好	用于档案资料、电气设备以及贵重精密仪器、仪表的灭火

10.2 一般事故紧急处理

（1）安全用电防护。

操作电器时，手必须干燥。如遇有人触电，应立即断开电源，再进行抢救。必要时进行人工呼吸或送医院抢救。由电火花引起的火灾，在报火警的同时先立即断开电源，再进行灭火，若无法断开电源，应使用室内配备的干粉灭火器。

(2) 化学药品灼伤处理。腐蚀性化学试剂包括：

强酸类，特别是氢氟酸。

强碱类的碱金属有：氢氧化物、浓氨水。

氧化剂有：过氧化氢、过硫酸盐。

单质的有：溴、钾、钠等。

使用这些腐蚀性化学物应戴防护手套以及护目镜，以防药剂溅入眼内和皮肤上造成灼伤。如不慎灼伤立即用大量水冲洗再作处理。

1）酸灼伤。用弱碱性稀溶液：如2%的碳酸氢钠液或稀氨水冲洗。

2）碱灼伤。用弱酸稀溶液：如1%的硼酸或柠檬酸液冲洗。

3）溴液灼伤。用石油醚清洗后，再用2%硫代硫酸钠清洗，最后用大量水冲洗。

(3) 烫伤或冻伤的处理。高温烫伤或低温冻伤时，先用高锰酸钾或苦味酸溶液冲洗，再在伤口处抹上黄色的苦味酸；烫伤药膏或万花油，切不可用水冲洗。

(4) 吸入刺激性、有毒气体的处理。

1）如不慎吸入氯气（Cl_2）、溴蒸气（Br_2）、或氯化氢（HCl），可用碳酸氢钠（$NaHCO_3$）溶液漱口，然后闻吸少量酒精使其溶解，立即到室外空气流通处呼吸新鲜空气。

2）预防中毒。汞熔点约为 -39℃，极容易挥发，其蒸气极毒，在人体内有累积性，经常接触少量汞蒸气，会引起慢性中毒，严重危害人体健康。

洒落在台面、地面上的汞应及时、彻底清理。直径大于1mm的汞可用普通滴管吸取收集在容器中，不能收集的细小汞珠，用覆有汞齐的铜片或马口铁片收集，使汞珠附在薄片上再移入器皿中。用以上方法仍不能收集的汞；可用20%三氯化铁溶液，或撒上硫磺、硫化钙、漂白粉等任一物质的粉末，仔细泼洒到可能有汞的地方；使汞转化为不挥发的毒性小的难溶盐。

该容器中收集的汞，可以清洗回收；若太脏并确定没有回收的必要，可用同样方法：撒上硫磺、硫化钙、漂白粉等任一物质的粉末，使汞转化为不挥发的、毒性小的难溶盐。

10.3 化验员的职责及应该注意的事项

分析工作历来被称为科研的尖兵，生产中的眼睛。作为一个化验员能在分析岗位上工作，肩上的担子是沉重的，也是无上光荣的。化验室的主要任务是报告出样品分析的数据，而数据的来源是由化验员提供的，这些数据可能在生产、科研方面、商业方面、安全方面乃至法律方面有着重要的应用。作为一个化验员，所提供的数据必需科学、准确，对自己所提供的数据负有完全的责任。因此要求化验员在实际工作中要做到严格执行操作规程、工作认真细致，绝不能马虎大意，甚至弄虚作假。

为了使分析结果准确可靠，作为一个化验员在工作中应该注意如下事项：

（1）在日常工作中，要注意保存（或贴上）试剂（或溶液）的标签。

（2）配制标准溶液要特别小心，盛装瓶要预先洗净，称量要及时记录，配制完毕，要立即贴上标签，注明名称、浓度、配制日期、配制人姓名、室内温度等。标准溶液需要进行标定的，最好有两人同时进行标定。

（3）进行样品分析时，要对试剂进行空白试验，特别是低含量的测定，更要注意空白的影响。

（4）称样量要根据试样被测组分含量的高低而定，容量法一般要求消耗标准溶液在25mL左右；比色法一般要求吸光度在0.25左右为宜。

（5）试样在加热处理时，不允许离开现场，非离开不可的，要委托他人看管。

（6）在操作过程中，必须严格执行操作规程，在没有充分依据的情况下及未经许可，不得随意改变操作方法。

（7）要密切注意样品的代表性，如粒度、均匀性及干燥性。

（8）有的试剂及配制的溶液，在超过一定时间会失去应有的效能，如10% $SnCl_2$ 溶液，配制后时间过长，还原能力大大下降；化硫及锡用的淀粉溶液，特别是在夏天，1～2天后反应的灵敏度低；铁比色法用的邻菲罗啉，时间长了则失去应有的发色效果。对于这一类试剂，最好采取现配现用。

（9）由于气温的变化及仪器内部电子元件的参数发生改变，测定所用的工作曲线（即由曲线所计算出的 K 值），要根据样品分析的重要性进行必要的校准。

（10）分析数据测得后，要及时进行结果分析计算，在计算分析结果时，要自己进行复算，最好再请别人复算一次，以保证结果无误。分析结果（特别是分析结果超过了控制指标），要及时上报有关生产部门及管理部门，以便有关部门指挥生产和采取相应的措施。

（11）化验员在工作时，一定要把安全放在首位，操作不慎可致双目失明，甚至身亡。

（12）要养成讲文明、讲卫生的良好习惯，在工作室内不允许把容器内的溶液摔掉，以防伤害自己或别人。用过的量具及器具要及时进行清洗干净，在使用量具及器具时，最好要亲自再清洗一次。

附　录

附录1　常用酸碱指示剂

指示剂名称	pH 值变色范围	颜色变化	配制方法
甲基紫（头次变色）	0.13～0.5	黄→绿	1g/L 或 0.5g/L 水溶液
甲酚红（头次变色）	0.2～1.8	红→黄	0.04g 溶于 50% 乙醇中稀释至 100 mL
甲基紫（二次变色）	1.0～1.5	绿→蓝	1g/L 水溶液
百里酚蓝、麝香草酚蓝	1.2～1.8 /8～9.6	红、黄/蓝	0.1g 溶于 100mL 20% 乙醇中
甲基紫（三次变色）	2.0～3.0	蓝→紫	1g/L 水溶液
二甲基黄	2.9～4.0	红→黄	0.1g 或 0.01g 溶于 100mL 90% 乙醇中
甲基橙	3.1～4.4	红→黄	1g/L 或 0.1g/L 水溶液
溴酚蓝	3.0～4.6	黄→蓝	0.1g 溶于 100mL 20% 乙醇中
刚果红	3.0～5.2	蓝紫→红	1g/L 水溶液
溴甲酚绿	3.8～5.4	黄→蓝	0.1g 溶于 100mL 20% 乙醇中
甲基红	4.4～6.2	红→黄	0.1～0.2g 溶于 100mL 20% 乙醇中
溴酚红	5.0～6.8	黄→红	0.1 ～0.04g 溶于 100mL 20% 乙醇中
溴甲酚紫	5.2～6.8	黄→紫红	0.1g 溶于 100mL 20% 乙醇中
溴百里酚蓝	6.0～7.0	黄→蓝	0.05g 溶于 100mL 20% 乙醇中
中性红	6.8～8.0	红→亮黄	0.1g 溶于 100mL 20% 乙醇中
酚酞	8.2～10	无色→淡红	0.1～1g 溶于 90 mL 乙醇中加水至 100 mL
百里酚蓝	8.0～9.6	黄→蓝	0.1g 溶于 100mL 20% 乙醇中
甲酚红	7.2～8.8	亮黄→紫红	0.1g 溶于 100mL 50% 乙醇中

附录2 常用酸碱混合指示剂

指示剂名称	pH值变色范围	颜色 酸色→碱色	配制混合溶液的方法
甲基黄+亚甲基蓝	3.25	蓝紫→绿	1+1的0.1%乙醇溶液
甲基橙+靛蓝二磺酸	4.1	紫→黄绿	1份0.1%甲基橙+1份0.25%靛蓝二磺酸
溴百里酚绿+甲基橙	4.3	黄→蓝绿	1份0.1%溴百里酚绿+1份0.2%甲基橙水溶液
甲基橙+苯胺蓝	4.3	紫→绿	1份0.1%甲基橙水溶液+1份0.1%苯胺蓝水溶液
溴甲酚绿+甲基红	5.1	酒红→绿	3份0.1%溴甲酚绿乙醇液+2份0.1%甲基红乙醇液
甲基红+亚甲基蓝	5.4	红紫→绿	1份0.2%甲基红乙醇液+1份0.1%亚甲基蓝乙醇液
溴甲酚紫+溴百里酚蓝	6.7	黄→蓝紫	1份0.1%溴甲酚紫+1份0.1%溴百里酚蓝水溶液
中性红+亚甲基蓝	7.0	紫蓝→绿	1份0.1%中性红乙醇液+1份0.1%亚甲基蓝乙醇液
溴百里酚蓝+酚红	7.5	黄→绿	1份0.1%溴百里酚蓝水溶液+1份0.1%酚红水溶液
甲酚红+百里酚蓝	8.3	黄→紫	1份0.1%甲酚红水溶液+1份0.1%百里酚蓝水溶液
百里酚蓝+酚酞乙醇	9.0	绿→紫	1份0.1%百里酚蓝乙醇（1+1）液+3份0.1%酚酞乙醇（1+1）液
酚酞+尼罗蓝	10	蓝→红	1份0.1%酚酞乙醇液+2份0.1%尼罗蓝乙醇液
尼罗蓝+茜素黄	10.8	绿→红棕	1份0.2%尼罗蓝水溶液+1份0.1%茜素黄乙醇液

附录3 常用金属离子指示剂

指示剂名称	颜色 游离态→化合物	配制方法
铬黑T(EBT)	蓝→红	① 0.2g铬黑T溶于15mL三乙醇胺及5mL甲醇中 ② 将2g铬黑T与100g NaCl研细混匀。

续附录3

指示剂名称	颜色 游离态→化合物	配制方法
钙指示剂（N、N）	蓝→酒红	0.5g 铬黑 T 与 100g NaCl 研细混匀
二甲酚橙（X O）	黄→红	0.2g 二甲酚橙溶于 100 mL 去离子水中
K-B 草药指示剂	蓝→红	0.5g 酸性铬蓝 K 加水 1.25g 萘酚绿 B 再加 25g K_2SO_4 研细混匀
磺基水杨酸	无色→红	100g/L 的水溶液
PAN 指示剂	黄→红	0.1g 或 0.2g PAN 指示剂溶于 100mL 乙醇中

附录4　氧化还原指示剂

指示剂名称	变色电位 ϕ / V	颜色		配制方法（棕色瓶盛装）
		氧化态	还原态	
二苯胺	0.76	紫	无色	取 1g 二苯胺，在搅拌下溶于 100 mL 浓硫酸和 100mL 浓磷酸中
二苯胺磺酸钠	0.85	紫	无色	0.5g 溶于 100mL 水中，必要时过滤
邻菲罗啉（Ⅱ）	1.06	淡蓝	红	0.5g $FeSO_4 \cdot 7H_2O$ 溶于 100 mL 水中，加 2 滴硫酸再加 0.5g 邻菲罗啉，混匀
邻苯氨基苯甲酸	1.08	紫红	无色	将 0.2g 溶在 100 mL 2% 的 Na_2CO_3 溶液中，必要时过滤
淀粉 /g · L^{-1}				0.5g 或 1g 可溶性淀粉用水湿润，用 90mL 沸水冲入，再煮沸 1min，冷却后水稀至 100.00mL； 若要保持稳定，可在研磨淀粉时加入 1mg 的 HgI_2

附录5　沉淀及吸附指示剂

指示剂名称	颜色		配制方法
铬酸钾	黄	砖红	5g 铬酸钾溶于 100mL 水中
饱和硫酸铁铵（4%）	无色	血红	40g $NH_4Fe(SO_4)_2 \cdot 12H_2O$ 溶于 100mL 水中加数滴浓硝酸

续附录5

指示剂名称	颜色		配制方法
荧光黄	绿色荧光	玫瑰红	0.5g 溶于乙醇中，并用乙醇稀至100mL
二氯荧光黄	绿色荧光	玫瑰红	0.1g 二氯荧光黄溶于100mL 水中
曙红	橙色	深红	0.5g 曙红溶于100mL 水中

附录6 常用缓冲溶液的配制

pH值	配制方法
0	1 mol/L 的 HCl 溶液（不能存在 Cl^- 时，用 HNO_3 代替）
1	0.1 mol/L 的 HCl 溶液，取浓 HCl 8.5 mL 稀释至1L
2	0.01 mol/L 的 HCl 溶液，取浓 HCl 0.85 mL 稀释至1L
3.6	8g $NaAC \cdot 3H_2O$ 溶于适量水中，加6 mol/ L 的 HAC 溶液134mL，稀释至500 mL
4	60mL 冰醋酸加16g 无水醋酸钠，溶于水中，稀释至500mL
4.5	30mL 冰醋酸加30g 无水醋酸钠，溶于水中，稀释至500mL
5.0	30mL 冰醋酸加60g 无水醋酸钠，溶于水中，稀释至500mL
5.4	40g 六亚甲基四胺溶于90mL 水中再加20mL 6mol/L 的 HCl 溶液
5.7	100g $NaAC \cdot 3H_2O$ 溶于适量水中，加 6mol/L 的 HAC 溶液 13mL 稀至500mL
7.0	77g NH_4AC 溶于适量水中，稀释至500mL
7.5	66g NH_4Cl 溶于适量水中，加浓氨水1.4mL，稀释至500mL
8.0	50g NH_4Cl 溶于适量水中，加浓氨水3.5mL，稀释至500mL
8.5	40g NH_4Cl 溶于适量水中，加浓氨水8.8mL，稀释至500mL
9.0	35g NH_4Cl 溶于适量水中，加浓氨水24mL，稀释至500mL
9.5	30g NH_4Cl 溶于适量水中，加浓氨水65mL，稀释至500mL
10	27g NH_4Cl 溶于适量水中，加浓氨水175mL，稀释至500mL
11	3g NH_4Cl 溶于适量水中，加浓氨水207mL，稀释至500mL
12	0.01mol/L NaOH 溶液，（不能存在 Na^+ 时，用 KOH 代替）
13	0.1mol/L NaOH 溶液。将固体 NaOH 配成饱和溶液，取5.2mL 清液，注入1000mL 不含 CO_2 的水中，摇匀

附录 7　常用基准物质的干燥条件和应用

名　称	分子式	干燥后组成	干燥条件/℃	标定对象
碳酸氢钠	$NaHCO_3$	Na_2CO_3	270～300	酸
碳酸钠	$Na_2CO_3 \cdot 10H_2O$	Na_2CO_3	270～300	酸
硼　砂	$Na_2B_4O_7 \cdot 10H_2O$		放在含有 NaCl 和蔗糖饱和液干燥器中	酸
碳酸氢钾	$KHCO_3$	K_2CO_3	270～300	酸
草　酸	$H_2C_2O_4 \cdot 2H_2O$	$H_2C_2O_4 \cdot 2H_2O$	室温，空气干燥	碱
邻苯二甲酸氢钾	$KHC_8H_4O_4$	$KHC_8H_4O_4$	110～120	碱
重铬酸钾	K_2CrO_7	K_2CrO_7	140～150	还原剂
溴酸钾	$KBrO_3$	$KBrO_3$	130	还原剂
碘酸钾	KIO_3	KIO_3	130	还原剂
铜	Cu	Cu	室内干燥器中保存	还原剂
三氧化二砷（缺货）	As_2O_3	As_2O_3	室内干燥器中保存	氧化剂
草酸钠	$Na_2C_2O_4$	$Na_2C_2O_4$	130	氧化剂
碳酸钙	$CaCO_3$	$CaCO_3$	110	氧化剂
锌	Zn	Zn	室内干燥器中保存	EDTA
氧化锌	ZnO	ZnO	900～1000	EDTA
氯化钠	NaCl	NaCl	500～600	EDTA
氯化钾	KCl	KCl	500～600	$AgNO_3$
硝酸银	$AgNO_3$	$AgNO_3$	280～290	$AgNO_3$
氨基磺酸	$HOSO_2NH_2$	$HOSO_2NH_2$	在真空干燥器中保存 48h	氯化物
氟化钠	NaF	NaF	铂坩埚中 500～550℃下保存 40～50min 后，放干燥器中冷却	碱

附录8 在各元素分析中所应用的化学试剂

元素	试剂名称	测定方法	元素	试剂名称	测定方法
钾	钍试剂	光度		2-羟基-1-萘甲醛	重量
	偶氮硝基邻氨基苯甲酸	光度		2，2-二甲基-3，5-己二酮	重量
钠	提不出合理品种	—	铍	铍试剂Ⅱ	光度
钾	四苯硼钠	重量		偶氮膦R	光度
铷	六硝基二苯胺（双苦胺）	重量与鉴定		桑色素	荧光
铯	酒石酸氢钠	鉴定		2-羟基-3-萘甲酸	荧光
	α-安息香肟（铜试剂）	重量		8-联喹啉	重量
	水杨醛肟	重量		草酸	重量
	苯骈噻唑硫醇	重量		酸性铬蓝黄	滴定
	2-（2-羟基苯基）苯并噁唑	重量		酸性铬黑T	滴定
	8-羟基喹啉	重量	镁	镁试剂HS	滴定和光度
	喹哪啶酸	重量		偶氮酚	光度
	紫脲酸铵	滴定		双水杨醛乙二胺	荧光
铜	1″（2吡啶偶氮）-2-萘酚	PAN滴定		荧光镁试剂	荧光
	α,α-双（四唑偶氮）乙酸乙酯	滴定		酸性铬黑蓝	滴定
	双辛可宁酸	光度		钠铅合金Ⅱ	滴定
	双环己酮草酰二腙	光度		钙试剂	滴定和光度
	2，2-联喹啉	光度	钙	乙二醛-双（2-羟基苯胺）	滴定和光度
				偶氮氧化偶氮BN	光度
	8，8-联喹啉二硫化物	光度		偶氮氯膦Ⅲ	光度
	邻联甲苯胺	光度		钙黄绿素	滴定和荧光
	二乙基二硫化氮基甲酸钠	光度		草酸铵	重量
铜	钙黄绿素	荧光	锶	甲基麝香草酚蓝	滴定
	荧光铜试剂	荧光		偶氮氯膦Ⅲ	光度
	鲁米诺	荧光		玫瑰红酸钠	鉴定
			钡	钙黄绿素	滴定

续附录8

元素	试剂名称	测定方法	元素	试剂名称	测定方法
银	皂黄（间安黄）	滴定	锌	偶氮氯膦Ⅲ	光度
	联邻甲苯胺	滴定		玫瑰红酸钠	鉴定
	溴酚蓝	滴定		8-联喹啉	重量
	凡拉明蓝（标准色基蓝）	滴定		酸性铬黑T	滴定
	5-（对二甲氨基亚苄基）罗丹明	光度		二甲酚橙	滴定
	秋蓝姆酸铜	光度		磺肿素（俄语音译）	滴定和光度
	双硫腙	光度		双硫腙	滴定
金	巯基乙酸	重量		4-二甲基氨基苯-4-甲基联苯酰-氨基苯安替比林基甲醇（络比唑Ⅰ）	光度
	草酸	重量		8-（对甲苯磺酰胺）喹啉	荧光
	抗坏血酸	滴定	镉	二安替比林甲烷	重量
	对苯二酚	滴定		二乙基二硫代磷酸镍	重量
	双硫腙	光度		2-（2-羟基苯基）苯并噁唑	重量
	苦氮酸	光度		酸性铬黑T	滴定
	5-（对二甲氨基亚苄基）罗丹明	光度		磺肿素	滴定和光度
镉	双（4-甲基氨基苯）安替比林基甲醇（即：络吡唑Ⅱ）	光度和鉴定	钪	酒石酸铵	重量
	双硫腙	光度		植酸	重量
	溴代苯并噻唑	光度		紫脲酸铵	滴定
	8苯磺酰胺喹啉	荧光		茜素红S	滴定和光度
汞	二甲酚橙	滴定		偶氮砜	光度
	磺肿素	滴定和光度		丙基芴酮	光度
	双硫腙	光度和分离		二甲酚橙	光度
	秋蓝姆酸铜	光度		草酸	重量
硼	甘露醇	滴定	稀土	水杨芴酮	重量
	姜黄素	光度		二甲酚橙	滴定
	醌茜素	光度		偶氮肿Ⅲ	光度
	1，1-双蒽醌亚胺	光度		联邻甲苯胺	光度
	间苯二酚	光度		钛铁试剂（TИPOH）	光度
	安息香	荧光		邻菲罗啉	荧光
	丁基罗丹明	荧光		水杨酸	荧光

续附录 8

元素	试剂名称	测定方法
铝	8-羟基喹啉	重量
	苯甲酸铵	重量
	1，(2-吡啶偶氮)-2-萘酚（即 PAN）	滴定
	2-羟基-3-萘甲酸	滴定
	铝试剂	光度
	铝甲酚（即络氧丙环紫 R）	光度
	络黑青 S	光度
	底唑	光度
	茜素红 S	光度
	水杨醛邻氨基酚	荧光
镓	二安替比林丙基甲烷	重量和滴定
	1，(2-吡啶偶氮)-2-萘酚（即 PAN）	滴定
	镓试剂	光度
	荧光镓试剂	荧光
	罗丹明 S	荧光
铟	二乙基二硫代氨基甲酸钠	重量
	1，(2-吡啶偶氮)-2-萘酚（即 PAN）	滴定
	二甲酚橙	滴定
	罗丹明 S	光度和荧光
	罗丹明 6G	荧光
铊	琉酰铵（即硫代乙酰胺）	重量
	二安替比林甲烷	重量
	1，(2-吡啶偶氮)-2-萘酚（即 PAN）	滴定
	甲基紫	萃取光度
	罗丹明 S	荧光
	罗丹明 6G	荧光

元素	试剂名称	测定方法
稀土	噻酚甲酰三氟丙酮	荧光
	1-苯基甲基磺酸基吡啶啉酮-5	荧光
	阿托方	荧光
钇	草酸	重量
	水杨芴酮	重量
	二甲酚橙	滴定
	偶氮胂 I	滴定和光度
	茜素红 S	滴定和光度
碳	双硫腙	滴定
	紫脲酸胺	滴定
	邻苯二酚紫	滴定
	5-［8，1-偶氮(磺基萘)］8 羟基喹啉	滴定
	溴甲酚紫	滴定
	金连橙	滴定
	吡啶	光度
硅	明胶	重量
	1-氨基-2-萘酚-4-磺酸	光度
	抗坏血酸	光度
	8-羟基喹啉	重量
锗	邻苯二酚	滴定
	苯芴酮	光度
	间苯二酚偶氮胂（PE3APCOH）	光度和荧光
	二甲酚橙	滴定
锡	3，4-甲苯二硫酚络锌	光度
	对硝基苯芴酮	光度

续附录8

元素	试剂名称	测定方法	元素	试剂名称	测定方法
	铬黑T	滴定		邻苯二酚紫	滴定
	二甲酚橙	滴定		二甲酚橙	滴定和光度
铅	磺胂素	滴定和光度	铋	硫脲	光度
	双硫腙	光度		双硫腙	光度
	胂　素	萃取光度		二乙基二硫代氨基甲酸钠	光度
	5，7-二溴-8-羟基喹啉	重量		二安替比林苯甲烷	重量
	铜铁试剂	重量		铜铁试剂	重量
	N-苯甲酰-N-苯胲（即：钽试剂）	重量		二苯卡巴腙	滴定
钛	4-羟基苯胂酸	重量	钒	邻苯二酚紫	滴定
	变色酸	光度		邻氨基苯甲酸	滴定
	2，7-二氯变色酸	光度		8-羟基喹啉	光度
	二磺苯芴酮	光度		N-苯甲酰-N-苯胲	光度
	二安替比林甲烷	光度		铝试剂	光度
锆	扁桃酸	重量		偶氮砜	光度
	苯胂酸	重量		丹宁	重量
	铬黑T	滴定		苯胂酸	重量
	二甲酚橙	滴定和光度		铜铁试剂	重量
铪	偶氮胂Ⅰ	光度		N-苯甲酰-N-苯胲	重量
	偶氮胂Ⅱ	光度		酸性铬紫K	光度
	桑色素	荧光	铌	氯磺酚S	光度
	植　酸	重量		二甲酚橙	光度
	草　酸	重量		1，-（2-吡啶偶氮）间苯二酚PAR	光度
	邻苯二酚紫	滴定		荧光镓试剂	荧光
钍	二甲酚紫	滴定		丹宁	重量
	钍试剂	光度		苯胂酸	重量
	偶氮胂Ⅰ	光度		铜铁试剂	重量
	偶氮胂Ⅱ	光度		N-苯甲酰-N-苯胲	重量
	硝酸试剂	重量	钽	焦性没食子酸	光度
	苯酚	光度		甲基紫	光度
氮	苯酚-2，4-二磺酸	光度		二甲基芴酮	光度
	二苯胺	光度		罗丹明6G	荧光
	水杨酸	光度	氧	淀　粉	滴定

续附录 8

元素	试剂名称	测定方法
氮	对氨基苯磺酸 1-萘胺 联合使用	光度
磷	8-羟基喹啉	滴定
	铬黑 T	滴定
	抗坏血酸	光度
	1-氨基-2-萘酚-4-磺酸（1.2.4 酸）	光度
砷	N，N-二乙基二硫代氨基甲酸银	光度
锑	结晶紫（甲基紫）	光度
	苯芴酮	光度
硒	抗坏血酸	光度
	3，3-二氨基联苯胺	光度和荧光
	2，3-二氨基苯	荧光
碲	二乙基二硫代氨基甲酸钠	萃取分离
	硫 脲	光度
	二安替比林丙基甲烷	光度
铬	N-苯基邻氨基苯甲酸	滴定
	二甲基酚橙	滴定
	二苯卡巴腙（二苯胺基脲）	光度
	乙二胺四乙酸二钠	光度
	二嗪基二苯乙烯配合物	荧光
钼	α-安息香肟（铜试剂）	重量
	8-羟基喹啉	重量和滴定
	甲苯-3，4-二硫酚络锌	光度
	二苯卡巴腙（二苯胺基脲）	光度
钨	β-萘并喹啉	重量
溴氧	靛红（即靛胭脂红）	光度
硫	羧基偶氮胂	滴定
	硝基偶氮变色素	滴定
	荧光素络合物（即钙黄绿素）	滴定
	4-氨基 N-N-二甲基苯胺盐酸盐	光度
	品红	光度
	二乙胺盐酸盐	光度
	水杨芴酮络钍	荧光
	四汞乙酸荧光素	荧光
溴	曙红	滴定
	皂黄（间胺黄）	滴定
	二苯卡巴腙（二苯胺基脲）	滴定
	2-亚硝基-1-萘酚	滴定
	品 红	光度
	酚 红	光度
碘	曙 红	滴定
	皂黄（间胺黄）	滴定
	淀 粉	滴定和光度
	亮 绿	光度
	丹 宁	光度
锰	铬黑 T	滴定
	邻苯二酚紫	滴定
	甲基麝香草酚蓝	滴定
	甲醛肟	光度
	二乙基二硫代氨基甲酸钠	光度

续附录8

元素	试剂名称	测定方法
钨	8-羟基喹啉	重量
	氨基比林	重量
	甲苯-3，4-二硫酚络锌	光度
	对苯二酚	光度
铀	8-羟基喹啉	重量
	铜铁试剂	重量
	偶氮胂Ⅰ	光度
	偶氮胂Ⅱ	光度
	偶氮氯膦Ⅲ	光度
	二苯甲基酰甲烷	光度
	巯基乙酸	光度
氟	二甲酚橙	滴定
	甲基麝香草酚蓝	滴定
	铬黑T	滴定
	偶氮胂Ⅰ	测定和光度
	茜素红S	滴定和光度
	络喹啉蓝R	光度
氯	二氯荧光素	滴定
	皂黄（间胺黄）	滴定
	甲基橙	滴定
	二苯卡巴腙（二苯胺基脲）	滴定和光度
	偶氮硝基溴（俄语译）	滴定
	联邻甲苯胺	光度
钴	二甲酚橙	滴定
	1-亚硝基-2-萘酚	光度
	2-亚硝基-1-萘酚	光度
	1-亚硝基-2-萘酚-3　6-二磺酸钠（亚硝基R盐）	光度

元素	试剂名称	测定方法
锝	四苯胂氯	重量
	对甲苯硫酚	光度
	二苯卡巴腙（二苯胺基脲）	光度
	α-联糠酰二肟	光度
铼	硝酸试剂	重量
	四苯胂氯	重量
	甲基紫	光度
	α-联糠酰二肟	光度
	硫脲	光度
	铜铁试剂	重量
	5，7-二溴-8-羟基喹啉	重量
铁	二甲酚橙	滴定
	凡拉明蓝（变胺蓝）	滴定
	邻苯氨基苯甲酸	滴定
	亚铁试剂（4，7二苯基邻菲罗啉）	滴定
	磺基水杨酸	滴定和光度
	增色菲罗啉	光度
	2，2-联吡啶	光度
	邻苯二酚-3，5二磺酸（钛铁试剂）	光度
	铝甲酚（铬氧丙环紫R）	光度
	邻菲罗啉	光度
	二苯乙烯配合物	荧光
铱	二安替比林甲烷	重量
	硫　脲	重量
	对苯二酚	重量和滴定
	抗坏血酸	滴定

续附录8

元素	试剂名称	测定方法
钴	1-(2-吡啶偶氮)间苯二酚(PAR)	光度
钴	红胺酸	光度
钴	水杨荮酮	荧光
镍	二肟-1,2-环庚二酮(庚肟)	重量和光度
镍	二甲基乙二肟	重量和光度
镍	紫脲酸铵	滴定
镍	磺胂素	滴定
镍	α-联糠酰二肟	光度
镍	α-顺式二苯代乙二肟	光度
镍	1-(2-吡啶偶氮)-2-萘酚(PAN)	光度
镍	1,2-环庚二酮二肟(镍肟)	分离
钌	巯酰胺	重量
钌	硫　脲	重量和光度
钌	对苯二酚	滴定
钌	红胺酸	光度
钌	4-亚硝基二甲基苯胺	光度

元素	试剂名称	测定方法
铱	隐色结晶紫	光度
铱	1-(2-吡啶偶氮)-2-萘酚(PAN)	光度
铂	二甲基苯苄胺氯	重量
铂	铋试剂	重量
铂	双硫腙	滴定
铂	抗坏血酸	滴定
铂	5-(对二甲氨基亚苄基)罗丹明	光度
铂	二苄基二硫代乙二酰胺	光度
铑	2-巯二氮杂茚	重量
铑	巯酰胺	重量和光度
铑	硫　脲	重量
铑	哌啶二硫代氨基甲酸钠	滴定
铑	2-苯并噁唑硫醇	光度
铑	4-亚硝基二甲基苯胺	光度
铑	1-(2-吡啶偶氮)-2-萘酚(PAN)	光度

附录9　化验室容量测定法中指示剂的使用对象

序	指示剂名称	使用对象	备注
1	二甲酚橙	铅、锌、砷、镍、铋、氟、锆、钍、镉、铝、铁	
2	淀粉	铜、铋、锡、硒、硫、钴、金	
3	甲基橙、次甲基蓝	锑、测锑时若其中含铁高,就用此双色指示剂	
4	二苯胺磺酸钠	碲、铁、钛、钡、铀	

续附录 9

序	指示剂名称	使 用 对 象	备注
5	钙指示剂 Ca（2-羟基-4-磺酸-1-重氮萘）	镁、钙	
6	酚酞	镁、硅、磷、硝酸钠（$NaNO_3$）	
7	茜素红	氟	
8	苯基代邻氨基苯甲酸	钼、钡、铌、钽、铬、钒、铼、硫酸亚铁铵	
9	钽试剂（N-苯甲酰基苯羟胺）	铝	
10	铬黑 T	钙、镁、黄丹粉	
11	甲基红	硫、测定氨、硫酸铵	
12	百里酚钛、钙黄绿素	混合指示剂测钙	
13	百里香酚蓝、刚果红	钍、铝、锡	
14	4-（2-吡啶偶氮）-间苯二酚	铌、钽	
15	硫酸铁铵	金、银	
16	铬酸钾	氯化钠	
17	紫脲酸铵	镍	
18	碘化钾、淀粉	锡	
19	溴香草酚蓝	氟	
20	溴香草酚酞	氢氧化钠	
21	邻菲罗啉	铬酸、硝酸	
22	PAN-Cu 指示剂（过氧乙酸硝酸酯）	硫酸镉、铜	

附录 10　剧毒物质名录

序号	中文名称		英文名称	CAS 号	分析方法
	化学名	别　名			
1	苯硫酚	硫代苯酚；苯硫醇	Thiophenol；Benzenethiol；phenylmercaptan	108-98-5	GB5085.3 附录 K
2	丙酮氰醇	2-羟基-2-甲基丙腈；2-羟基异丁腈	Acetone cyanohydrin；2-Hydroxy-2-methylpropionitrile；2-Hydroxuisobutyronitrile	75-86-5	GB5085.3 附录 O

续附录10

序号	中文名称		英文名称	CAS号	分析方法
	化学名	别名			
3	丙烯醛	2-丙烯醛；败脂醛	Acrolein；2-Propenal	107-02-8	GB5085.3附录O
4	丙烯酸	2-丙烯酸	Acrylic acid；2-Propenoic acid	79-10-7	GB5085.3附录I
5	虫螨威	卡巴呋喃；2，3-二氢-2，2-二甲基-7-苯并呋喃基-N-甲基氨基甲酸酯	Furadan；Carbofuran；2，2-Dimethyl-2，3-dihydro-7-benzofuranylN-methylcarbamate	1563-66-2	GB5085.3附录K、本标准附录H
6	碘化汞	碘化高汞；二碘化汞	Mercuric iodide；Mercury diiodide	7774-29-0	GB5085.3附录B
7	碘化铊	碘化亚铊；一碘化铊	Thallium iodide；Thallous iodide	7790-30-9	GB5085.3附录A、B、C、D
8	二硝基邻甲酚	2-甲基-4，6-二硝基苯酚	Dinitro-ortho-cresol；2-Methyl-4，6-dinitrophenol	534-52-1	GB5085.3附录K
9	二氧化硒	亚硒酸	Selenium dioxide；Selenious acid	7783-00-8	GB5085.3附录B、C、E
10	甲拌磷	O，O-二乙基-S-（乙硫基甲基）二硫代磷酸酯；三九一一	Phorate；O，O-Diethyl S-（ethylthio）methyl phosphorodithioate	298-02-2	GB5085.3附录I、K、L
11	磷胺	2-氯-2-二乙氨基甲酰基-1-甲基乙烯基二甲基磷酸酯；大灭虫	Phosphamidon；2-Chloro-2-diethylcarbamoyl-1-methylvinyl dimethylphosphate	13171-21-6	GB5085.3附录I、K
12	硫氰酸汞	二硫氰酸汞	Mercuric thiocyanate；Mercury dithiocyanate	592-85-8	GB5085.3附录B
13	氯化汞	氯化汞（Ⅱ）；二氯化汞	Mercuric chloride；Mercury（Ⅱ）chloride；Mercury dichloride	7487-94-7	GB5085.3附录B

续附录10

序号	中文名称		英文名称	CAS号	分析方法
	化学名	别　名			
14	氯化硒	一氯化硒	Selenium chloride；Selenium monochloride	10025－68－0	GB5085.3 附录B、C、E
15	氯化亚铊	氯化铊	Thallous chloride；Thallium chloride	7791－12－0	GB5085.3 附录A、B、C、D
16	灭多威	1－（甲基硫代）亚乙基氨基甲基氨基甲酸酯；灭多虫；灭索威	Methomyl；1-（Methylthio）ethylideneamino methylcarbamate	16752－77－5	GB5085.3 附录L、本标准附录H
17	氰化钡	二氰化钡	Barium cyanide；Barium dicyanide	542－62－1	GB5085.3 附录G
18	氰化钙		Calcium cyanide；Calcyanide	592－01－8	GB5085.3 附录G
19	氰化汞	二氰化汞	Mercuric cyanide；Mercury dicyanide	592－04－1	GB5085.3 附录G
20	氰化钾	氢氰酸钾盐；山奈钾	Potassium cyanide；Hydrocyanic acid，Potassium salt	151－50－8	GB5085.3 附录G
21	氰化钠	氢氰酸钠盐；山奈；山奈钠	Sodium cyanide；Hydrocyanic acid，sodium salt	143－33－9	GB5085.3 附录G
22	氰化锌	二氰化锌	Zinc cyanide；Zinc dicyanide	557－21－1	GB5085.3 附录G
23	氰化亚铜	氰化铜（Ⅰ）	Cuprous cyanide；Copper(Ⅰ) cyanide	544－92－3	GB5085.3 附录G
24	氰化亚铜钠	氰化铜钠；紫铜盐	Sodium cuprocyanide；Copper sodium cyanide	14264－31－4	GB5085.3 附录G
25	氰化银	氰化银（1＋）	Silver cyanide；Silver（1＋）cyanide	506－64－9	GB5085.3 附录G
26	三碘化砷	碘化亚砷	Arsenic triiodide；Arsenous iodide	7784－45－4	GB5085.3 附录C、E
27	三氯化砷	氯化亚砷	Arsenic-trichloride；Arsenous chloride	7784－34－1	GB5085.3 附录C、E

续附录 10

序号	中文名称		英文名称	CAS 号	分析方法
	化学名	别名			
28	砷酸钠（以元素砷为分析目标，以该化合物计）	原砷酸钠；砷酸三钠盐	Sodium arsenate；Arsenic acid，trisodium salt	7631 -89 -2	GB5085.3 附录 C、E
29	四乙基铅		Lead tetraethyl；Plumbane，teraethyl-lead	78 -00 -2	GB5085.3 附录 A、B、C、D
30	铊	金属铊	Thallium；Thallium metal	7440 -28 -0	GB5085.3 附录 A、B、C、D
31	碳氯灵	八氯六氢亚甲基异苯并呋喃；碳氯特灵	Isobenzan；Octachlorohexahydro-methanoisobenzo furan	297 -78 -9	GB5085.3 附录 K
32	羰基镍	四羰基镍	Nickel carbonyl；Nickel tetracarbonyl	13463 -39 -3	GB5085.3 附录 A、B、C、D
33	涕灭威	2 -甲基-2 -（甲硫基）-O -（（甲氨基）甲酰基）丙醛肟；丁醛肟威；涕灭克	Aldicarb；Propanal，2-methyl-2-（methylthio）-，O-（（methylamino）carbonyl）oxime	116 -06 -C	本标准附录 H
34	硒化镉		Cadmium selenide	1C06 -24 -7	GB5085.C 附录 A、B、C、D
35	硝酸亚汞	硝酸亚汞（一水合物）	Mercurous nitrate；Mercurous nitrate（monohydrate）	7782 -86 -7	GB5085.3 附录 B
36	溴化亚铊		Thallous bromide	7789 -40 -4	GB5085.3 附录 A、B、C、D
37	亚碲酸钠（以元素碲为分析目标，以该化合物计）	三氧碲酸二钠	Sodium tellurite；Disodium trioxotellurate	10102 -20 -2	GB5085.3 附录 B

续附录 10

序号	中文名称		英文名称	CAS 号	分析方法
	化学名	别　名			
38	亚砷酸钠（以元素砷为分析目标，以该化合物计）	亚砷酸钠盐；偏亚砷酸钠	Sodium arsenite；Arsenenous acid,sodium salt；Sodium metaarsenite	7784－46－5	GB5085.3 附录 C、E
39	烟碱	尼古丁；1－甲基－2－（3－吡啶基）吡咯烷	Pyridine；Nicotine；1-Methyl-2-（3-pyridyl）pyrrolidine	54－11－5	GB5085.3 附录 K

附录 11　有毒物质名录

序号	中文名称		英文名称	CAS 号	分析方法
	化学名	别　名			
1	氨基三唑	杀草强	Aminotriazole；Amitrole	61－82－5	本标准附录 I
2	钯	海绵（状）钯	Palladium；Palladium sponge	7440－05－3	GB5085.3 附录 B
3	百草枯	1，1－二甲基－4，4－联吡啶二氯化物；对草快	Paraquat；4，4′-Bipyridinium，1，1′-dimethyl-，dichloride	1910－42－5	本标准附录 A0
4	百菌清	2，4，5，6－四氯－1，3－苯二腈	Chlorothalonil；1，3-Benzenedicarbonitrile，2,4,5,6-tetrachioro	1897－45－6	GB5085.3 附录 H、K
5	倍硫磷	O，O－二甲基－O－4－甲基硫代间甲苯基硫代磷酸酯；百治屠；蕃硫磷	Fenthion；O，O-Dimethyl O- 4-methylthio-m-tolyl phosphorothioate	55－38－9	GB5085.3 附录 I、K
6	苯胺	氨基苯	Aniline；Aminobenzene；Benzeneamine	62－53－3	本标准附录 K

续附录11

序号	中文名称		英文名称	CAS 号	分析方法
	化学名	别 名			
7	1，4－苯二胺	对苯二胺；1，4－二氨基苯	1，4-Phenylenediamine；p- Phenylenediamine；1，4-Diaminobenzene	106－50－3	GB5085.3 附录 K
8	1，3－苯二酚	间苯二酚；雷琐辛	1，3-Benzenediol；m-Benzenediol；Resorcin	108－46－3	GB5085.3 附录 K
9	1，4－苯二酚	对苯二酚；氢醌	1，4-Benzenediol；p-Benzenediol；Hydro-quinone	123－31－9	GB5085.3 附录 K
10	苯肼	肼基苯	Phenylhydrazine；Hy-drazobenzene	100－63－0	GB5085.3 附录 K
11	苯菌灵	苯来特	Benomyl；Benlate	17804－35－2	GB5085.3 附录 L
12	苯醌	对苯醌；1，4－环己二烯二酮	Quinone；p-Quinone；1，4-Cyclohexadiene-dione	106－51－4	GB5085.3 附录 K
13	苯乙烯	乙烯基苯	Styrene；Vinyl benzene	100－42－5	GB5085.3 附录 O、P
14	表氯醇	1－氯－2，3－环氧丙烷；环氧氯丙烷	Epichlorohydrin；1-Chlo-ro-2，3-epoxypropane	106－89－8	GB5085.3 附录 O、P
15	丙酮	2－丙酮	Acetone；2-Propanone	67－64－1	GB5085.3 附录 O
16	铂	海绵（状）铂；白金	Platinum；Platinum sponge	7440－06－4	GB5085.3 附录 B
17	草甘膦	N－（磷酰甲基）甘氨酸；镇草宁	Glyphosate；N-（Ph-osphonomethyl）gly-cine	1071－83－6	本标准附录 L
18	除虫脲	1－（4－氯苯基）－3－（2，6－二氟苯甲酰基）脲；伏脲杀、杀虫脲、二氟脲	Diflubenzuron；1-（4-Chlorophenyl）-3-（2，6-difluorobenzoyl）urea	35367－38－5	本标准附录 M

续附录11

序号	中文名称		英文名称	CAS号	分析方法
	化学名	别名			
19	2，4-滴（含量大于75%）	2，4-二氯苯氧乙酸	2，4-D(content >75%)；2，4-Dichlorophenoxyacetic acid	94-75-7	GB5085.3 附录L、本标准附录N
20	敌百虫	二甲基（2，2，2-三氯-1-羟基乙基）膦酸酯	Trichlorfon；Dimethyl（2，2，2-trichloro-1-hydroxyethyl）phosphonate	52-68-6	GB5085.3 附录I、L
21	敌草快	杀草快；1，1′-亚乙基-2，2′-联吡啶二溴盐	Diquat；Diquat dibromide；1，1′-Ethylene 2，2′-bipyridylium dibromide	85-00-7	本标准附录J
22	敌草隆	N-（3，4-二氯苯基）-N′，N′-二甲基脲	Diuron；N-（3，4-Dichlorophenyl）-N′，N′-dimethylurea	330-54-1	GB5085.3 附录L、本标准附录M
23	敌敌畏	O，O-二甲基-O-（2，2-二氯）乙烯基磷酸酯	Dichlorvos；O，O-Dimethyl-O-（2，2-dichloro）vinyl phosphate	62-73-7	GB5085.3 附录I、K、L
24	1-丁醇	正丁醇	1-Butanol；n-Butanol	71-36-3	GB5085.3 附录O
25	2-丁醇	仲丁醇	2-Butanol；sec-Butanol	78-92-2	GB5085.3 附录O
26	异丁醇	2-甲基丙醇	Isobutanol；2-Methyl propanol	78-83-1	GB5085.3 附录O
	叔丁醇	1，1-二甲基乙醇	tert-Butyl alcohol；1，1-Dimethylethanol	75-65-0	GB5085.3 附录O
27	毒草胺	2-氯-N-异丙基乙酰苯胺	Propachlor；2-Chloro-N-isopropylacetanilide	1918-16-7	GB5085.3 附录L
28	多菌灵	棉萎灵	Carbendazim；Carbendazol	4697-36-3	GB5085.3 附录L
29	多硫化钡	硫化钡；硫钡合剂	Barium polysulfide；Barium sulfide	50864-67-0	GB5085.3 附录A、B、C、D

续附录 11

序号	中文名称		英文名称	CAS 号	分析方法
	化学名	别 名			
30	1，1－二苯肼	N，N－二苯基联胺	1，1-Diphenylhydrazine；N，N-Diphenylhydrazine	530－50－7	GB5085.3 附录 K
31	N，N－二甲基苯胺	（二甲基氨基）苯	N，N-Dimethylaniline；(Dimethylamino) benzene	121－69－7	GB5085.3 附录 K
32	二甲基苯酚	二甲酚	Dimethyl phenol；Xylenol	1300－71－6	GB5085.3 附录 K
33	二甲基甲酰胺	N，N－二甲基甲酰胺	Dimethylformamide；N，N-Dimethylformamide	68－12－2	GB5085.3 附录 K
34	1，2－二氯苯	邻二氯苯	1，2-Dichlorobenzene；o-Dichlorobenzene	95－50－1	GB5085.3 附录 K、O、P、R
35	1，3－二氯苯	间二氯苯	1，3-Dichlorobenzene；m-Dichlorobenzene	541－73－1	GB5085.3 附录 K、O、P、R
36	1，4－二氯苯	对二氯苯	1，4-Dichlorobenzene；p-Dichlorobenzene	106－46－7	GB5085.3 附录 K、O、P、R
37	2，4－二氯苯胺	2，4－DCA	2，4-Dichloroaniline；2，4-Dichlorobenzenamine	554－00－7	本标准附录 K
38	2，5－二氯苯胺	对二氯苯胺	2，5-Dichloroaniline；p-Dichloroaniline	95－82－9	本标准附录 K
39	2，6－二氯苯胺		2，6-Dichloroaniline；Benzenamine	608－31－1	本标准附录 K
40	3，4-二氯苯胺	1－氨基－3，4－二氯苯	3，4-Dichloroaniline；1-Amino-3，4-dichlorobenzene	95－76－1	本标准附录 K
41	3，5-二氯苯胺	3，5－DCA	3，5-Dichloroaniline；Benzenamine，3，5-dichloroaniline	626－43－7	本标准附录 K
42	1，3－二氯丙烯，1，2－二氯丙烷及其混合物	滴滴混剂；氯丙混剂	1，3－Dichloropropene，1，2-dichloropropane and mixtures	542－75－6 78－87－5	GB5085.3 附录 O、P

续附录11

序号	中文名称		英文名称	CAS号	分析方法
	化学名	别　名			
43	2，4－二氯甲苯	2，4－二氯－1－甲苯	2，4-Dichlorotoluene；Benzene，2，4-dichloro-1-methyl	95－73－8	GB5085.3 附录K、O、P、R
44	2，5－二氯甲苯	1，4－二氯－2－甲基苯	2，5-Dichlorotoluene；Benzene，1，4-dichloro-2-methyl	19398－61－9	GB5085.3 附录K、O、P、R
45	3，4－二氯甲苯	1，2－二氯－4－甲苯	3，4-Dichlorotoluene；Benzene，1，2-dichloro-4-methyl	95－75－0	GB5085.3 附录K、O、P、R
46	二氯甲烷	亚甲基氯	Dichloromethane；Methylene chloride	75－09－2	GB5085.3 附录O、P
47	二嗪农	地亚农；二嗪磷	Diazinon；Diazide	333－41－5	GB5085.3 附录I
48	1，2－二硝基苯	邻二硝基苯	1，2-Dinitrobenzene；o- Dinitrobenzene	528－29－0	GB5085.3 附录K
49	1，3－二硝基苯	间二硝基苯	1，3-Dinitrobenzene；m-Dinitrobenzene	99－65－0	GB5085.3 附录J、K
50	1，4－二硝基苯	对二硝基苯	1，4- Dinitrobenzene；p- Dinitrobenzene	100－25－4	GB5085.3 附录K
51	2，4－二硝基苯胺	间二硝基苯胺	2，4-Dinitroaniline；m-Dinitroaniline	97－02－9	GB5085.3 附录K、本标准附录K
52	2，6－二硝基苯胺	二硝基苯胺	2，6-Dinitroaniline；Dinitrobenzenamine	606－22－4	GB5085.3 附录K、本标准附录K
53	1，2－二溴乙烷	二溴化乙烯	1，2-Dibromoethane；Ethylene dibromide	106－93－4	GB5085.3 附录O、P
54	钒	钒粉尘	Vanadium；Vanadium dust	7440－62－2	GB5085.3 附录A、B、C、D
55	氟化铝	三氟化铝	Aluminium fluoride；Aluminium trifluoride	7784－18－1	GB5085.3 附录F
56	氟化钠	一氟化钠	Sodium fluoride；Sodium monofluoride	7681－49－4	GB5085.3 附录F

续附录 11

序号	中文名称		英文名称	CAS 号	分析方法
	化学名	别 名			
57	氟化铅	二氟化铅	Lead fluoride; Lead difluoride	7783-46-2	GB5085.3 附录 F
58	氟化锌	二氟化锌	Zinc fluoride; Zinc difluoride	7783-49-5	GB5085.3 附录 F
59	氟硼酸锌	双（四氟硼酸）锌	Zinc fluoborate; Zinc bis(tetrafluoroborate)	13826-88-5	GB5085.3 附录 F
60	甲苯二胺	二氨基甲苯	Toluenediamine; Diaminotoluenes	25376-45-8	GB5085.3 附录 K
61	甲苯二异氰酸酯	2，4-甲苯二异氰酸酯；2，6-甲苯二异氰酸酯	Toluene diisocyanates; 2, 4-Toluene diisocyanate; 2, 6-Toluene diisocyanate	584-84-9 91-08-7	GB5085.3 附录 K
62	4-甲苯酚	对甲酚	4-Cresol; p-Cresol	106-44-5	GB5085.3 附录 K
63	甲醇	木醇；木酒精	Methanol; Methyl alcohol	67-56-1	GB5085.3 附录 O
64	甲酚(混合异构体)	混合甲酚	Cresol (mixed isomers); Methylphenol, mixed	1319-77-3	GB5085.3 附录 K
65	3-甲基苯胺	间甲苯胺；间氨基甲苯；3-氨基甲苯	3-Toluidine; m-Toluidine; m- Aminotoluene; 3-Aminotoluene	108-44-1	GB5085.3 附录 K
66	4-甲基苯胺	对甲苯胺；对氨基甲苯；4-氨基甲苯	4-Toluidine; p-Toluidine; p-Aminotoluene; 4-Aminotoluene	106-49-0	GB5085.3 附录 K
67	2-甲基苯酚	邻甲苯酚	2-Cresol; o-Cresol	95-48-7	GB5085.3 附录 K
68	3-甲基苯酚	间甲酚	3-Cresol; m-Cresol	108-39-4	GB5085.3 附录 K
69	甲基叔丁基醚	2-甲氧基-2-甲基丙烷	Methyl tertiary-butyl ether; Propane, 2-methoxy-2-methyl-ether	1634-04-4	GB5085.3 附录 O

续附录11

序号	中文名称 化学名	中文名称 别名	英文名称	CAS号	分析方法
70	甲基溴	一溴甲烷	Methyl bromide; Bromomethane	74-83-9	GB5085.3 附录O、P
71	甲基乙基酮	2-丁酮	Methyl ethyl ketone; 2-Butanone	78-93-3	GB5085.3 附录O
72	甲基异丁酮	4-甲基-2-戊酮；2-甲基丙基甲酮；MIBK	Methyl isobutyl ketone; 4-Methyl-2-pentanone; 2-Methylpropyl methyl ketone	108-10-1	GB5085.3 附录O
73	3-甲氧基苯胺	间甲氧基苯胺；间氨基苯甲醚；间茴香胺	3- Methoxyaniline ; m- Methoxyaniline; m-Aminoanisole; m-Anisidine	536-90-3	GB5085.3 附录K
74	4-甲氧基苯胺	对甲氧基苯胺；对氨基苯甲醚；对茴香胺	4- Methoxyaniline; p-Methoxyaniline; p-Aminoanisole; p-Anisidine	104-94-9	GB5085.3 附录K
75	2-甲氧基乙醇，2-乙氧基乙醇及其醋酸酯		2-Methoxyethanol, 2-ethoxyethanol, and their acetates	109-86-4	GB5085.3 附录O
76	开蓬	十氯酮	Chlordecone; Decachloroketone	143-50-0	GB5085.3 附录K
77	克来范		Kelevan	4234-79-1	GB5085.3 附录H
78	邻苯二甲酸二乙基己酯	邻苯二甲酸二(2-乙基己基)酯	Diethylhexyl phthalate; Phthalic acid, bis (2-ethylhexyl) ester	117-81-7	GB5085.3 附录K
79	林丹	γ-六六六	Lindane; γ-Hexachlorocyclohexane	58-89-9	GB5085.3 附录H、K、R
80	磷酸三苯酯	三苯基磷酸酯	Phosphoric acid, triphenyl ester; Triphenyl phosphate	115-86-6	GB5085.3 附录K
81	磷酸三丁酯	磷酸三正丁酯	Tributyl phosphate; Phosphoric acid, tri-n-butyl ester	126-73-8	GB5085.3 附录K

续附录 11

序号	中文名称		英文名称	CAS 号	分析方法
	化学名	别 名			
82	磷酸三甲苯酯	磷酸三甲酚酯；增塑剂 TCP	Phosphoric acid, tritolyl ester; Tricresyl phosphate	1330－78－5	GB5085.3 附录 K
83	硫丹	1，2，3，4，7，7－六氯双环［2，2，1］庚烯－5，6－双羟甲基亚硫酸酯	Endosulfan; 1, 2, 3, 4, 7, 7-Hexachlorobicyclo (2.2.1) hepten-5, 6-bioxymethylenesulfite	115－29－7	GB5085.3 附录 H
84	六氯丁二烯	六氯－1，3－丁二烯	Hexachlorobutadiene; Hexachloro-1, 3-butadiene	87－68－3	GB5085.3 附录 K、O、P、R
85	六氯环戊二烯	全氯环戊二烯	Hexachlorocyclopentadiene; Perchlorocyclopentadiene	77－47－4	GB5085.3 附录 H、K、R
86	六氯乙烷	全氯乙烷	Hexachloroethane; Perchloroethane	67－72－1	GB5085.3 附录 K、O、R
87	2－氯－4－硝基苯胺	邻氯对硝基苯胺	2-Chloro-4-nitroaniline; o-Chloro-p-nitroaniline	121－87－9	本标准附录 K
88	2－氯苯胺	邻氯苯胺；邻氨基氯苯	2-Chloroaniline; o-Chloroaniline; o-Aminochlorobenzene	95－51－2	本标准附录 K
89	3－氯苯胺	间氯苯胺；间氨基氯苯	3-Chloroaniline; m-Chloroaniline; m-Aminochlorobenzene	108－42－9	本标准附录 K
90	4－氯苯胺	对氯苯胺；对氨基氯苯	4-Chloroaniline; p- Chloroaniline; p-Aminochlorobenzene	106－47－8	GB5085.3 附录 K、本标准附录 K
91	2－氯苯酚	邻氯苯酚；2－氯－1－羟基苯；2－羟基氯苯	2-Chlorophenol; o-Chloropheno; 2-Chloro-1-hydroxybenzene; 2-Hydroxychlorobenzene	95－57－8	GB5085.3 附录 K

续附录 11

序号	中文名称		英文名称	CAS 号	分析方法
	化学名	别　名			
92	3 -氯苯酚	间氯苯酚；3 -氯-1 -羟基苯；间羟基氯苯	3-Chlorophenol；m-Chlorophenol；3-Chloro-1-hydoxy-benzene；m-Hydroxy-chlorobenzene	108 -43 -0	GB5085.3 附录 K
93	氯酚	一氯苯酚	Chlorophenols；Phe-nol，chloro-phenol	25167 -80 -0	GB5085.3 附录 K
94	氯化钡	二氯化钡	Barium chloride；Bari-um dichloride	10361 -37 -2	GB5085.3 附录 A、B、C、D
95	2 -氯乙醇	乙撑氯醇；氯乙醇	2-Chloroethanol；Eth-ylene chlorohydrin；Chloroethanol	107 -07 -3	GB5085.3 附录 O
96	锰	元素锰	Manganese；Manga-nese，elemental	7439 -96 -5	GB5085.3 附录 A、B、C、D
97	1 -萘胺	α -萘胺；1 -氨基萘	1-Naphthylamine；α- Naphthylamine；1-Aminonaphthalene	134 -32 -7	GB5085.3 附录 K
98	三（2，3 -二溴丙基）磷酸酯和二（2，3 -二溴丙基）磷酸酯		Tris-and bis（2，3-dibromopropyl）phosphate	126 -72 -7	GB5085.3 附录 K、L
99	三丁基锡化合物		Tributyltin compounds	—	GB5085.3 附录 D
100	1，2，3 -三氯苯	连三氯苯	1，2，3-Trichlorobenz-ene；vic-Trichlorobenz-ene	87 -61 -6	GB5085.3 附录 R
101	1，2，4 -三氯苯	不对称三氯苯	1，2，4-Trichlorobenz-ene；unsym-Trichlorob-enzene	120 -82 -1	GB5085.3 附录 K、M、O、P、R
102	1，3，5 -三氯苯	对称三氯苯	1，3，5-Trichlorobenz-ene；sym-Trichloroben-zene	108 -70 -3	GB5085.3 附录 R

续附录 11

序号	中文名称		英文名称	CAS 号	分析方法
	化学名	别 名			
103	2，4，5－三氯苯胺	1－氨基－2，4，5－三氯苯	2，4，5-Trichloroaniline；1-Amino-2，4，5-trichlorobenzene	636－30－6	本标准附录 K
104	2，4，6－三氯苯胺	1－氨基－2，4，6－三氯苯	2，4，6-Trichloroaniline；1-Amino-2，4，6-trichlorobenzene	634－93－5	本标准附录 K
105	1，2，3－三氯丙烷	三氯丙烷；烯丙基三氯	1,2,3-Trichloropropane；Trichlorohydrin；Allyl trichloride	96－18－4	GB5085.3 附录 O、P
106	1，1，1－三氯乙烷	甲基氯仿；α－三氯乙烷	1,1,1-Trichloroethane；Methylchloroform；α-Trichloroethane	71－55－6	GB5085.3 附录 O、P
107	1，1，2－三氯乙烷	β－三氯乙烷	1,1,2-Trichloroethane；beta-Trichloroethane	79－00－5	GB5085.3 附录 O、P
108	杀螟硫磷	O，O－二甲基－O－4－硝基间甲苯基硫代磷酸酯；杀螟松；速灭虫	Fenitrothion；O，O-Dimethyl O- 4-nitro-m-tolyl phosphorothioate	122－14－5	GB5085.3 附录 I
109	石油溶剂	石油溶剂油	White spirit	63394－00－3	本标准附录 O
110	1，2，3，4－四氯苯	1，2，3，4－四氯代苯	1，2，3，4-Tetrachlorobenzene；Benzene，1，2，3，4-tetrachloro-benzene	634－66－2	GB5085.3 附录 R
111	1，2，3，5－四氯苯	1，2，3，5－四氯代苯	1，2，3，5-Tetrachlorobenzene；Benzene，1，2，3，5-tetrachloro-benzene	634－90－2	GB5085.3 附录 R
112	1，2，4，5－四氯苯	四氯苯	1，2，4，5-Tetrachlorobenzene；Benzene tetrachloride	95－94－3	GB5085.3 附录 K

续附录11

序号	中文名称		英文名称	CAS号	分析方法
	化学名	别　名			
113	2，3，4，6-四氯苯酚	1-羟基-2，3，4，6-四氯苯	2，3，4，6-Tetrachlorophenol；1-Hydroxy-2，3，4，6-tetrachlorobenzene	58-90-2	GB5085.3 附录K
114	四氯硝基苯	2，3，5，6-四氯硝基苯	Tecnazene；2，3，5，6-Tetrachloronitrobenzene	117-18-0	GB5085.3 附录K
115	四氧化三铅	红丹；铅丹	Lead tetroxide；Orange lead；CI Pigment Red 105	1314-41-6	GB5085.3 附录A、B、C、D
116	钛	钛粉	Titanium；Titanium powder	7440-32-6	GB5085.3 附录A、B
117	碳酸钡	碳酸钡盐	Barium carbonate；Carbonic acid，barium salt	513-77-9	GB5085.3 附录A、B、C、D
118	锑粉	金属锑	Antimony powder；Antimony，metallic	7440-36-0	GB5085.3 附录A、B、C、D、E
119	五氯硝基苯	硝基五氯苯；PCNB	Quintozene；Nitropentachlorobenzene；Pentachloronitrobenzene	82-68-8	GB5085.3 附录K
120	五氯乙烷		Pentachloroethane；Ethane，（pentachloroethane）	76-01-7	GB5085.3 附录K
121	五氧化二锑	五氧化锑	Diantimony pentoxide；Antimony pentoxide	1314-60-9	GB5085.3 附录A、B、C、D、E
122	西维因	1-萘基甲基氨基甲酸酯；胺甲萘	Carbaryl；1-Naphthyl methylcarbamate	63-25-2	GB5085.3 附录K、本标准附录H
123	锡及有机锡化合物	—	Tin and organotin compounds	—	GB5085.3 附录B、D
124	2-硝基苯胺	邻硝基苯胺；1-氨基-2-硝基苯	2-Nitroaniline；o-Nitroaniline；1-Amino-2-nitrobenzene	88-74-4	GB5085.3 附录K、本标准附录K

续附录 11

序号	中文名称		英文名称	CAS 号	分析方法
	化学名	别　名			
125	3－硝基苯胺	间硝基苯胺；1－氨基－3－硝基苯	3-Nitroaniline；m-Nitroaniline；1-Amino-3-nitrobenzene	99－09－2	GB5085.3 附录 K、本标准附录 K
126	4－硝基苯胺	对硝基苯胺；1－氨基－4－硝基苯	4-Nitroaniline；p-Nitroaniline；1-Amino-4-nitrobenzene	100－01－6	GB5085.3 附录 K、本标准附录 K
127	2－硝基苯酚	邻硝基苯酚	2-Nitrophenol；o-Nitrophenol	88－75－5	GB5085.3 附录 K
128	3－硝基苯酚	间硝基苯酚	3-Nitrophenol；m-Nitrophenol	554－84－7	GB5085.3 附录 K
129	4－硝基苯酚	对硝基苯酚	4-nitrophenol；p-Nitrophenol	100－02－7	GB5085.3 附录 K
130	2－硝基丙烷	二甲基硝基甲烷；2-NP	2-Nitropropane；Dimethylnitromethane	79－46－9	GB5085.3 附录 O
131	2－硝基甲苯	邻硝基甲苯	2-Nitrotoluene；o-Nitrotoluene	88－72－2	GB5085.3 附录 J
132	3－硝基甲苯	间硝基甲苯	3-Nitrotoluene；m-Nitrotoluene	99-08-1	GB5085.3 附录 J
133	4－硝基甲苯	对硝基甲苯	4-Nitrotoluene；p-Nitrotoluene	99-99-0	GB5085.3 附录 J
134	4－溴苯胺	对溴苯胺	4-Bromoaniline；p-Bromoaniline	106-40-1	本标准附录 K
135	溴丙酮	1－溴－2－丙酮	Bromoacetone；1-Bromo-2-propanone	598-31-2	GB5085.3 附录 O、P
136	溴化亚汞	一溴化汞	Mercurous bromide；Mercury monobromide	10031-18-2	GB5085.3 附录 B
137	亚苄基二氯	（二氯甲基）苯；苄基二氯；α，α－二氯甲苯	Benzal chloride；（Dichloromethyl）benzene；Benzyl dichloride；α，α-Dichlorotoluene	98-87-3	GB5085.3 附录 R
138	N－亚硝基二苯胺	N－亚硝基－N－苯基苯胺	N-Nitrosodiphenylamine；N-Nitroso-N-phenylbenzenamine	86-30-6	GB5085.3 附录 K

续附录 11

序号	中文名称		英文名称	CAS 号	分析方法
	化学名	别　名			
139	亚乙烯基氯	1，1 －二氯乙烯	Vinylidene chloride; 1，1-Dichloroethylene	75-35-4	GB5085.3 附录 O、P
140	一氧化铅	氧化铅；黄丹；密陀僧	Lead monoxide; Lead oxide; Lead Oxide Yellow	1317-36-8	GB5085.3 附录 A、B、C、D
141	乙腈	氰化甲烷；甲基氰	Acetonitrile; Cyanomethane; Methyl cyanide	75-05-8	GB5085.3 附录 O
142	乙醛	醋醛	Acetaldehyde; Acetyl aldehyde	75-07-0	本标准附录 P
143	异佛尔酮	3，5，5 －三甲基－2 －环己烯－1 －酮	Isophorone; 3，5，5-Trimethyl-2-cyclohexen-lone	78-59-1	GB5085.3 附录 K

附录 12　致癌性物质名录

序号	中文名称		英文名称	CAS 号	分析方法
	化学名	别　名			
1	4 －氨基－3 －氟苯酚	2 －氟－4 －羟基苯胺	4-Amino-3-fluorophenol; 2-Fluoro-4-hydroxyaniline	399-95-1	GB5085.3 附录 K
2	4 －氨基联苯	联苯基－4 －胺；联苯基胺	4-Aminobiphenyl; Biphenyl-4-ylamine; Xenylamine	92-67-1	GB5085.3 附录 K
3	4 －氨基偶氮苯	对氨基偶氮苯	4-Aminoazobenzene; p- Aminoazobenzene	60-09-3	GB5085.3 附录 K
4	苯	环已三烯	Benzene; Cyclohexatriene	71-43-2	GB5085.3 附录 O、P
5	苯并［a］蒽	1，2 －苯并蒽	Benzo［a］anthracene; 1，2-Benzanthracene	56-55-3	GB5085.3 附录 K、M、本标准附录 Q

续附录 12

序号	中文名称		英文名称	CAS 号	分析方法
	化学名	别　名			
6	苯并［b］荧蒽	3，4－苯并荧蒽；2，3－苯并荧蒽	Benzo［b］fluoranthene；3,4-Benzofluoranthene；2，3-Benzofluoranthene	205-99-2	GB5085.3 附录 K、M、本标准附录 Q
7	苯并［j］荧蒽	7，8－苯并荧蒽；10，11－苯并荧蒽	Benzo［j］fluoranthene；7,8-Benzofluoranthene；10,11-Benzofluoranthene	205-82-3	本标准附录 Q
8	苯并［k］荧蒽	8，9－苯并荧蒽；11，12－苯并荧蒽	Benzo［k］fluoranthene；8,9-Benzofluoranthene；11,12-Benzofluoranthene	207-08-9	GB5085.3 附录 K、M、本标准附录 Q
9	丙烯腈	2－丙烯腈	Acrylonitrile；2-Propenenitrile	107-13-1	GB5085.3 附录 O
10	除草醚	2，4－二氯苯基－4－硝基苯基醚	Nitrofen；2,4-Dichlorophenyl 4-Nitrophenyl ether	1836-75-5	GB5085.3 附录 K
11	次硫化镍	二硫化三镍	Nickel subsulphide；Trinickel disulfide	12035-72-2	GB5085.3 附录 A、B、C、D
12	二苯并［a，h］蒽	1，2，5，6－二苯并蒽	Dibenz［a，h］anthracene；1，2：5，6-Dibenzanthracene	53-70-3	GB5085.3 附录 M
13	1，2，3，4－二环氧丁烷	2，2′－双环氧乙烷	1，2，3，4-Diepoxybutane；2，2′ Bioxirane	1464-53-5	GB5085.3 附录 O
14	二甲基硫酸酯	硫酸二甲酯	Dimethyl sulphate；Sulfuric acid，dimethyl ester	77-78-1	GB5085.3 附录 K
15	1，3－二氯－2－丙醇	1，3－二氯－2－羟基丙烷	1,3-Dichloro-2-propanol；1，3-Dichloro-2-hydroxypropane	96-23-1	GB5085.3 附录 P

续附录 12

序号	中文名称		英文名称	CAS 号	分析方法
	化学名	别　名			
16	二氯化钴	氯化钴	Cobalt dichloride; Cobaltous chloride	7646-79-9	GB5085. 3 附录 A、B、C、D
17	3，3′-二氯联苯胺	3，3′-二氯联苯-4，4′-二胺	3,3′-Dichlorobenzidine; 3,3′-Dichlorobiphenyl-4,4′-diamine	91-94-1	GB5085. 3 附录 K
18	3，3′-二氯联苯胺盐	3，3′-二氯联苯胺盐；3，3′-二氯联苯-4，4′-二胺盐	Salts of 3，3′-dichlorobenzidine; Salts of 3，3，-dichlorobiphenyl- 4，4′-diamine	—	GB5085. 3 附录 K
19	1，2-二氯乙烷	二氯化乙烯	1,2-Dichloroethane; Ethylene dichloride	107-06-2	GB5085. 3 附录 O、P
20	2，4-二硝基甲苯	1-甲基-2，4-二硝基苯	2,4-Dinitrotoluene; 1-Methyl-2,4-dinitro benzene	121-14-2	GB5085. 3 附录 J、K
21	2，5-二硝基甲苯	2-甲基-1，4-二硝基苯	2，5-Dinitrotoluene; 2-Methyl-1,4-dinitrobenzene	619-15-8	GB5085. 3 附录 J、K
22	2，6-二硝基甲苯	2-甲基-1，3-二硝基苯	2,6-Dinitrotoluene; 2-Methyl-1,3-dinirobenzene	606-20-2	GB5085. 3 附录 J、K
23	二氧化镍	氧化镍	Nickel dioxide; Nickel oxide	12035-36-8	GB5085. 3 附录 A、B、C、D
24	铬酸镉		Cadmium chromate	14312-00-6	GB5085. 3 附录 A、B、C、D
25	铬酸铬（Ⅲ）	铬酸铬	Chromium（Ⅲ）chromate; Chromic chromate	24613-89-6	GB5085. 3 附录 A、B、C、D
26	铬酸锶	锶黄；C. I. 颜料黄 32	Strontium chromate; Strontium Yellow; C. I. Pigment Yellow 32	7789-06-2	GB5085. 3 附录 A、B、C、D

续附录 12

序号	中文名称		英文名称	CAS 号	分析方法
	化学名	别 名			
27	环氧丙烷	1，2 －环氧丙烷； 甲基环氧乙烷	Propylene oxide；1，2-Epoxypropane；Methyloxirane	75-56-9	GB5085.3 附录 O
28	4 －甲基间苯二胺	2，4 －二氨基甲苯； 1，3 －二氨基－4 －甲苯	4-Methyl-m-phenylenediamine； 2，4-Diaminotoluene； 1，3-Diamino-4-methylbenzene	95-80-7	GB5085.3 附录 K
29	甲醛	蚁醛；福尔马林	Formaldehyde；Methanal；Formalin	50-00-0	本标准附录 P
30	2 －甲氧基苯胺	邻茴香胺	2-Methoxyaniline； o-Anisidine	90-04-0	GB5085.3 附录 K
31	联苯胺	4，4′－二氨基联苯； 对二氨基联苯	Benzidine；4，4′-Diaminobiphenyl； p- Diaminobiphenyl	92-87-5	GB5085.3 附录 K
32	联苯胺盐	对二氨基联苯盐	Salts of benzidine； Salts of p- diaminobiphenyl	—	GB5085.3 附录 K
33	邻甲苯胺	2 －甲苯胺	o-Toluidine；2-Toluidine	95-53-4	GB5085.3 附录 K、O
34	邻联茴香胺	3，3′－二甲氧基联苯胺	o-Dianisidine； 3，3′-Dimethoxybenzidine	119-90-4	GB5085.3 附录 K
35	邻联甲苯胺	3，3′－二甲基联苯胺	o-Tolidine； 3，3′-Dimethylbenzidine	119-93-7	GB5085.3 附录 K
36	邻联甲苯胺盐	3，3′－二甲基联苯胺盐	Salts of o-tolidine； Salts of 3，3′-dimethylbenzidine	—	GB5085.3 附录 K
37	硫化镍	一硫化镍	Nickel sulphide； Nickel monosulfide	16812-54-7	GB5085.3 附录 A、B、C、D
38	硫酸镉	硫酸镉盐(1∶1)	Cadmium sulphate； Sulfuric acid，cadmium salt（1∶1）	10124-36-4	GB5085.3 附录 A、B、C、D

续附录 12

序号	中文名称		英文名称	CAS 号	分析方法
	化学名	别　名			
39	硫酸钴	硫酸钴(Ⅱ)	Cobalt sulphate; Cobalt (Ⅱ) sulfate	10124-43-3	GB5085.3 附录 A、B、C、D
40	六甲基磷三酰胺	六甲基磷酰胺	Hexamethylphosphoric triamide; Hexamethylphosphoramide	680-31-9	GB5085.3 附录 I、K
41	氯化镉	二氯化镉	Cadmium chloride; Cadmium dichloride	10108-64-2	GB5085.3 附录 A、B、C、D
42	α-氯甲苯	苄基氯	α-Chlorotoluene; Benzyl chloride	100-44-7	GB5085.3 附录 O、P、R
43	氯甲基甲醚	氯二甲基醚	Chloromethyl methyl ether; Chlorodimethyl ether	107-30-2	GB5085.3 附录 P
44	氯甲基醚	二(氯甲基)醚;氯(氯甲氧基)甲烷	Chloromethyl ether; Bis(chloromethyl) ether; Chloro (chloromethoxy) methane	542-88-1	GB5085.3 附录 P
45	氯乙烯	一氯乙烯	Vinyl chloride; Chloroethylene; Monochloroethene	75-01-4	GB5085.3 附录 O、P
46	2-萘胺	β-萘胺	2-Naphthylamine; β-Naphthylamine	91-5999-8	GB5085.3 附录 K
47	2-萘胺盐	β-萘胺盐	Salts of 2-naphthylamine; Salts of β-naphthylamine	—	GB5085.3 附录 K
48	铍	金属铍	Beryllium; Beryllium metal	7440-41-7	GB5085.3 附录 A、B、C、D
49	铍化合物(硅酸铝铍除外)	—	Beryllium compounds with the exception of aluminium beryllium silicates	—	GB5085.3 附录 A、B、C、D

续附录 12

序号	中文名称		英文名称	CAS 号	分析方法
	化学名	别　名			
50	α，α，α－三氯甲苯	三氯甲苯	α，α，α-Trichlorotoluene；Benzotrichloride	98-07-7	GB5085.3 附录 R
51	三氯乙烯	1，1，2－三氯乙烯；1－氯－2，2－二氯乙烯	Trichloroethylene；1，1，2-Trichloroethylene；1-Chloro-2，2-dichloroethylene	79-01-6	GB5085.3 附录 O、P
52	三氧化二镍	氧化高镍	Dinickel trioxide；Nickelic oxide	1314-06-3	GB5085.3 附录 A、B、C、D
53	三氧化二砷	三氧化砷；砒霜	Diarsenic trioxide；Arsenic trioxide	1327-53-3	GB5085.3 附录 C、E
54	三氧化铬	铬酸酐	Chromium trioxide；Chromic anhydride	1333-82-0	GB5085.3 附录 A、B、C、D
55	砷酸及其盐（以元素砷为分析目标，以该化合物计）	—	Arsenic acid and its salts	—	GB5085.3 附录 C、E
56	五氧化二砷	砷酸酐	Arsenic pentoxide；Arsenic acid anhydride	1303-28-2	GB5085.3 附录 C、E
57	2－硝基丙烷	二甲基硝基甲烷；异硝基丙烷	2-Nitropropane；Dimethylnitromethane；Isonitropropane	79-46-9	GB5085.3 附录 O
58	硝基联苯	对硝基联苯；1－硝基－4－苯基苯	4-Nitrobiphenyl；p-Nitrobiphenyl；1-Nitro-4-phenylbenzene	92-93-3	GB5085.3 附录 K
59	1，2－亚肼基苯	1，2－二苯肼	Hydrazobenzene；1，2-Diphenylhydrazine	122-66-7	GB5085.3 附录 K
60	N－亚硝基二甲胺	二甲基亚硝胺	N-Nitrosodimethylamine；Dimethylnitrosamine	62-75-9	GB5085.3 附录 K

续附录 12

序号	中文名称		英文名称	CAS 号	分析方法
	化学名	别　名			
61	氧化镉	一氧化镉	Cadmium oxide；Cadmium monoxide	1306-19-0	GB5085.3 附录 A、B、C、D
62	氧化铍	一氧化铍	Beryllium oxide；Beryllium monoxide	1304-56-9	GB5085.3 附录 A、B、C、D
63	一氧化镍	氧化镍	Nickel monoxide；Nickel oxide	1313-99-1	GB5085.3 附录 A、B、C、D

附录 13　万分之一与十万分之一电子分析天平的区别

项　目	万分之一天平	十万分之一天平	百万分之一天平
感量	0.1 mg	0.01 mg	0.001 mg
最大称样量	100g	20g	10g
通称(俗 语)	精密分析天平	准微量分析天平	超微量分析天平
数显、小数点后位数	0.0000g	0.00000g	0.000000g
数据修约规则	四舍五入	四舍六入五单双	四舍六入五单双
同时分别称低含量黄金	0.0006g	0.00055g	0.000546g
按称样 5g 折算转化成克/吨（g/t）	5：0.0006 1000000：x	5：0.00055 1000000：x	5：0.000535 1000000：x
	120g/t	110g/t	107g/t
按市价人民币 200 元/t	24000 元/t	22000 元/t	21400 元/t
你卖给对方，那对方买家会认可吗？	盈 2000 元/t	亏 2000 元/t	
同时分别称高含量黄金	0.0034g	0.00345g	0.003446g
按称样 5g 折算划成（g/t）	5：0.0034 1000000：x	5：0.00345 1000000：x	5：0.003446 1000000：x
转化成	680g/t	690g/t	689.2g/t
按市价人民币 200 元/t	136000 元/t	138000 元/t	137840 元/t
那买家就按你方结算，实际我们亏损了还不知道	亏 2000 元/t	盈 2000 元/t	

续附录 13

项　目	万分之一天平	十万分之一天平	百万分之一天平
不同天平称黄金量为/g	0.0005	0.00054	0.000535 ~ 0.000540
化成克/吨（g/t）	100	108	107 ~ 108
按市价人民币 200 元/t	20000 元/t	21600 元/t	21400 ~ 21600 元/t
卖出去盈亏比较	盈 1600 元/t		
若我们把含金物料卖出去，那买家会认可吗？			
同样以称样品 5g 做火试金为例		如果黄金以十万分之一称量为 0.00056g	
不同天平称黄金是为/g	0.0006	0.00056	0.000555 ~ 0.000560
化成克/吨（g/t）	120	112	111 ~ 112
按市价人民币 200 元/t	24000 元/t	22400 元/t	22200 ~ 22400 元/t
卖出去盈亏比较	亏 1600 元/t		
若我们是收购含金矿物料，那卖家就按你方结算，而我方亏了都不知道			

附录 14　常用器皿及洗涤

A　玻璃器皿

一般玻璃器皿，如烧杯、锥形瓶、表面皿及量杯量筒的洗涤，先用自来水洗掉灰尘，再用毛刷蘸洗衣粉直接洗刷内外表面，再用自来水冲洗，最后用蒸馏水冲洗干净即可。对于滴定管、容量瓶和移液管等量器，为了避免容器受机械磨损而影响容积的准确性，一般不用毛刷洗涤，而是根据油污的程度，选用适当的洗涤剂进行洗涤。下面提供常用洗涤剂配方：

（1）重铬酸钾洗液。称取 20g 重铬酸钾（$K_2Cr_2O_7$）置于烧杯中，加 40mL 水温热溶解完全，冷却后缓慢加入硫酸 360mL，并不断搅拌（注意：不能将 $K_2Cr_2O_7$ 溶液加入硫酸中），配好后待其冷却装入细口瓶中备用。新配制的洗液呈暗红色，用至黑绿色时失效，可加入浓 H_2SO_4 将 Cr^{3+} 氧化后再继续使用。本洗涤液用于被有机物污染严重的器皿和不易清洗或不能直接刷洗的玻璃仪器，如吸管、容量瓶、滴定管等。另外本洗液具有强腐蚀性和毒性，在使用过程中要注意烧伤皮肤和衣物，绝对不允许用嘴吸取洗液。为提高洗涤效果，被洗涤的器皿最好是干燥的。浸洗完毕，把洗液倒回原储存瓶中，可反复使用。

（2）高锰酸钾洗液：称取4g高锰酸钾溶于少量水，加入10%氢氧化钠至100mL体积或将4g高锰酸钾溶于80mL水，再加50%氢氧化钠溶液至100mL体积。本洗液适用洗涤被油或有机物沾污的器皿，浸洗后用水冲洗干净，再用盐酸或草酸洗液洗涤，以便把残留的MnO_2沉积物洗净。本洗液不宜长时间存留在被洗涤的器皿中，因为氢氧化钠有腐蚀玻璃的作用。

（3）硝酸-乙醇洗液：本洗液特别适用于清洗被油脂或有机物沾污的酸式滴定管。使用时先在滴定管中加入3mL乙醇，然后沿壁加入4mL硝酸，用表皿或塑料盖盖住滴定管上口，让洗液在滴定管中保留一段时间，然后再清洗干净。

B　坩埚和研钵

化验室常用的坩埚有瓷坩埚、铁坩埚、镍坩埚。瓷坩埚适用于一般干燥和灼烧，如进行煤、焦分析。它可耐高温至1300℃。使用前可用稀盐酸煮沸清洗。铁坩埚适用于过氧化钠熔样，如锡的分析。使用前要进行表面钝化处理，方法是先烧掉油污，用稀盐酸清洗干净后再放入5%硫酸和5%硝酸中浸泡几分钟，然后水洗、烘干，再置入300～400℃高温炉中灼烧10min。当铁的存在不影响分析时，采用铁坩埚较为合适，因为其价格较低，并且容易采购。镍坩埚对碱性物质抗腐蚀性能很强，适用于NaOH、Na_2O_2、Na_2CO_3、$NaHCO_3$以及KNO_3的碱性溶剂熔融样品，如进行SiO_2分析时的Na_2O_2熔样。镍坩埚熔样的温度一般不要超过700℃，因为高温时镍易被氧化，缩短其寿命。新坩埚使用前应先在700℃灼烧3～4min，以便除去油污并使其表面生成氧化膜，以延长其使用寿命。以后每次使用前，可用稀盐酸煮沸片刻，再用水冲洗干净、烘干。镍坩埚价格比较贵，因此在使用中要注意温度控制在700℃以下。

化验室使用的研钵，主要有瓷研钵、玻璃研钵和玛瑙研钵。用于研磨固体物料，使分析样品达到分析要求的细度，可根据物料存在的杂质及其对分析工作的影响来选用不同的研钵。常用的规格的直径有60mm、80mm、100mm、150mm、190mm。玛瑙研钵是石英的变体，含有少量Fe、Al、Ca、Mg、Mn等杂质，硬度大，适用于研磨许多物质，但不宜研磨硬度太大、粒度过粗的物质，以免损坏研钵表面。另外不能受热，更不能放在烘箱中烘烤。不能和氢氟酸接触，洗涤时可用稀盐酸洗，使用过程中要注意不得敲击。

附录15 化学试剂

我国生产的化学试剂，按化工部标准规定分为三级。

(1) 一级品（优级纯），也称保证试剂，用符号G·R表示，标签色带为绿色。适用于精密分析和配制标准溶液使用。

(2) 二级品（分析纯），用符号A·R表示，标签色带为红色。其纯度仅次于一级品，用于较精密的分析和配制定量分析中的普通试液。二级品是化验室多数常用的药品。

(3) 三级品（化学纯），用符号C·P表示，标签色带颜色为蓝色。纯度比二级品差，适用于实验室的一般分析。

除了以上三个等级外，还有纯度更低的实验试剂，用符号L·P表示，标签色带为棕色或其他颜色。另外还有纯度高于一级品，主要用于定量分析的基准物质，其纯度不但高，而且稳定，组成与化学式相符合。同时还有用于光谱分析的光谱纯（符号S·P），色谱分析的色谱纯。光谱纯和色谱纯的试剂，其杂质含量用光谱分析或色谱分析检不出或低于某一限度，纯度要求很高，所以价格相当昂贵。化学试剂的纯度对分析结果的准确度有较大的影响，但试剂规格不同，价格相差很大，应根据分析要求选择不同规格的试剂。选择试剂纯度除了要与所用的分析方法相当外，分析用水，所用器皿也必须与之相适应。如使用一级品试剂，就不宜使用普通的去离子水或蒸馏水，而应使用重蒸馏水。对所用器皿要求不应有物质溶解到溶液中。对准确度要求高的分析，应做空白试验，校正试剂、水及器皿引入的误差。

附录16　原子吸收光谱分析必须掌握的知识

原子吸收光谱分析的基本原理是：给一束特定的入射光，投射至被测的基态原子蒸气，原子蒸气就对它（光）产生吸收（能量下降），光的变化减少，转变成电信号，再转变为数字。

空心阴极灯就是产生特定的光束给被测元素吸收的光源。而雾化器就是产生细小的雾滴，经火焰高温而产生的基态原子蒸气，基态原子蒸气则对光进行吸收。

原子吸收分析的特点：（1）灵敏度高，达 $10^{-4}\%$ 级以上；（2）选择性好，在大多数情况下，共存元素不对原子吸收分析产生干扰；（3）重现性较好；（4）测定的元素范围广泛。

1965年冶金部有色院自制成功我国第一台原子吸收仪。这时我国开始使用原子吸收仪器。在使用原子吸收仪器时，应该注意如下事项：

（1）波长一定要调准，如果波长不对，将导致测不出结果或测出的结果不是真实被测的元素含量；

（2）光束一定要对准燃烧缝；

（3）光束离燃烧缝有一定的距离，不同元素高度要求不一致，一般为5～7mm；

（4）火焰性质有富燃和贫燃之分，不同元素要求火焰性质不一样。如Pb、Bi与Cu、Ag、Fe就不一样，前面的元素用低温（富燃火焰），而后面的元素用高温（贫燃火焰）；

（5）毛细管的提升量对测定有一定的影响，一般要求3～6mL/min，提升量可通过调节空气压力大小及毛细管内孔大小来控制；

（6）当仪器调整好后，点燃火焰，对某些元素灯发出的能量会下降，故此时不能再点击自动增益，否则将引起空心阴极灯过早损坏；

(7) 测定试样的溶液不能有浑浊现象，细小的微粒可能引起毛细管堵塞，更重要的是细小的微粒将挡住元素灯的光束，使结果偏高，分析结果不准确；

(8) 雾化器一定要保持清洁，特别是在测定高含量的样品后，接着测定低品位样品，很容易引起错误，应该喷完高品位样品后，最好及时清洗雾化系统，如果不能及时清洗雾化系统，也要用含有稀 HNO_3 或稀 HCl 的水先喷洗 5min，再用水喷洗 5min，然后再进行样品测定；

(9) 气体钢瓶出口处应安装回火设备；当钢瓶气体快用完时，气压极低，严防回火引起爆炸；

(10) 不经常使用的元素空心阴极灯，每个月至少也要进行通电点燃 1 ~ 2h，以避免元素灯技术指标下降甚至不能使用。

附录 17 用于原子吸收分光光度计分析的标准溶液（普遍采用）

如下表所示的标准溶液的浓度为 1 mg/mL，将其适当稀释即可制成测定用的标准溶液。稀溶液不能长期保存，使用前再配制。

下列的标准溶液大部分是氯化物。

金属	基准物	标准溶液的配制方法（没注明的均为 1mg/mL）
Ag	$AgNO_3$	将 1.5750g 已经 110℃ 干燥过的硝酸银溶解于硝酸（0.1 mol /L）中，用硝酸（0.1 mol /L）准确稀释至 1L，摇匀，储存于棕色瓶中
Al	金属铝	将 1.0000g 高纯金属铝加热溶解于 100 mL 盐酸（1 + 1）中，冷却后用水稀释至 1L，此盐酸溶度约为 1mol/L
Au	金属金	将 0.1000g 高纯金溶解于数毫升王水中，在水浴上蒸干后，加入 1 mL 盐酸，蒸干，用盐酸和水溶解，再用水准确稀释至 100mL，此盐酸溶度约为 1mol/L
Ba	$BaCl_2 \cdot H_2O$	将 1.7790g 氯化钡（$BaCl_2 \cdot H_2O$）溶解于水中，用水准确稀至 1L
Be	金属铍	将 0.1000g 高纯金属铍加热溶解于盐酸（1 + 1）中，冷却后用水准确稀释至 100mL，此盐酸溶液浓度约为 1mol /L
Bi	金属铋	将 0.1000g 高纯金属铋加热溶解于硝酸（1 + 1）中，冷却后用水准确稀释至 1L. 此硝酸溶液浓度约为 0.1mol /L

金属	基准物	标准溶液的配制方法（没注明的均为 1mg/mL）
Ca	$CaCO_3$	将2.5000g已经110℃干燥过的碳酸钙溶解于盐酸中，赶走二氧化碳后，用水准确稀释至1L，摇匀，此盐酸溶度约为1mol /L
Cd	金属镉	将1.0000g高纯金属镉加热溶解于少量盐酸（1+1）中，冷却后用1%（V/V）盐酸稀释至1L
Co	金属钴	将1.0000g高纯金属钴加热溶解于少量盐酸（1+1）中，冷却后用1%（V/V）盐酸稀释至1L
Cr	$K_2Cr_2O_7$	将2.8330g已经150℃干燥过的重铬酸钾溶解于水中，用水准确稀释至1L
	金属铬	将1.0000g金属铬加热溶解于少量盐酸中，冷却后用水稀释至1L
Cs	CsCl	将0.1267g氧化铯溶解于少量水中，用水稀释至100 mL
Cu	金属铜	将1.0000g高纯金属铜溶解于少量硝酸（1+1）中，用1%（V/V）硝酸准确稀释至1L
Fe	金属铁	将1.0000g高纯金属铁加热溶解于30 mL盐酸中，加数毫升硝酸氧化后，加水稀释至1L，此盐酸溶液浓度约为0.1 mol /L
Hg	$HgCl_2$	将1.3540g二氯化汞溶解于少量水中，用水稀释至1L
In	金属铟	将0.1000g高纯金属铟溶解于5 mL硝酸中，煮沸，驱走氮的氧化物后，用水准确稀释至100mL
K	KCl	将1.9070g氯化钾溶解于少量水中，用水准确稀释至1L
Li	Li_2CO_3	将5.3240g碳酸锂（Li_2CO_3）溶解于少量盐酸（1+1）中，用水准确稀释至1L
Mg	金属镁	将1.000g纯金属镁溶解于少量盐酸（6 mol /L）中，用水准确稀释至1L
Mn	金属锰	将1.0000g高纯金属锰溶解于少量硝酸（1+1）中，用1%（V/V）盐酸准确稀释至1L
Mo	MoO_3	将1.5000g精制的氧化钼（MoO_3）溶解于少量氢氧化钠溶液或氨水中，用水准确稀释至1L
Na	NaCl	将2.5450g氯化钠溶解于水中，用水准确稀释至1L
Nb	金属铌	将0.1000g高纯金属铌溶解于加有数滴硝酸的氢氟酸中，蒸干后溶解于10 mL（40%）氢氟酸中，用水准确稀释至100 mL。配制铌的硫酸溶液时，取一定量的铌标准溶液，加入硫酸，加热，至三氧化硫白烟冒尽，用水稀释至一定体积。
Ni	金属镍	将1.000g纯金属镍溶解于少量硝酸（1+1）中，用1%（V/V）硝酸稀释至1L
Pb	金属铅	将1.000g纯金属铅溶解于少量盐酸（6mol /L）中，用水准确稀释至1L
Pd	金属钯	将0.1000g高纯金属钯溶解于数毫升王水中，在水浴上蒸干后，加入盐酸蒸干，加盐酸和水溶解，再用水准确稀释至100mL，此盐酸溶液浓度约为1mol/L

金属	基准物	标准溶液的配制方法（没注明的均为1mg/mL）
Sb	K[Sb($C_4H_2O_5$)($OH)_2$]·1/2H_2O	将1.3721g已经干燥过的酒石酸锑钾K[Sb($C_4H_2O_5$)($OH)_2$]·1/2H_2O溶解于水中，用水准确稀释至500 mL
	金属锑	将1.000g纯金属锑溶解于盐酸和过氧化氢中，用水准确稀释至1L
Se	金属硒	称取基准物——硒标（99.99%）0.1000g加入250mL锥形瓶中，加15mL盐酸、0.5mL硝酸，于水浴上加热使硒全部溶解，冷却后移入200mL容量瓶中加水稀释至刻度摇匀，此液硒含量为0.5mg/mL
Si	SiO_2	将0.2140g无水二氧化硅置于聚四氟乙烯坩埚中，用2g碳酸钠熔融，用水溶解后准确释至100 mL
Sn	金属锡	将1.000g纯金属锡加热溶解于适量盐酸（6mol /L）中，用盐酸（6mol /L）准确稀释至1L
Sr	$SrCO_3$	将1.6850g碳酸锶溶解于盐酸中，赶走二氧化碳后，用水准确稀释至1L，摇匀，此盐酸溶液浓度约为1mol /L
Ta	金属钽	将0.1000g高纯金属钽溶解于加有数滴硝酸的氢氟酸中，蒸干后溶解于10mL（40%）氢氟酸中，用水准确稀释至100mL。配制钽的硫酸溶液时，取一定量的钽标准溶液，加入硫酸，加热，至三氧化硫白烟冒尽，用水稀至一定的体积
Te	金属碲	将1.0000g纯金属锑溶解于数毫升王水中，在水浴上蒸干后，加入5mL盐酸蒸干，再加盐酸和水溶解，用水准确稀释至1L，此盐酸溶液浓度约为6mol/L
Ti	金属钛	将0.1000g纯金属钛溶解于氢氟酸中，蒸干后溶解于10mL（40%）氢氟酸中，用水准确稀释至100mL。配制钛的硫酸溶液时，取一定量的钛标准溶液，加入硫酸，加热，至三氧化硫白烟冒尽，用水稀释至一定的体积。此硫酸溶液浓度约为1mol/L
V	NH_4VO_3	将2.3000g偏钒酸铵（NH_4VO_3）溶解于100mL硫酸（9mol /L）中，用水准确稀释至1L摇匀
Zn	金属锌	将1.0000g纯金属锌溶解于稍过量的盐酸中，用水准确稀释至1L摇匀，此盐酸溶液浓度约为0.1mol/L
Zr	金属锆	将0.1000g纯金属锆溶解于氢氟酸中，蒸干后溶解于10mL（40%）氢氟酸中，用水准确稀释至100mL。配制锆的硫酸溶液时，取一定量的锆标准溶液，加入硫酸，加热至三氧化硫白烟冒尽，用水稀至一定的体积。此硫酸溶液浓度约为0.5 mol/L
	$ZrOCl_2\cdot 8H_2O$	将3.5310g氯氧化锆（$ZrOCl_2\cdot 8H_2O$）溶解于盐酸（4mol /L）中，用（4mol /L）盐酸准确稀释至1L摇匀

附录 18　玻璃器皿洗涤剂的配制

洗涤玻璃器皿最方便的方法就是用肥皂、洗衣粉、市售洗涤剂、毛刷清洗，然后用自来水、蒸馏水淋洗。比如用久了的滴定管内壁挂上一个个小水珠，表明要清洗了，但又不便用毛刷擦洗，可配制下列清洗剂进行化学清洗。对于一些痕量金属的器皿，还须在一定的酸度下或络合剂的溶液中浸泡长一些时间。

对某些塑料制品：如聚四氟乙烯器皿可用化学清洗剂，应避免有机试剂以及表面划伤。

（1）铬酸洗液。

1）45g 重铬酸钠（含两个结晶水）溶于 450mL 水中然后注入 400mL 硫酸。

2）500mL 硫酸注入 28mL 饱和的重铬酸钾溶液中。

上述洗液注意两点：

洗液变绿色表示已失效；该洗液清洗后要充分清洗干净，除去可能存在的铬离子。

（2）高锰酸钾的碱性溶液。

少量高锰酸钾溶于 150g/L 的氢氧化钠溶液中。适应洗涤带油污的器皿，余留的二氧化锰需用盐酸，或盐酸加双氧水洗去。

（3）氢氧化钠（钾）乙醇溶液。

500mL 95% 的乙醇加到含有 60g 氢氧化钠（钾）的 60mL 水溶液中，储存于塑料瓶中。

（4）硫酸加发烟硝酸混合，适用于清洗油污的器皿。

（5）磷酸三钠溶液。

将 57g 磷酸三钠与 28g 油酸钠（又名：9 - 十八烯酸钠）溶于 470mL 水中。

[75% 的氢氧化钠（钾）也同上述清洗效果一样]

适用于器皿浸泡；为除去碳质残渣，浸泡后再用毛刷擦洗。

（6）5%的EDTA溶液加10%的氢氧化钠溶液：适用浸泡除去微量的金属离子。

（7）一份盐酸加两份乙醇的混合溶液：用于洗涤被有机物污染的器皿。

附录19 化学分析常用法定计量单位

量的名称	量的符号	单位名称	单位符号	可选用的计量单位	备 注
质量	μ	千克	kg	g mg μg ng	SI基本单位
物质的量	n υ	摩（尔）	mol	mmol \ μmol L(dm^3) mL (cm^3)	SI基本单位
体积、容积	ζ		m^3		国家选定的非国际单位制的单位
元素的相对原子质量	A	无量纲			以前称原子量
物质的相对分子质量	M	无量纲			以前称分子量
摩尔质量	M	千克每摩（尔）	kg/mol	g/mol	定义：质量除以物质的量
物质B的浓度、物质B的物质的量浓度	X_B	摩（尔）每立方米	mol/m^3	mol/L	化学中也表示成(B)，常用于表示平衡浓度
密度（质量密度）	ρ	千克每立方米	kg/m^3	g/mL(g/cm^3)	定义：质量除以体积
（也称物质B浓度）		克每升 毫克每升 微克每毫升	g/L mg/L μg/mL		
物质B的质量浓度	c_B	千克每升	kg/L		定义：质量除以体积
物质B的质量分数	w_B	无量纲			定义：物质B的质量与混合物的质量之比，即百分含量
物质B的分压力（在气体混合物中）	P_B	帕（斯卡）	Pa		1atm = 101325 Pa

附录 20　硝酸的密度、温度、浓度对应数表

温度/℃ 密度/g·cm^{-3} 浓度/g·L^{-1}	-HXQP-0721												
	10	11	12	13	14	15	16	17	18	19	20	21	22
42	1.269	1.268	1.267	1.266	1.265	1.264	1.263	1.262	1.261	1.26	1.259	1.258	1.257
42.5	1.272	1.271	1.27	1.269	1.268	1.267	1.266	1.265	1.264	1.263	1.262	1.261	1.26
43	1.275	1.275	1.274	1.273	1.272	1.271	1.27	1.269	1.268	1.267	1.266	1.265	1.264
43.5	1.279	1.278	1.277	1.276	1.275	1.274	1.273	1.272	1.271	1.27	1.269	1.268	1.267
44	1.282	1.287	1.28	1.279	1.278	1.277	1.276	1.275	1.274	1.273	1.272	1.271	1.27
66	1.311	1.409	1.408	1.406	1.405	1.403	1.402	1.4	1.399	1.397	1.396	1.395	1.393
66.5	1.413	1.411	1.41	1.408	1.407	1.405	1.404	1.402	1.401	1.399	1.398	1.397	1.395
67	1.416	1.414	1.413	1.411	1.41	1.408	1.407	1.405	1.404	1.404	1.4	1.4	1.398
67.5	1.418	1.416	1.415	1.413	1.412	1.41	1.409	1.407	1.406	1.404	1.403	1.401	1.4
68	1.42	1.418	1.417	1.415	1.414	1.412	1.411	1.409	1.408	1.406	1.405	1.403	1.402
68.5	1.422	1.421	1.419	1.418	1.416	1.415	1.413	1.412	1.41	1.409	1.407	1.406	1.404
69	1.424	1.423	1.421	1.42	1.418	1.417	1.415	1.414	1.412	1.411	1.409	1.408	1.406
69.5	1.426	1.425	1.423	1.422	1.42	1.418	1.417	1.416	1.414	1.413	1.411	1.41	1.408
70	1.428	1.427	1.425	1.424	1.422	1.421	1.419	1.418	1.416	1.415	1.413	1.412	1.41
70.5	1.431	1.429	1.428	1.428	1.425	1.423	1.422	1.42	1.419	1.417	1.416	1.414	1.413
71	1.433	1.431	1.43	1.429	1.427	1.425	1.424	1.422	1.421	1.419	1.418	1.416	1.415
71.5	1.435	1.433	1.432	1.43	1.429	1.427	1.426	1.424	1.423	1.421	1.42	1.418	1.417
72	1.437	1.435	1.434	1.432	1.431	1.429	1.428	1.426	1.425	1.423	1.422	1.42	1.419
72.5	1.439	1.437	1.436	1.434	1.433	1.431	1.43	1.428	1.427	1.425	1.424	1.422	1.421
73	1.441	1.439	1.438	1.436	1.435	1.433	1.432	1.43	1.429	1.427	1.426	1.424	1.423
73.5	1.443	1.441	1.44	1.438	1.437	1.435	1.434	1.432	1.431	1.429	1.428	1.426	1.425
74	1.445	1.443	1.442	1.44	1.439	1.437	1.436	1.434	1.433	1.431	1.43	1.428	1.427
74.5	1.447	1.445	1.444	1.442	1.441	1.439	1.438	1.436	1.435	1.433	1.432	1.43	1.429
75	1.449	1.447	1.446	1.444	1.443	1.441	1.44	1.438	1.437	1.435	1.434	1.432	1.431
75.5	1.451	1.45	1.448	1.446	1.445	1.443	1.442	1.44	1.439	1.437	1.436	1.434	1.433
76	1.453	1.452	1.45	1.448	1.447	1.445	1.443	1.442	1.44	1.439	1.438	1.436	1.434
76.5	1.455	1.454	1.452	1.451	1.449	1.447	1.446	1.444	1.443	1.441	1.439	1.438	1.436
77	1.457	1.456	1.454	1.452	1.451	1.449	1.448	1.446	1.444	1.443	1.441	1.44	1.438

续附录 20

密度/g·cm⁻³ \ 温度/℃ \ 浓度/g·L⁻¹	-HXQP-0721												
	23	24	25	26	27	28	29	30	31	32	33	34	35
42	1. 256	1. 255	1. 254	1. 253	1. 252	1. 521	1. 25	1. 249	1. 248	1. 247	1. 246	1. 245	1. 211
42. 5	1. 259	1. 258	1. 257	1. 256	1. 25	1. 254	1. 253	1. 252	1. 251	1. 25	1. 249	1. 248	1. 247
43	1. 263	1. 262	1. 261	1. 26	1. 259	1. 258	1. 257	1. 256	1. 255	1. 254	1. 253	1. 252	1. 251
43. 5	1. 266	1. 265	1. 264	1. 263	1. 262	1. 261	1. 26	1. 259	1. 258	1. 257	1. 256	1. 254	1. 253
44	1. 269	1. 268	1. 267	1. 266	1. 265	1. 264	1. 263	1. 262	1. 261	1. 26	1. 259	1. 258	1. 256
66	1. 392	1. 39	1. 39	1. 387	1. 386	1. 385	1. 383	1. 382	1. 38	1. 379	1. 378	1. 376	1. 375
66. 5	1. 394	1. 392	1. 391	1. 389	1. 388	1. 387	1. 385	1. 384	1. 382	1. 381	1. 38	1. 378	1. 377
67	1. 397	1. 395	1. 394	1. 392	1. 391	1. 39	1. 388	1. 387	1. 385	1. 384	1. 383	1. 381	1. 38
67. 5	1. 499	1. 397	1. 396	1. 394	1. 393	1. 392	1. 39	1. 389	1. 387	1. 386	1. 383	1. 383	1. 382
68	1. 401	1. 399	1. 398	1. 396	1. 395	1. 393	1. 392	1. 39	1. 388	1. 386	1. 385	1. 383	1. 384
68. 5	1. 403	1. 401	1. 4	1. 398	1. 397	1. 395	1. 394	1. 392	1. 391	1. 388	1. 387	1. 386	1. 385
69	1. 405	1. 403	1. 402	1. 4	1. 399	1. 397	1. 396	1. 394	1. 393	1. 391	1. 39	1. 388	1. 387
69. 5	1. 407	1. 406	1. 404	1. 403	1. 401	1. 399	1. 398	1. 396	1. 395	1. 393	1. 391	1. 39	1. 389
70	1. 409	1. 408	1. 406	1. 405	1. 403	1. 401	1. 4	1. 398	1. 397	1. 395	1. 393	1. 392	1. 39
70. 5	1. 411	1. 41	1. 408	1. 407	1. 406	1. 404	1. 402	1. 4	1. 398	1. 397	1. 396	1. 394	1. 393
71	1. 413	1. 412	1. 41	1. 409	1. 407	1. 406	1. 404	1. 402	1. 4	1. 399	1. 398	1. 396	1. 395
71. 5	1. 415	1. 414	1. 412	1. 411	1. 409	1. 408	1. 406	1. 404	1. 403	1. 401	1. 4	1. 398	1. 396
72	1. 417	1. 416	1. 414	1. 413	1. 411	1. 41	1. 408	1. 406	1. 405	1. 403	1. 402	1. 4	1. 399
72. 5	1. 419	1. 418	1. 416	1. 415	1. 413	1. 412	1. 41	1. 408	1. 407	1. 405	1. 404	1. 402	1. 401
73	1. 421	1. 42	1. 418	1. 417	1. 415	1. 414	1. 412	1. 41	1. 409	1. 407	1. 406	1. 404	1. 403
73. 5	1. 423	1. 422	1. 42	1. 419	1. 417	1. 416	1. 414	1. 412	1. 411	1. 409	1. 408	1. 406	1. 405
74	1. 425	1. 424	1. 422	1. 421	1. 419	1. 417	1. 416	1. 414	1. 413	1. 411	1. 41	1. 408	1. 406
74. 5	1. 427	1. 426	1. 424	1. 422	1. 421	1. 419	1. 418	1. 416	1. 415	1. 413	1. 411	1. 409	1. 408
75	1. 429	1. 428	1. 426	1. 424	1. 423	1. 421	1. 419	1. 418	1. 417	1. 415	1. 413	1. 411	1. 41
75. 5	1. 431	1. 429	1. 428	1. 426	1. 425	1. 423	1. 422	1. 42	1. 419	1. 417	1. 415	1. 413	1. 412
76	1. 433	1. 431	1. 43	1. 428	1. 426	1. 425	1. 423	1. 422	1. 42	1. 419	1. 417	1. 415	1. 414
76. 5	1. 435	1. 433	1. 432	1. 43	1. 428	1. 427	1. 425	1. 424	1. 422	1. 42	1. 419	1. 417	1. 416
77	1. 437	1. 435	1. 433	1. 432	1. 43	1. 429	1. 427	1. 426	1. 424	1. 422	1. 421	1. 419	1. 417

注：密度计刻度在 1. 4 ~1. 5/g/cm^3。硝酸温度为 18℃，硝酸浓度为 75。

操作步骤：移取有代表性浓硝酸 500mL，慢慢倾入干燥的 500mL 塑料量筒中，挂上温度计，插入密度计静止片刻后，读取数据，对照上表查找浓度。

参 考 文 献

[1] 北京矿冶研究总院分析室. 矿石及有色金属分析手册 [M]. 北京: 冶金工业出版社, 1990.
[2] 辽宁冶金研究所. 中华人民共和国冶金工业部铜精矿化学分析法. 1975.
[3] 工业分析 [M]. 北京: 石油工业出版社, 1975.
[4] 张树彬. 化学工业毒物简明手册 [M]. 北京: 化学工业出版社, 1970.
[5] 孙守田. 化验员基本知识 [M] 北京: 石油工业出版社, 1977.
[6] 广州有色金属研究院. 分析试验室 [J] 1987 (12).
[7] 常文宝, 李克安. 简明分析化学手册 [M]. 北京: 北京大学出版社, 1981.
[8]《中华人民共和国冶金工业部标准——钨精矿化学分析法》. 1979.
[9] 中国有色金属工业总公司分析化学实验室管理制度. 1987.
[10] 陈必友. 工厂分析化学手册 [M]. 北京: 国防工业出版社 1992.
[11] 楼书聪. 化学试剂配制手册 [M]. 江苏: 江苏科学技术出版社, 1993.
[12] 林大泽, 张永德, 吴敏. 有色金属矿石及其选冶产品分析 [M]. 北京: 冶金工业出版社, 2007.
[13] 檀越. 化学的神奇 [M] 吉林: 吉林大学出版社, 2009.
[14] 董守安. 现代贵金属分析 [M] 北京: 化学工业出版社, 2007.
[15] 中国知网 www. cnkl. not
[16] 化学试剂数据库 Chemical Database Reagents
[17] 国家强制性标准免费阅读系统 gb168. cn
[18] 国家强制性标准库 化工 实验室中国 Labscn . com
[19] 中国试剂网 www. reagent . com. cn

元素周期表

1 氢 H 1.0079																	2 氦 He 4.0026
3 锂 Li 6.941	4 铍 Be 9.021											5 硼 B 10.811	6 碳 C 12.011	7 氮 N 14.007	8 氧 O 15.999	9 氟 F 18.998	10 氖 Ne 20.17
11 钠 Na 22.989	12 镁 Mg 24.305											13 铝 Al 29.982	14 硅 Si 28.085	15 磷 P 30.974	16 硫 S 32.06	17 氯 Cl 35.453	18 氩 Ar 39.94
19 钾 K 39.098	20 钙 Ca 40.08	21 钪 Sc 44.956	22 钛 Ti 47.9	23 钒 V 50.9415	24 铬 Cr 51.996	25 锰 Mn 54.938	26 铁 Fe 55.84	27 钴 Co 58.9332	28 镍 Ni 58.69	29 铜 Cu 63.54	30 锌 Zn 65.38	31 镓 Ga 69.72	32 锗 Ge 72.5	33 砷 As 74.922	34 硒 Se 78.9	35 溴 Br 79.904	36 氪 Kr 83.8
37 铷 Rb 85.467	38 锶 Sr 87.62	39 钇 Y 88.906	40 锆 Zr 91.22	41 铌 Nb 92.9064	42 钼 Mo 95.94	43 锝 Tc 99	44 钌 Ru 101.07	45 铑 Rh 102.906	46 钯 Pd 106.42	47 银 Ag 107.868	48 镉 Cd 112.41	49 铟 In 114.82	50 锡 Sn 118.6	51 锑 Sb 121.7	52 碲 Te 127.6	53 碘 I 126.905	54 氙 Xe 131.3
55 铯 Cs 132.905	56 钡 Ba 137.33	71 镥 Lu 174.96	72 铪 Hf 178.4	73 钽 Ta 180.947	74 钨 W 183.8	75 铼 Re 186.207	76 锇 Os 190.2	77 铱 Ir 192.2	78 铂 Pt 195.08	79 金 Au 196.967	80 汞 Hg 200.5	81 铊 Tl 204.3	82 铅 Pb 207.2	83 铋 Bi 208.98	84 钋 Po (209)	85 砹 At (201)	86 氡 Rn (222)
87 钫 Fr (223)	88 镭 Ra 226.03	103 铹 Lr 260	104 𬬻 Rf (261)	105 𬭊 Db (262)	106 𬭳 Sg (263)	107 𬭛 Bh (262)	108 𬭶 Hs (265)	109 鿏 Mt (266)	110 𫟼 Ds (269)	111 𬬭 Rg (272)	112 Uub (277)	113 Uut 284	114 Uuq 289	115 Uup 288	116 Uuh 292	117 Uus unknow	118 Uuo 294

镧系	57 镧 La 138.905	58 铈 Ce 140.12	59 镨 Pr 140.91	60 钕 Nd 144.2	61 钷 Pm 147	62 钐 Sm 150.4	63 铕 Eu 151.96	64 钆 Gd 157.25	65 铽 Tb 158.93	66 镝 Dy 162.5	67 钬 Ho 164.93	68 铒 Er 167.2	69 铥 Tm 168.934	70 镱 Yb 173.0
锕系	89 锕 Ac 227.03	90 钍 Th 232.04	91 镤 Pa 231.04	92 铀 U 238.03	93 镎 Np 237.05	94 钚 Pu 244	95 镅 Am 243	96 锔 Cm 247	97 锫 Bk 247	98 锎 Cf 251	99 锿 Es 254	100 镄 Fm 257	101 钔 Md 258	102 锘 No 259